KATEGORIEN

II

PROF. DR. H. SCHUBERT

Universität Düsseldorf

AKADEMIE-VERLAG · BERLIN

1970

Original erschien als „Heidelberger Taschenbuch" Bd. 66
im Springer-Verlag, Berlin · Heidelberg · New York.

ISBN-13: 978-3-540-04866-4   e-ISBN-13: 978-3-642-95156-5
DOI: 10.1007/978-3-642-95156-5

Lizenzausgabe im Akademie-Verlag GmbH, 108 Berlin, Leipziger Straße 3—4
Copyright 1970 by Springer-Verlag Berlin · Heidelberg
Lizenznummer: 202 · 100/550/70
Gesamtherstellung: VEB Druckhaus „Maxim Gorki", 74 Altenburg
Bestellnummer: 5782/II · ES 19 B 2

Vorwort

Dieses Buch entstand aus Aufzeichnungen, die ich für die Hörer einer Vorlesung im Jahre 1967/68 in Kiel angefertigt hatte. Angesichts der rasch wachsenden Anwendung der kategoriellen Sprache setzt es sich das Ziel, in den zentralen Teil der Theorie einzuführen und dem weiter Interessierten Zugang zur Literatur zu verschaffen.

An Vorkenntnissen sind in der Sache nur die einfachsten Grundbegriffe der Mengenlehre und der Algebra erforderlich. Moduln treten zwar von Anfang an in den Beispielen auf, sie werden aber in 15.1 definiert. Ein Teil der Beispiele entstammt der Topologie. Selbstverständlich wird das Verständnis der Begriffsbildungen wesentlich erleichtert, wenn man mit den Beispielen aus Algebra oder Topologie vertraut ist.

Im Mittelpunkt steht der Begriff des darstellbaren Funktors mit seinen Abwandlungen: Limites und adjungierte Funktorpaare. Es handelt sich um die Charakterisierung spezieller Objekte durch universelle Abbildungseigenschaften, die für Spezialfälle schon lange und im Werk von Bourbaki, bei anderer Sprache, systematisch benutzt wird. Das Yoneda-Lemma wird möglichst früh bereitgestellt. Dagegen wird die Behandlung adjungierter Funktorpaare aufgeschoben, bis sie zusammenhängend möglich ist und auch die Kansche Konstruktion sofort angeschlossen werden kann. Filtrierende Colimites werden gebührend berücksichtigt. Additive Kategorien und Funktorkategorien sind von Anfang an in die Betrachtung einbezogen. Dabei wird die benutzte Mengenlehre dort referiert, wo sich ihr Gebrauch aufdrängt. Nach dem gegenwärtigen Stand scheinen Universa am handlichsten, und ich vertraue darauf, daß bei einer möglichen Revision der Grundlagen die Substanz der Theorie erhalten bleibt.

Auswahl des Stoffes fordert immer eine Entscheidung, und angesichts der umfangreichen Literatur läßt sich leicht vieles aufzählen, dessen Behandlung ebenfalls wünschenswert gewesen wäre. Einführung in Anwendungen enthalten nur die Kapitel 18 und 20. Auf Homologische Algebra, den eigentlichen Ursprung der Theorie, konnte schon aus Gründen des Umfangs nicht eingegangen werden, und damit wurde auch auf Tripel und auf derivierte Kategorien verzichtet. Die Darstellung führt jedoch an diese Dinge und an andere heran. Ich hoffe, den Stoff unabhängig von speziellen Interessen ausgewählt und damit das Kernstück der Theorie erfaßt zu haben, das sich wohl nicht mehr allzusehr in Fluß befindet.

Bei den behandelten Gegenständen wird eine gewisse Vollständigkeit angestrebt, die es vielleicht auch gestattet, das Buch zum Nachschlagen und als Referenz zu benutzen. Die Sätze wurden so formuliert, daß sie nach Möglichkeit unabhängig lesbar sind. Hinsichtlich der Terminologie habe ich der verworrenen Lage in der Literatur durch Hinweise im Text und im Register Rechnung getragen. Aufgaben sind als solche nicht ausdrücklich gekennzeichnet. Jedoch wird der daran Interessierte in den Bemerkungen und Beispielen genügend Stoff vorfinden.

Da dieses Buch ein Lehrbuch sein will, habe ich mich nicht gescheut, gelegentlich Spezialfälle zu erörtern, die sich später allgemeineren Sachverhalten unterordnen. Besonders deutlich wird das bei den algebraischen Strukturen, für die zunächst in Kapitel 11 eine elementare und für Anwendungen, etwa in der Topologie, bequeme Darstellung gegeben wurde.

Auf Zitate der Originalarbeiten glaubte ich im Text verzichten zu können. Dem Lernenden ist damit wenig geholfen, und das Literaturverzeichnis gibt über die benutzten Quellen Auskunft.

Bei der Erstellung des Manuskriptes wurde mir mannigfache Hilfe zuteil. Besonderen Dank schulde ich Herrn Dr. J. GAMST für Hinweise, zahlreiche Diskussionen und Durchsicht des Manuskriptes. Herr TH. THODE trug zur Gestaltung von Abschnitt 9.2 und Kapitel 19 bei. Außerdem verwandte er viel Mühe auf die Vervielfältigung der ursprünglichen Vorlesungsnotizen. Frau K. MAYER-LINDENBERG danke ich für die geduldige Reinschrift verschiedener Versionen des Manuskriptes.

Düsseldorf, November 1969

H. SCHUBERT

Inhaltsverzeichnis

Kategorien I

Inhaltsübersicht

16. Adjungierte Funktoren

16.1 Komposition von Funktoren und natürlichen Transformationen

16.1.1 Regeln. Ist $U: \mathscr{D} \to \mathscr{E}$ ein Funktor und $\xi: T \to T'$ eine natürliche Transformation von Funktoren $T, T': \mathscr{C} \to \mathscr{D}$, so erhält man vermöge $C \mapsto U(\xi_C)$ für $C \in |\mathscr{C}|$ eine natürliche Transformation $UT \to UT'$, die wir mit $U * \xi$ oder einfach mit $U\xi$ bezeichnen. (Wir haben das bereits in 7.7.2 benutzt.) Ist $S: \mathscr{B} \to \mathscr{C}$ ein Funktor, so erhält man vermöge $B \mapsto \xi_{S(B)}$ für $B \in |\mathscr{B}|$ eine natürliche Transformation $\xi * S = \xi S: TS \to T'S$. Sind $R: \mathscr{A} \to \mathscr{B}$ und $V: \mathscr{E} \to \mathscr{F}$ weitere Funktoren, so gelten offenbar folgende Regeln

$$(1) \qquad (VU) * \xi = V * (U * \xi); \quad C \mapsto VU(\xi_C)$$

$$(2) \qquad \xi * (SR) = (\xi * S) * R; \quad A \mapsto \xi_{SR(A)}$$

$$(3) \qquad (U * \xi) * S = U * (\xi * S); \quad B \mapsto U(\xi_{S(B)})$$

Die Schreibweisen $VU\xi$, ξSR, $U * \xi * S$, $U\xi S$ sind daher erlaubt. Sind noch $\xi': T' \to T''$ und $\beta: S \to S'$ natürliche Transformationen von Funktoren $T', T'': \mathscr{C} \to \mathscr{D}$ bzw. $S, S': \mathscr{B} \to \mathscr{C}$, so gilt ferner

$$(4) \qquad U * (\xi'\xi) * S = (U * \xi' * S)(U * \xi * S),$$

$$(5) \qquad (\xi * S')(T * \beta) = (T' * \beta)(\xi * S): \quad TS \to T'S',$$

wie man leicht bestätigt.

16.1.2 Ist ξ isomorph, so ist auch $U * \xi * S$ isomorph. Für $\xi * S$ folgt das daraus, daß eine natürliche Transformation genau dann isomorph ist, wenn sie es an jeder Stelle ist, für $U * \xi$ daraus, daß jeder Funktor Isomorphismen respektiert.

Man beachte, daß bei $U\xi S$ zugelassen ist, daß U oder S ein identischer Funktor ist.

16.1.3 Die Regeln (1) bis (4) besagen, daß der Hom-Funktor von *cat* als kontra-ko-varianter Funktor mit Werten in *cat* aufgefaßt werden kann (entsprechend für die Kategorie $\mathscr{CAT}$ der kleinen $\mathfrak{B}$-Kategorien). Für beliebige Kategorien ist

$$[\mathscr{C}, U]: [\mathscr{C}, \mathscr{D}] \to [\mathscr{C}, \mathscr{E}]$$

ein Funktor vermöge $T \mapsto UT$, $\xi \mapsto U * \xi$ wegen (4) und 16.1.2, und

(1) besagt

$$(1') \qquad [\mathscr{C}, V][\mathscr{C}, U] = [\mathscr{C}, VU].$$

Entsprechend ist $[S, \mathscr{D}]$: $[\mathscr{C}, \mathscr{D}] \to [\mathscr{B}, \mathscr{D}]$ ein Funktor vermöge $T \mapsto TS$, $\xi \mapsto \xi * S$, und (2) besagt

$$(2') \qquad [R, \mathscr{D}][S, \mathscr{D}] = [SR, \mathscr{D}].$$

Zusammen mit $(UT)S = U(TS)$ besagt (3), daß

$$(3') \qquad [S, U]_{Cat} = [S, \mathscr{E}][\mathscr{C}, U] = [\mathscr{B}, U][S, \mathscr{D}]$$

gilt, also in der Tat ein kontra-ko-varianter Funktor vorliegt.

(5) gibt zusätzliche Struktur. Zunächst erhält man natürliche Transformationen

$$(5_1') \qquad [\mathscr{B}, \xi]: \quad [\mathscr{B}, T] \to [\mathscr{B}, T']$$

dieser Funktoren $[\mathscr{B}, \mathscr{C}] \to [\mathscr{B}, \mathscr{D}]$ vermöge $\xi S: TS \to T'S$ für alle $S: \mathscr{B} \to \mathscr{C}$,

$$(5_2') \qquad [\beta, \mathscr{D}]: \quad [S, \mathscr{D}] \to [S', \mathscr{D}]$$

dieser Funktoren $[\mathscr{C}, \mathscr{D}] \to [\mathscr{B}, \mathscr{D}]$ vermöge $T\beta: TS \to TS'$ für alle $T: \mathscr{C} \to \mathscr{D}$. Mit wiederholter Anwendung von (5) lassen sich außerdem natürliche Transformationen $[\beta, U]_{Cat}$, $[R, \xi]_{Cat}$ und schließlich $[\alpha, \xi]_{Cat}$ mit $\alpha: R \to R'$ erhalten.

Man beachte bei $(5_2')$, daß S und S' bei $[\beta, \mathscr{D}]$ ihre Reihenfolge behalten. Vermöge $(5_1')$, $(5_2')$ liegen Funktoren vor

$$[\mathscr{B}, ?]: \quad [\mathscr{C}, \mathscr{D}] \to [[\mathscr{B}, \mathscr{C}], [\mathscr{B}, \mathscr{D}]],$$

$$[?, \mathscr{D}]: \quad [\mathscr{B}, \mathscr{C}] \to [[\mathscr{C}, \mathscr{D}], [\mathscr{B}, \mathscr{D}]].$$

16.1.4 Sind alle beteiligten Kategorien und Funktoren additiv, so ergeben sich entsprechend dem Vorangehenden

$$[\mathscr{C}, U]: \quad Add(\mathscr{C}, \mathscr{D}) \to Add(\mathscr{C}, \mathscr{E})$$

und

$$[S, \mathscr{D}]: \quad Add(\mathscr{C}, \mathscr{D}) \to Add(\mathscr{B}, \mathscr{D}),$$

womit sich 16.1.3 ohne weiteres überträgt.

16.2 Äquivalenzen von Kategorien

16.2.1 Definition. Ein Funktor $T: \mathscr{C} \to \mathscr{D}$ heißt *Äquivalenz*, wenn es einen Funktor $S: \mathscr{D} \to \mathscr{C}$ mit Isomorphismen $\Phi: ST \to 1_{\mathscr{C}}$, $\Psi: 1_{\mathscr{D}} \to TS$ gibt. S heißt dabei *äquivalenzinvers* zu T. Die Kategorien $\mathscr{C}$ und $\mathscr{D}$ heißen äquivalent, wenn es eine Äquivalenz $T: \mathscr{C} \to \mathscr{D}$ gibt.

16.2.2 Beispiele und Bemerkungen. Äquivalenz ist eine Abschwächung von Isomorphie. (Es besteht eine Analogie zum Begriff der Homotopie-Äquivalenz in *Top*, wobei natürliche Isomorphien von Funktoren den Homotopien entsprechen.) In Anwendungen tritt meist Äquivalenz statt Isomorphie von Kategorien auf.

Ist $\mathscr{C}$ die Kategorie der endlich-dimensionalen Vektorräume über dem Körper K, so ist für den kontravarianten Funktor $D\colon \mathscr{C} \to \mathscr{C}$, der durch Vektorraum $\mapsto$ dualer Vektorraum, lineare Abbildung $\mapsto$ transponierte Abbildung definiert ist, $\mathrm{Op}\,D\colon \mathscr{C} \to \mathscr{C}^{0}$ eine Äquivalenz mit Äquivalenz-Inversem $D\,\mathrm{Op}\colon \mathscr{C}^{0} \to \mathscr{C}$.

Für die Theorie der Lie-Gruppen ist die Äquivalenz der Kategorie der einfach-zusammenhängenden Lie-Gruppen mit der Kategorie der Lie-Algebren endlicher Dimension fundamental.

Ist in einer exakten Kategorie zu jedem Monomorphismus mit Ziel A ein Cokern und zu jedem Epimorphismus mit Quelle A ein Kern ausgewählt, so liefert der Übergang zu Cokernen gemäß 12.4.4 eine Äquivalenz $\mathscr{M}/A \to A/\mathscr{E}$.

16.2.3 Satz. *Es seien* $V\colon \mathscr{B} \to \mathscr{C}$ *und* $T\colon \mathscr{C} \to \mathscr{D}$ *Äquivalenzen mit Äquivalenz-Inversen* $U\colon \mathscr{C} \to \mathscr{B}$ *bzw.* $S\colon \mathscr{D} \to \mathscr{C}$.

(a) $\mathrm{Op}\,T\,\mathrm{Op}\colon \mathscr{C}^{0} \to \mathscr{D}^{0}$ *ist eine Äquivalenz mit Äquivalenz-Inversem* $\mathrm{Op}\,S\,\mathrm{Op}$.

(b) *TV ist eine Äquivalenz mit Äquivalenz-Inversem US.*

(c) *Ist $\mathscr{A}$ eine beliebige Kategorie, so ist* $[\mathscr{A}, T]\colon [\mathscr{A}, \mathscr{C}] \to [\mathscr{A}, \mathscr{D}]$ *(vgl. 16.1.3) eine Äquivalenz mit Äquivalenz-Inversem* $[\mathscr{A}, S]$.

(d) $[T, \mathscr{A}]\colon [\mathscr{D}, \mathscr{A}] \to [\mathscr{C}, \mathscr{A}]$ *ist eine Äquivalenz mit Äquivalenz-Inversem* $[S, \mathscr{A}]$.

(e) *$T'\colon \mathscr{C} \to \mathscr{D}$ ist genau dann isomorph zu T, wenn S auch äquivalenz-invers zu T' ist. Das ist schon dann der Fall, wenn $T'S$ isomorph zu $1_{\mathscr{D}}$ oder ST' isomorph zu $1_{\mathscr{C}}$ ist.*

Bemerkung. Zwei Äquivalenzen $T, T'\colon \mathscr{C} \to \mathscr{D}$ brauchen nicht zueinander isomorph zu sein. Für $\mathscr{C} = \mathscr{D} = \mathscr{A} \sqcup \mathscr{A}$ betrachte man $1_{\mathscr{C}}$ und die Vertauschung der beiden Cofaktoren $\mathscr{A}$.

Beweis. (a) folgt aus $\mathrm{Op}\,\mathrm{Op} = 1$ und der Definition.

(b) Mit Isomorphismen $\Phi\colon ST \to 1_{\mathscr{C}}$ und $\chi\colon UV \to 1_{\mathscr{B}}$ erhält man nach 16.1.1 und 16.1.2 den Isomorphismus

$$\chi(U * \Phi * V)\colon USTV \to UV \to 1_{\mathscr{B}}$$

und entsprechend $1_{\mathscr{D}} \to TVUS$. (c) folgt aus 16.1.3 ($1'$) und ($5'_1$), (d) aus 16.1.3 ($2'$) und ($5'_2$). (e) Ist T isomorph zu T', so sind TS und $T'S$ isomorph nach 16.1.2, ebenso ST und ST'. Daher ist S auch äquivalenz-Invers zu T'. Ist $T'S$ isomorph zu $1_{\mathscr{D}}$, so ist $T'ST$ isomorph zu T und zu T', wieder nach 16.1.2. Ist ST' isomorph zu $1_{\mathscr{C}}$, so schließt man entsprechend.

16.2.4 Satz. *Es sei* $T\colon \mathscr{C} \to \mathscr{D}$ *eine Äquivalenz mit Äquivalenz-Inversem* $S\colon \mathscr{D} \to \mathscr{C}$.

(a) *T ist völlig treu, und jedes Objekt von $\mathscr{D}$ ist isomorph zu einem der Gestalt $T(A)$.*

(b) *T respektiert und entdeckt Limites und Colimites einschließlich terminaler und initialer Objekte. Insbesondere respektiert und entdeckt T Monomorphismen und Epimorphismen.*

(c) *Ist $\mathscr{C}$ oder $\mathscr{D}$ (semi-)additiv, so gibt es genau eine (semi-)additive Struktur auf der anderen Kategorie, bezüglich welcher T additiv ist. Damit ist auch S additiv.*

(d) *Ist $\mathscr{C}$ (endlich) vollständig oder (endlich) covollständig oder exakt oder abelsch oder eine Grothendieck-Kategorie, so ist dasselbe für $\mathscr{D}$ der Fall. Ist $\mathscr{C}$ exakt, so respektiert und entdeckt T exakte Folgen.*

Beweis. (a) Für $A, B \in |\mathscr{C}|$ ist $(ST)_{A,B}\colon [A, B] \to [ST(A), ST(B)]$ bijektiv. Wegen $(ST)_{A,B} = S_{T(A),T(B)} T_{A,B}$ ist $S_{T(A),T(B)}$ surjektiv und $T_{A,B}$ injektiv. Betrachtet man $(TS)_{T(A),T(B)}$, so erhält man, daß $S_{T(A),T(B)}$ injektiv und damit bijektiv ist. Daher ist $T_{A,B}$ bijektiv und T völlig treu. $X \in |\mathscr{D}|$ ist isomorph zu $TS(X)$.

(b) T entdeckt Limites wegen (a) und 7.7.6. Sei (L, λ) Limes von $D\colon \Sigma \to \mathscr{C}$. Vermöge einer Isomorphie $\Phi^{-1}\colon 1_{\mathscr{C}} \to ST$ ist D isomorph zu STD und L zu $ST(L)$. Daher ist $(ST(L), ST\lambda)$ Limes von STD. Weil S völlig treu ist, ist $(T(L), T\lambda)$ Limes von TD. Die Behauptung über Monomorphismen folgt aus 7.8.9. Die Aussagen für Colimites sind dual zu denen für Limites.

(c) Besitze etwa $\mathscr{D}$ eine (semi-)additive Struktur. Wegen (a) gibt es genau eine auf $\mathscr{C}$, für welche T additiv ist. Die Additivität von S ergibt sich vermöge eines Isomorphismus $\Psi\colon 1_{\mathscr{D}} \to TS$.

(d) folgt leicht aus (b) und (c). Die Liste der Eigenschaften könnte verlängert werden.

16.2.5 Bemerkung. Ist der additive Funktor $T\colon \mathscr{C} \to \mathscr{D}$ eine Äquivalenz zwischen additiven Kategorien und ist $\mathscr{A}$ eine additive Kategorie, so sind

$$[\mathscr{A}, T]\colon \quad Add(\mathscr{A}, \mathscr{C}) \to Add(\mathscr{A}, \mathscr{D}) \quad \text{und}$$

$$[T, \mathscr{A}]\colon \quad Add(\mathscr{D}, \mathscr{A}) \to Add(\mathscr{C}, \mathscr{A})$$

Äquivalenzen. Mit 16.2.4 (c) folgt das entsprechend 16.2.3 (c), (d) aus 16.1.3 und 16.1.4.

16.2.6 Satz. *Es sei* $T\colon \mathscr{C} \to \mathscr{D}$ *ein Funktor zwischen beliebigen Kategorien. Es gibt eine Kategorie $\mathscr{D}'$ mit einer vollen Einbettung $S\colon \mathscr{D} \to \mathscr{D}'$, so daß S eine Äquivalenz und ST isomorph zu einem für die Objektklassen injektiven Funktor $T'\colon \mathscr{C} \to \mathscr{D}'$ ist.*

Beweis. Es kann angenommen werden, daß $\mathscr{C}$ nicht leer ist. $\mathscr{D}'$ habe als Objekte Paare (A, X) mit $A \in |\mathscr{C}|$ und $X \in |\mathscr{D}|$, als Morphismen von (A, X) nach (A', X') Tripel (A, A', u) mit $u: X \to X'$. Morphismen-komposition ist durch $(A', A'', u')(A, A', u) = (A, A'', u'u)$ für $u': X' \to X''$ erklärt.

Sei B ein fest gewähltes Objekt von $\mathscr{C}$. $X \mapsto (B, X)$, $u \mapsto (B, B, u)$ definiert eine volle Einbettung $S: \mathscr{D} \to \mathscr{D}'$. Durch $(A, X) \mapsto X$, $(A, A', u) \mapsto u$ ist $V: \mathscr{D}' \to \mathscr{D}$ definiert. Es ist $VS = 1_\mathscr{D}$, und $(A, X) \mapsto (A, B, 1_X)$ ist eine Isomorphie $\Psi: 1_{\mathscr{D}'} \to SV$. Nun werde $T': \mathscr{C} \to \mathscr{D}'$ durch $T'(A) = (A, T(A))$ und $T'(f) = (A, B, T(f))$ für $f: A \to B$ definiert. Es ist $T = VT'$, $ST = SVT'$, und nach 16.1.2 ist ST vermöge $\Psi T'$ isomorph zu T'.

16.2.7 Bemerkung. Für $\mathscr{D} = Ens$ oder $\mathscr{D} = Ab$ kann S in 16.2.6 als Funktor $Ens \to Ens$ bzw. $Ab \to Ab$ gewählt werden. Man ersetze (A, X) durch die Menge der Paare (A, x) mit $x \in X$, bei Ab mit evidenter Gruppenstruktur.

16.3 Skelette

16.3.1 Definition. Eine Kategorie $\mathscr{K}$ heißt *reduziert*, wenn je zwei isomorphe Objekte identisch sind. Eine Unterkategorie $\mathscr{K}$ von $\mathscr{C}$ heißt *Skelett* von $\mathscr{C}$, wenn $\mathscr{K}$ reduziert und die Inklusion $\mathscr{K} \subset \mathscr{C}$ eine Äquivalenz ist.

16.3.2 Satz. *Es seien $\mathscr{H}$ und $\mathscr{K}$ reduzierte Kategorien.*

Für einen Funktor $T: \mathscr{H} \to \mathscr{K}$ sind gleichwertig

(a) *T ist ein Isomorphismus,*

(b) *T ist eine Äquivalenz,*

(c) *T ist völlig treu und surjektiv für die Objektklassen.*

Beweis. Aus (a) folgt (b), aus (b) folgt (c) nach 16.2.4 (a).

Sei nun (c) erfüllt. Haben $A, B \in |\mathscr{H}|$ dasselbe Bild $X = T(A) = = T(B)$ bei T, so gibt es genau je einen Morphismus $u: A \to B$ und $v: B \to A$ mit $T(u) = T(v) = 1_X$, weil T völlig treu ist. Wegen $T(uv) = T(vu) = T(1_A) = T(1_B)$ sind u und v reziproke Iso-morphismen. Weil $\mathscr{H}$ reduziert ist, ist T bijektiv für die Objekt-klassen. Es folgt, daß T eine Bijektion $\operatorname{Mor} \mathscr{H} \to \operatorname{Mor} \mathscr{K}$ und damit isomorph ist.

16.3.3 Bemerkungen zum Auswahlaxiom. Wir nehmen an, daß für das Universum $\mathfrak{U}$ als Menge das Auswahlaxiom zulässig ist. Wir haben dies bereits mehrfach benutzt, z. B. bei Doppellimites. Ohne diese Annahme ließen sich manche Resultate nur für kleine Kategorien erhalten, andere müßten umständlich formuliert werden. Ist $\mathfrak{U}$ die universelle Klasse für 3.1.1 und liegt für eine Teilklasse von $\mathfrak{U}$ eine Äquivalenzrelation vor, so gestattet das Gödelsche Auswahlaxiom Auswahl von Repräsen-tanten der Äquivalenzklassen. Hierdurch wird unsere Annahme ge-stützt.

16.3.4 Satz. *Jede Kategorie $\mathscr{C}$ besitzt ein Skelett.*

Beweis. Isomorphie ist eine Äquivalenzrelation für die Objekte von $\mathscr{C}$. Man wähle aus jeder Äquivalenzklasse ein Objekt aus. Es sei $\mathscr{K}$ die volle Unterkategorie von $\mathscr{C}$, deren Objekte die ausgewählten sind. Sei $S: \mathscr{K} \to \mathscr{C}$ die Inklusion. $V: \mathscr{C} \to \mathscr{K}$ wird folgendermaßen konstruiert: Zu $A \in |\mathscr{K}|$ werde für jedes zu A isomorphe Objekt A' in $\mathscr{C}$ ein Isomorphismus $w_{A'}: A' \to A$ ausgewählt. Dabei sei $w_A = 1_A$. Man setze $V(A') = A$. Sind A, B Objekte von $\mathscr{K}$, $w_{A'}: A' \to A$, $w_{B'}: B' \to B$ ausgewählte Isomorphismen, so setze man $V(f) = w_{B'}fw_{A'}^{-1}$ für $f: A' \to B'$. Damit ist V ein Funktor. Wegen $w_A = 1_A$ ist $VS = 1_{\mathscr{K}}$, und $\{w_{A'}\}$ ist ein Isomorphismus $1_{\mathscr{C}} \to SV$ nach Konstruktion.

16.3.5 Bemerkung. 16.3.4 gestattet es in manchen Fällen, eine Kategorie auf eine kleine zurückzuführen. Das ist beispielsweise der Fall für endlich erzeugte Moduln, speziell für endlich erzeugte additive Gruppen und für endlich-dimensionale Vektorräume. Dasselbe gilt für Lie-Gruppen und Lie-Algebren endlicher Dimension. In den genannten Fällen stehen übrigens natürliche Auswahlen für die Objekte einer äquivalenten kleinen Kategorie zur Verfügung.

16.3.6 Satz. *Ein Funktor $T: \mathscr{C} \to \mathscr{D}$ ist genau dann eine Äquivalenz, wenn T völlig treu und jedes Objekt von $\mathscr{D}$ isomorph zu einem Objekt der Gestalt $T(A)$ ist.*

Beweis. Die eine Aussage ist 16.2.4 (a). Seien umgekehrt die genannten Bedingungen erfüllt, $S: \mathscr{K} \to \mathscr{C}$ und $R: \mathscr{L} \to \mathscr{D}$ Inklusionen von Skeletten mit Äquivalenz-Inversen $V: \mathscr{C} \to \mathscr{K}$, $U: \mathscr{D} \to \mathscr{L}$. Jeder der Funktoren U, T, S erfüllt die entsprechenden Bedingungen, daher auch UTS. Nach 16.3.2 ist UTS isomorph, und nach 16.2.3 (b) ist $RUTSV$ eine Äquivalenz. Sie ist natürlich isomorph zu T nach 16.1.2. Wegen 16.2.3 (e) ist T eine Äquivalenz.

16.3.7 Korollar. *Zwei Kategorien sind genau dann äquivalent, wenn ihre Skelette isomorph sind.*

16.3.8 Korollar. *Jeder völlig treue Funktor läßt sich zerlegen in eine Äquivalenz und die Inklusion einer vollen Unterkategorie.*

16.3.9 Satz. *Es seien $\mathscr{C}$, $\mathscr{D}$ additive Kategorien mit endlichen Produkten, und es sei $\mathscr{B}$ eine volle Unterkategorie von $\mathscr{C}$ derart, daß jedes Objekt von $\mathscr{C}$ endliches Produkt von Objekten aus $\mathscr{B}$ ist. Die Einschränkung von additiven Funktoren $\mathscr{C} \to \mathscr{D}$ und ihrer natürlichen Transformationen ist eine Äquivalenz $\tilde{R}: \mathrm{Add}\,(\mathscr{C}, \mathscr{D}) \to \mathrm{Add}\,(\mathscr{B}, \mathscr{D})$ mit einem Äquivalenz-Inversen Q, derart daß $\tilde{R}Q = 1_{\mathrm{Add}(\mathscr{B}, \mathscr{D})}$ ist.*

Beweis. Es sei $R: \mathscr{B} \to \mathscr{C}$ die Inklusion. Wir zeigen:

(a) Jeder additive Funktor $F': \mathscr{B} \to \mathscr{D}$ läßt sich (auf mindestens eine Weise) zu einem additiven Funktor $F: \mathscr{C} \to \mathscr{D}$ fortsetzen.

6

(b) Sind $F, G: \mathscr{C} \to \mathscr{D}$ additiv, so setzt sich jede natürliche Transformation $\xi: FR \to GR$ eindeutig zu einer natürlichen Transformation $\eta: F \to G$ fort.

Q entsteht für Objekte durch Auswahl von Fortsetzungen nach (a) und ist dadurch wegen (b) völlig bestimmt. Wegen (a) und (b) ist $\tilde{R}$ eine Äquivalenz nach 16.3.6, und es ist Q äquivalenz-invers zu $\tilde{R}$ nach 16.2.3 (e).

(a) Für jedes Objekt A von $\mathscr{C}$ sei eine Darstellung $A = \oplus X_e$ als endliches Biprodukt von Objekten aus $\mathscr{B}$ mit Projektionen pr_e und Injektionen i_e ausgewählt, wobei die Objekte von $\mathscr{B}$ Biprodukte mit nur einem Faktor und identischen Morphismen als Projektion und Injektion seien. Nunmehr wird jeder Morphismus in $\mathscr{C}$ durch genau eine Matrix beschrieben, deren Glieder Morphismen aus $\mathscr{B}$ sind (vgl. 12.2.1). Ist $\oplus X_e$ die ausgewählte Darstellung für A, so werde $F(A) = \oplus F'(X_e)$ gesetzt (mit Auswahl eines Biproduktes in $\mathscr{D}$), wobei $F(A) = F'(A)$ sei, falls A zu $\mathscr{B}$ gehört. Für Morphismen ergibt sich nun F dadurch, daß F' auf die Glieder der Matrizen angewandt wird, mit denen die Morphismen in $\mathscr{C}$ beschrieben werden. Damit ist F ein additiver Funktor, wie Multiplikation und Addition von Matrizen zeigen, und es ist $F' = FR$.

(b) Für die Objekte von $\mathscr{C}$ sei eine Darstellung als Biprodukt wie unter (a) ausgewählt. Falls $\eta_A: F(A) \to G(A)$ für $A = \oplus X_e$ existiert, muß jedenfalls gelten

$$(1) \qquad\qquad \eta_A F(i_e) = G(i_e)\xi_{X_e}.$$

Weil $F(\oplus X_e)$ Coprodukt mit Injektionen $F(i_e)$ ist (12.2.7), ist η_A durch (1) eindeutig bestimmt. Wir definieren nun η_A durch (1). Für $A \in |\mathscr{B}|$ ist dabei $\eta_A = \xi_A$ nach Wahl der Darstellung von A als Biprodukt. Sei nun $B = \oplus Y_j$ mit Injektionen i_j und Projektionen pr_j die gewählte Darstellung für $B \in |\mathscr{C}|$ und $f: A \to B$ ein Morphismus in $\mathscr{C}$. Für $g = fi_e: X_e \to B$ gilt

$$(2) \qquad\qquad g = \sum i_j pr_j g: \quad X_e \to B.$$

Nun ist $\xi_{Y_j} F(pr_j g) = G(pr_j g)\xi_{X_e}$. Wegen (1) für B folgt

$$\eta_B F(i_j pr_j g) = G(i_j pr_j g)\xi_{X_e},$$

und weil F und G additiv sind, folgt nach (2)

$$\eta_B F(f) F(i_e) = \eta_B F(g) = G(g)\xi_{X_e} = G(f)\eta_A F(i_e),$$

das letzte wegen (1). Weil $F(A)$ Coprodukt mit Injektionen $F(i_e)$ ist, folgt weiter $\eta_B F(f) = G(f)\eta_A$, was die Behauptung unter (b) ergibt.

16.3.10 Bemerkungen. Ist $\mathscr{C}$ eine additive Kategorie mit endlichen Biprodukten und $\mathscr{B}$ eine volle kleine Unterkategorie, so läßt sich $\mathscr{B}$ zu einer vollen kleinen Unterkategorie mit endlichen Biprodukten ergänzen, indem man für je endlich viele Objekte aus $\mathscr{B}$ ein Biprodukt in $\mathscr{C}$ auswählt. Die entstehende Unterkategorie ist wieder klein, und sie besitzt endliche Biprodukte nach 7.7.7. Eine (kleine) additive Kategorie $\mathscr{B}$ kann stets zu einer (kleinen) additiven Kategorie $\mathscr{C}$ mit endlichen Biprodukten ergänzt werden: Man wende das eben Gesagte auf die Yoneda-Einbettung $H_*\colon \mathscr{B} \to Add\,(\mathscr{B}^{\mathrm{o}}, Ab)$ an.

16.4 Adjungierte Funktoren

16.4.1 Definition. Es seien $S\colon \mathscr{D} \to \mathscr{C}$ und $T\colon \mathscr{C} \to \mathscr{D}$ Funktoren. (S, T) heißt *adjungiertes Funktorpaar*, wenn es einen Isomorphismus

$$(1) \qquad \bar{\psi}\colon\; [S\mathrm{Op}(?),\,??]_{\mathscr{C}} \;\overset{\approx}{\Longrightarrow}\; [\mathrm{Op}(?),\,T(??)]_{\mathscr{D}}$$

von Bifunktoren $\mathscr{D}^{\mathrm{o}} \times \mathscr{C} \to Ens$ gibt. $\bar{\psi}$ ist ein Isomorphismus

$$(2) \qquad \psi\colon\; [S(?),\,??]_{\mathscr{C}} \;\overset{\approx}{\Longrightarrow}\; [?,\,T(??)]_{\mathscr{D}}$$

kontra-ko-varianter Funktoren. In diesem Falle heißt T (vermöge ψ) *rechtsadjungiert* zu S, S *linksadjungiert* zu T und ψ *Adjunktions-Isomorphismus* für (S, T). Wir sagen auch, daß ψ den Funktor T zu S rechts adjungiert (S zu T links adjungiert) und daß $(\psi, S, T, \mathscr{C}, \mathscr{D})$ eine *Adjunktion* ist.

Erste Beispiele sind 4.5.2, 7.5.3, 8.5.2 und 15.1.8 (12). Es sind auch die Bezeichnungen „adjungiert, coadjungiert“ im Gebrauch, wobei adjungiert je nach Autor rechtsadjungiert oder aber linksadjungiert bedeutet. Links- und rechtsadjungiert beziehen sich auf die Stellung im Hom-Funktor.

16.4.2 Satz. *Es seien* $(\psi, S, T, \mathscr{C}, \mathscr{D})$ *und* $(\chi, R, U, \mathscr{B}, \mathscr{C})$ *Adjunktionen. Die folgenden Funktorpaare sind adjungierte Paare*

(a) $(\mathrm{Op}T\mathrm{Op},\ \mathrm{Op}S\mathrm{Op})$,

(b) $(RS,\ TU)$.

Beweis. (a) folgt unmittelbar aus der Definition. (b) ergibt sich durch die von χ und ψ herrührenden Isomorphien

$$[RS(?),\,??]_{\mathscr{B}} \;\overset{\approx}{\Longrightarrow}\; [S(?),\,U(??)]_{\mathscr{C}} \;\overset{\approx}{\Longrightarrow}\; [?,\,TU(??)]_{\mathscr{D}}\,.$$

Bemerkung. (a) gestattet es, Aussagen über adjungierte Funktorpaare zu dualisieren.

16.4.3 Es seien $(\psi, S, T, \mathscr{C}, \mathscr{D})$ und $(\chi, R, U, \mathscr{C}, \mathscr{D})$ Adjunktionen. Eine natürliche Transformation $\tau\colon T \to U$ induziert eine eindeutig bestimmte natürliche Transformation $\varrho\colon R \to S$ (Gegenrichtung!), so daß

$$(4) \qquad \begin{array}{ccc} [S(X), A] & \xrightarrow{\psi_{X,A}} & [X, T(A)] \\ {\scriptstyle [\varrho_X, A]} \downarrow & & \downarrow {\scriptstyle [X, \tau_A]} \\ [R(X), A] & \xrightarrow{\chi_{X,A}} & [X, U(A)] \end{array}$$

stets kommutativ ist. ϱ und τ heißen zueinander *konjugierte Transformationen*. Ist τ isomorph, so ist auch ϱ isomorph.

Beweis. $(X, A) \mapsto [X, \tau_A]$ ist eine natürliche Transformation σ zwischen kontra-ko-varianten Funktoren (vgl. 4.5.3) und daher auch $\chi^{-1}\sigma\psi \colon [S(?), ??] \to [R(?), ??]$. Damit folgt die erste Behauptung aus 4.5.4, die zweite aus 4.1.5.

16.4.4 Korollar. *Bei einem adjungierten Funktorpaar (S, T) bestimmt jeder der beiden Funktoren den anderen eindeutig bis auf Isomorphie.*

16.4.5 Satz. *Der Funktor $T\colon \mathscr{C} \to \mathscr{D}$ besitzt genau dann einen Linksadjungierten $S\colon \mathscr{D} \to \mathscr{C}$, wenn $[X, T(?)]_{\mathscr{D}}\colon \mathscr{C} \to Ens$ für jedes $X \in |\mathscr{D}|$ darstellbar ist.*

Beweis. Ist $(\psi, S, T, \mathscr{C}, \mathscr{D})$ eine Adjunktion, so ist $\psi_X \colon [S(X), ?] \to [X, T(?)]$ eine Darstellung. Die Umkehrung folgt aus 4.5.1.

Bemerkung. Sind $S(X) \in |\mathscr{C}|$ und $\Psi_X \colon X \to TS(X)$ gegeben, so wird $[X, T(?)]_{\mathscr{D}}$ genau dann durch $(S(X), \Psi_X)$ dargestellt, wenn gilt: Zu jedem $A \in |\mathscr{C}|$ und $u\colon X \to T(A)$ in $\mathscr{D}$ gibt es genau ein $f\colon S(X) \to A$ in $\mathscr{C}$ mit $u = T(f)\,\Psi_X$.

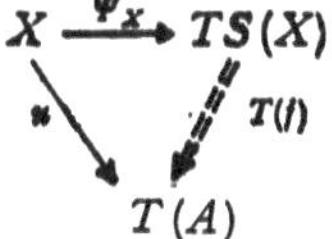

Wegen $u \in [X, T(A)]$ und $T(f)\,\Psi_X = [X, T(f)](\Psi_X)$ folgt das unmittelbar aus 4.4.2.

16.4.6 Satz. *Ist $(\psi, S, T, \mathscr{C}, \mathscr{D})$ eine Adjunktion, so respektiert T alle in $\mathscr{C}$ vorhandenen Limites (auch große), insbesondere Monomorphismen, und S Colimites, insbesondere Epimorphismen.*
Ein rechtsadjungierter Funktor respektiert Limites, ein linksadjungierter Colimites.

Beweis. $[X, T(?)]$ ist darstellbar und respektiert Limites nach 7.7.4 für jedes $X \in |\mathscr{D}|$. Nach 7.7.5 respektiert T Limites. Die Aussage für S ist dazu dual (16.4.2 (a)).

16.4.7 Satz. *Es sei $\mathscr{C}$ eine vollständige Kategorie. Ein Funktor $T\colon \mathscr{C} \to \mathscr{D}$ besitzt genau dann einen linksadjungierten, wenn er Limites respektiert und wenn $[X, T(?)]_{\mathscr{D}}$ für jedes $X \in |\mathscr{D}|$ eigentlich ist. Ist $\mathscr{C}$*

außerdem lokal klein und besitzt $\mathscr{C}$ eine Cogeneratormenge, so besitzt T genau dann einen Linksadjungierten, wenn T Limites respektiert.

Beweis. Nach 7.7.5 respektiert T genau dann Limites, wenn das für alle $H^X T$ mit $X \in |\mathscr{D}|$ der Fall ist. Damit folgt die erste Behauptung aus 16.4.5 und 10.3.9, die zweite aus 10.6.5.

16.4.8 Satz. *Es sei $\mathscr{C}$ eine lokal kleine vollständige Kategorie mit einer Cogeneratormenge. $\mathscr{C}$ ist auch covollständig.*

Beweis. Sei Σ eine beliebige kleine Kategorie. Sei $T: \mathscr{C} \to [\Sigma, \mathscr{C}]$ der Funktor $T(A) = A_\Sigma$, $T(f) = f_\Sigma$. Wegen der „punktweisen" Konstruktion von Limites in $[\Sigma, \mathscr{C}]$ respektiert T Limites, auch für $\Sigma = \emptyset$. Nach 16.4.7 besitzt T einen linksadjungierten $S: [\Sigma, \mathscr{C}] \to \mathscr{C}$, der wegen 16.4.4 bis auf Isomorphie eindeutig bestimmt ist. Vergleich mit 8.5.2 zeigt, daß jeder Funktor $F: \Sigma \to \mathscr{C}$ einen Colimes mit Colimesobjekt $S(F)$ besitzt.

16.4.9 Bemerkung. Eine exakte Kategorie ist wegen 12.4.4 genau dann lokal klein, wenn sie lokal coklein ist. Sie ist ausgeglichen (13.1.2). Besitzt sie eine Cogeneratormenge, so ist sie nach den Dualen von 12.4.1 und 10.6.3 lokal coklein. In 16.4.8 kann daher lokal klein durch exakt und insbesondere auch durch abelsch ersetzt werden.

16.5 Quasi-inverse Adjunktions-Transformationen

16.5.1 Bei einer Adjunktion $(\psi, S, T, \mathscr{C}, \mathscr{D})$ wird die Darstellung ψ_X: $[S(X), ?]_\mathscr{C} \to [X, T(?)]_\mathscr{D}$ gemäß 4.4.1 durch $(S(X), \Psi_X)$ beschrieben, wobei

$$(1) \qquad \Psi_X = \psi_{X, S(X)}(1_{S(X)}): \quad X \to TS(X)$$

ist. Für den vorliegenden Fall besagt 4.2 (2): Für $f \in [S(X), A]$ ist $\psi_{X, A}(f) = [X, T(f)](\Psi_X)$, und das ist $T(f) \circ \Psi_X = [\Psi_X, T(A)](T(f))$. Also ist

$$(2) \qquad
\begin{array}{ccc}
[S(X), A] & \xrightarrow{\ T_{S(X), A}\ } & [TS(X), T(A)] \\
{\scriptstyle \psi_{X, A}}\searrow & & \swarrow{\scriptstyle [\Psi_X, T(A)]} \\
& [X, T(A)] &
\end{array}
\qquad
\begin{array}{c}
f \mapsto T(f) \\
\searrow \ \nearrow \\
\psi_{X, A}(f) = T(f) \circ \Psi_X
\end{array}$$

kommutativ. $T_{S(X), A}$ ist injektiv, weil $\psi_{X, A}$ bijektiv ist.

16.5.2 Satz. *Für die Adjunktion $(\psi, S, T, \mathscr{C}, \mathscr{D})$ bilden die universellen Elemente Ψ_X der Darstellungen ψ_X: $[S(X), ?] \to [X, T(?)]$ eine natürliche Transformation*

$$\Psi: \ 1_\mathscr{D} \to TS.$$

Beweis. Für $u: X \to Y$ beliebig in $\mathscr{D}$ ist

$$S(u) = [S(X), S(u)](1_{S(X)}) = [S(u), S(Y)](1_{S(Y)}).$$

Anwendung von ψ liefert $[X, TS(u)](\Psi_X) = [u, TS(Y)](\Psi_Y)$, also $TS(u) \circ \Psi_X = \Psi_Y \circ u: X \to TS(Y)$, und das ist die Behauptung. Sie

ist gleichwertig damit, daß

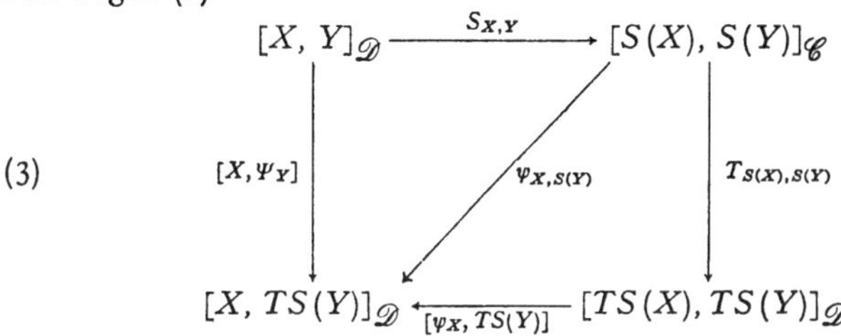

kommutativ ist für alle $X, Y \in |\mathscr{D}|$. Durch Zerlegung von TS ergibt sich wegen (2)

$$(3)$$

Bemerkung. Wie die Beweise zeigen, bestehen (2) und (3) schon dann, wenn $\psi\colon [S(?), ??]_{\mathscr{C}} \to [?, T(??)]_{\mathscr{D}}$ eine natürliche Transformation ist. Liegt umgekehrt die natürliche Transformation $\Psi\colon 1_{\mathscr{D}} \to TS$ vor, so läßt sich ψ durch (2) als Komposition zweier natürlicher Transformationen von kontra-ko-varianten Funktoren definieren. Dabei gilt wieder (1).

16.5.2° Durch Dualisierung erhält man, daß der Funktor $S\colon \mathscr{D} \to \mathscr{C}$ genau dann einen rechtsadjungierten besitzt, wenn der kontravariante Funktor $[S(?), A]_{\mathscr{C}}$ für jedes $A \in |\mathscr{C}|$ darstellbar ist. Mit $\varphi = \psi^{-1}$ wird eine solche Darstellung $\varphi_A\colon [?, T(A)]_{\mathscr{D}} \to [S(?), A]_{\mathscr{C}}$ durch $(T(A), \Phi_A)$ mit

$$(1°) \qquad \Phi_A = \varphi_{A, T(A)}(1_{T(A)})\colon\ ST(A) \to A$$

beschrieben. Diese universellen Elemente bilden eine natürliche Transformation $\Phi\colon ST \to 1_{\mathscr{C}}$, und die beiden folgenden Diagramme sind kommutativ

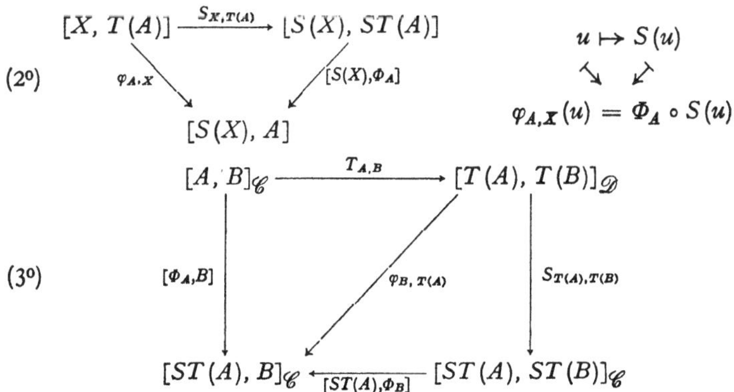

16.5.3 Satz. *Mit den bisherigen Bezeichnungen gilt, daß die folgenden Aussagen gleichwertig sind:*

(a) *T ist treu.*

(b) *T entdeckt Epimorphismen.*

(c) *φ respektiert Epimorphismen.*

(d) *Jedes Φ_A ist epimorph.*

Beweis. Aus (a) folgt (b) nach 13.3.5. Sei (b) erfüllt und $u: X \to T(A)$ epimorph. Wegen (2) ist $u = T(\psi_{X,A}^{-1}(u)) \circ \Psi_X$. Daher ist $T(\psi_{X,A}^{-1}(u))$ epimorph und damit $\psi_{X,A}^{-1}(u) = \varphi_{A,X}(u)$. Aus (c) folgt (d) nach (1°). Aus (d) folgt (a) wegen (3°) und 5.1.4°, weil φ isomorph ist.

16.5.4 Satz. *Mit den bisherigen Bezeichnungen gilt:*

(a) *T ist genau dann voll, wenn alle Φ_A Coretraktionen sind.*

(b) *Es sei T voll und $X \in |\mathscr{D}|$. Ist $\Psi_X: X \to TS(X)$ eine Coretraktion, so ist Ψ_X isomorph.*

(c) *Ist T voll und jedes Ψ_X monomorph, so sind alle Ψ_X bimorph.*

(d) *T ist genau dann völlig treu, wenn Φ isomorph ist.*

Beweis. (a) folgt aus (3°) und dem Dualen von 5.2.4.

(b) Sei $r\Psi_X = 1_X$. Dann ist $\Psi_X r \Psi_X = \Psi_X$. Weil T voll ist, gibt es f: $S(X) \to S(X)$ mit $T(f) = \Psi_X r$. Wegen (2) und $T(f)\Psi_X = \Psi_X = T(1_{S(X)})\Psi_X$ ist $f = 1_{S(X)}$. Also ist $\Psi_X r = 1_{TS(X)}$ und r invers zu Ψ_X.

(c) für u, v: $TS(X) \to Y$ sei $u\Psi_X = v\Psi_X$. Es folgt $\Psi_Y u \Psi_X = \Psi_Y v \Psi_X$. Weil T voll ist, gibt es f, g: $S(X) \to S(Y)$ mit $T(f) = \Psi_Y u$, $T(g) = \Psi_Y v$. Damit folgt aus (2) $\psi_{X,S(Y)}(f) = \psi_{X,S(Y)}(g)$ und weiter $f = g$, also $\Psi_Y u = \Psi_Y v$. Weil Ψ_Y monomorph ist, ist $u = v$, also Ψ_X epimorph.

(d) folgt aus (a), 16.5.3 und 5.3.4.

Bemerkungen. Nach dem Dualen von 16.5.3 sind alle Ψ_X genau dann monomorph, wenn S treu ist. Aussage (d) wird häufig benutzt werden.

16.5.5 Satz. *Ist $(\psi, S, T, \mathscr{C}, \mathscr{D})$ eine Adjunktion, so gilt für die zugehörigen natürlichen Transformationen $\Psi: 1_\mathscr{D} \to TS$, $\Phi: ST \to 1_\mathscr{C}$*

$$(4) \qquad\qquad (T * \Phi)\,(\Psi * T) = 1_T,$$

$$(4^o) \qquad\qquad (\Phi * S)\,(S * \Psi) = 1_S.$$

Ist S oder T voll, so sind $\Psi * T$ und $S * \Psi$ isomorph mit Inversen $T * \Phi$ bzw. $\Phi * S$.

Beweis. An der Stelle $A \in |\mathscr{C}|$ ist die linke Seite von (4) $T(\Phi_A)\,\Psi_{T(A)}$. Wegen (2) und (1°) ist das $\psi_{T(A),A}(\Phi_A) = 1_{T(A)}$. ($4^o$) ist zu (4) dual. Sei nun etwa S voll. Dann ist $\Psi_{T(A)}$ eine Retraktion nach dem Dualen von 16.5.4 (a) und monomorph (sogar Coretraktion) wegen (4), also isomorph nach 5.3.4. Mit (4°) ergibt sich $S(\Psi_X)$ als monomorphe Retraktion.

16.5.6 Bemerkung. Ist S oder T voll und $X \in |\mathcal{D}|$, so ist Ψ_X genau dann isomorph, wenn X isomorph zu einem Objekt $T(A)$ ist. Wegen 16.5.5 ist nämlich $\Psi_{T(A)}$ isomorph, und für einen Isomorphismus u: $X \to T(A)$ ist $\Psi_X = TS(u^{-1}) \circ \Psi_{T(A)} \circ u$: $X \to TS(X)$ isomorph. Umgekehrt hat $TS(X)$ die Form $T(A)$. Es besteht die duale Aussage für Φ_A.

16.5.7 Satz. *Es seien Funktoren* T: $\mathscr{C} \to \mathscr{D}$ *und* S: $\mathscr{D} \to \mathscr{C}$ *gegeben mit einer natürlichen Transformation* Ψ: $1_{\mathcal{D}} \to TS$. *Damit ist durch* (2) *eine natürliche Transformation* ψ: $[S(?), ??]_{\mathscr{C}} \to [?, T(??)]_{\mathscr{C}}$ *definiert. Sie ist genau dann isomorph, wenn es eine natürliche Transformation* Φ: $ST \to 1_{\mathscr{C}}$ *gibt, so daß* (4) *und* (4º) *gelten.*

Beweis. Seien Ψ und Φ vorhanden. Nach der Bemerkung in 16.5.2 sind ψ und φ durch (2) und (2º) definiert. Außerdem gelten (3) und (3º). Gilt noch (4), so ist $\psi\varphi$: $[?, T(??)]_{\mathcal{D}} \to [?, T(??)]_{\mathcal{D}}$ isomorph, denn für u: $X \to P(A)$ ergibt sich

$$\psi_{X,A}(\varphi_{A,X}(u)) \overset{(2^{\mathrm{o}})}{=} \psi_{X,A}\big(\Phi_A \circ S(u)\big) \overset{(2)}{=}$$

$$T(\Phi_A) \circ TS(u) \circ \Psi_X \overset{(3)}{=} T(\Phi_A) \circ \Psi_{T(A)} \circ u \overset{(4)}{=} 1_{T(A)} \circ u.$$

Aus (4º) folgt dualerweise $\varphi_{A,X}(\psi_{X,A}(f)) = f$ für f: $S(X) \to A$. Zusammen mit 16.5.5 folgt die Behauptung.

16.5.8 Definition. Wegen 16.5.5 und 16.5.7 werden Φ und Ψ als *quasi-inverse Adjunktions-Transformationen* bezeichnet.

16.5.9 Bemerkung. Äquivalenz-inverse Paare von Funktoren sind spezielle Paare adjungierter; genauer gilt: S: $\mathcal{D} \to \mathscr{C}$ und T: $\mathscr{C} \to \mathcal{D}$ sind genau dann äquivalenz-invers, wenn (S, T) ein adjungiertes Funktorpaar ist, bei dem T völlig treu und Ψ: $1_{\mathcal{D}} \to TS$ isomorph ist.

Beweis. Sind S, T äquivalenz-invers, so ist T völlig treu nach 16.2.4 (a), und es gibt einen Isomorphismus Ψ: $1_{\mathcal{D}} \to TS$. Dann definiert (2) einen Adjunktions-Isomorphismus. Die Umkehrung ergibt sich sofort aus 16.3.6 oder aus 16.5.4 (d).

16.5.10 Satz. *Es sei* $(\psi, S, T, \mathscr{C}, \mathcal{D})$ *eine Adjunktion, wobei* $\mathscr{C}$ *und* $\mathcal{D}$ *additive Kategorien sind.*

(a) *T ist genau dann additiv, wenn S es ist, und das ist genau dann der Fall, wenn ψ die Addition respektiert, also ein Isomorphismus Ab-wertiger Funktoren ist.*

(b) *Besitzen $\mathscr{C}$ und $\mathcal{D}$ Nullobjekte und $\mathscr{C}$ oder $\mathcal{D}$ endliche Produkte, so ist T additiv.*

Beweis. (a) Ist T additiv, so ist $[X, T(?)]_{\mathcal{D}}$ additiv. Wegen 4.3 respektiert jedes ψ_X die Addition. Wegen (3) ist das gleichwertig damit, daß S additiv ist. Die Umkehrung ist hierzu dual. (b) Besitzt $\mathscr{C}$ endliche Produkte, so ist T additiv nach 16.4.6 und 12.2.7. Der Fall, daß $\mathscr{D}$ endliche Produkte besitzt, ist wegen (a) dual.

16.5.11 Satz. *Sei $(\psi, S, T, \mathscr{C}, \mathscr{D})$ eine Adjunktion mit quasi-inversen Adjunktions-Transformationen Ψ, Φ.*

(a) *Für jede Kategorie $\mathscr{A}$ ist $[\mathscr{A}, T]\colon [\mathscr{A}, \mathscr{C}] \to [\mathscr{A}, \mathscr{D}]$ zu $[\mathscr{A}, S]\colon [\mathscr{A}, \mathscr{D}] \to [\mathscr{A}, \mathscr{C}]$ rechtsadjungiert mit quasi-inversen Adjunktions-Transformationen*

$$[\mathscr{A}, \Psi]\colon \quad 1_{[\mathscr{A}, \mathscr{D}]} \to [\mathscr{A}, T][\mathscr{A}, S] = [\mathscr{A}, TS],$$

$$[\mathscr{A}, \Phi]\colon \quad [\mathscr{A}, S][\mathscr{A}, T] = [\mathscr{A}, ST] \to 1_{[\mathscr{A}, \mathscr{C}]}.$$

(b) *Für jede Kategorie $\mathscr{E}$ ist $[T, \mathscr{E}]\colon [\mathscr{D}, \mathscr{E}] \to [\mathscr{C}, \mathscr{E}]$ zu $[S, \mathscr{E}]\colon [\mathscr{C}, \mathscr{E}] \to [\mathscr{D}, \mathscr{E}]$ linksadjungiert mit quasi-inversen Adjunktions-Transformationen*

$$[\Phi, \mathscr{E}]\colon \quad [T, \mathscr{E}][S, \mathscr{E}] = [ST, \mathscr{E}] \to 1_{[\mathscr{C}, \mathscr{E}]},$$

$$[\Psi, \mathscr{E}]\colon \quad 1_{[\mathscr{D}, \mathscr{E}]} \to [S, \mathscr{E}][T, \mathscr{E}] = [TS, \mathscr{E}].$$

Bemerkung. Sind $\mathscr{C}, \mathscr{D}, T$ und also auch S additiv, so gelten die zu (a), (b) analogen Aussagen natürlich auch für additive Kategorien $\mathscr{A}, \mathscr{E}$ und die entsprechenden Kategorien additiver Funktoren (vgl. 16.1.4).

Beweis. Wir beschränken uns auf den Nachweis von (4) im Falle (a); man hat die folgenden Gleichungen:

$$([\mathscr{A}, T] * [\mathscr{A}, \Phi])\,([\mathscr{A}, \Psi] * [\mathscr{A}, T]) = [\mathscr{A}, T * \Phi]\,[\mathscr{A}, \Psi * T] =$$

$$= [\mathscr{A}, (T * \Phi)\,(\Psi * T)] = [\mathscr{A}, 1_T] = 1_{[\mathscr{A}, T]}.$$

16.5.12 Anmerkung. Eine Adjunktion $(\psi, S, T, \mathscr{C}, \mathscr{D})$ führt auf den Funktor $R = TS\colon \mathscr{D} \to \mathscr{D}$ mit natürlichen Transformationen

$$(1) \qquad\qquad \Psi\colon\ 1_{\mathscr{D}} \to R \quad\text{und}\quad \mu\colon\ RR \to R,$$

wobei $\mu = T * \Phi * S$ ist. Diese genügen folgenden Bedingungen:

$$(2) \qquad\qquad \mu\,(\Psi * R) = \mu\,(R * \Psi) = 1_R,$$

$$(3) \qquad\qquad \mu\,(\mu * R) = \mu\,(R * \mu),$$

$$(4) \qquad\qquad (\Psi * R)\,\Psi = (R * \Psi)\,\Psi.$$

Hierbei folgt (2) vermöge 16.1 (4) aus 16.5.5. Aus 16.1 (5) folgt (4) wegen $\Psi = \Psi * 1_{\mathscr{D}} = 1_{\mathscr{D}} * \Psi$. Entsprechend gilt $\Phi\,(\Phi * ST) = \Phi\,(ST * \Phi)$, woraus (3) wegen 16.1 (4) folgt.

Ist S oder T voll, so ist μ isomorph nach 16.5.5.

Man spricht von einem *Tripel* (R, Ψ, μ) oder einer Monade auf $\mathscr{D}$, wenn für einen Funktor $R\colon \mathscr{D} \to \mathscr{D}$ natürliche Transformationen (1) vorliegen, so daß (2) und (3) gelten. Dabei gilt auch (4) wegen 16.1 (5). Aus Adjunktionen entstehen also Tripel und dualerweise Cotripel. Diesen kommt selbständiges Interesse zu, insbesondere für Anwendungen in der homologischen Algebra. Wir verweisen auf [3] und [28].

16.6 Völlig treue Adjungierte

16.6.1   Theorem. *Es sei $(\psi, S, T, \mathscr{C}, \mathscr{D})$ eine Adjunktion und $T\colon \mathscr{C} \to \mathscr{D}$ völlig treu.*

(a) *Ist $R\colon \Sigma \to \mathscr{C}$ ein Diagramm und (L, λ) Limes bzw. Colimes von TR, so ist $\big(S(L), (\Phi * R)(S * \lambda)\big)$ Limes bzw. $\big(S(L), (S * \lambda)(\Phi^{-1} * R)\big)$ Colimes von R.*

(b) *Ist $\mathscr{D}$ vollständig bzw. endlich vollständig, covollständig, endlich covollständig, so gilt dasselbe für $\mathscr{C}$.*

Warnung.   (a) besagt nicht, daß S Limites respektiert.

Beweis.   (a) Ist (L, λ) Colimes von TR, so ist $\big(S(L), S * \lambda\big)$ Colimes von STR, weil S nach 16.4.6 Colimites respektiert. Nach 16.5.4 ist Φ isomorph und daher $\big(S(L), (S * \lambda)(\Phi^{-1} * R)\big)$ Colimes von R.

Sei nun (L, λ) Limes von TR. Wegen 16.5.2 (3) ist

$$
(5) \qquad
\begin{array}{ccc}
L_\Sigma & \xrightarrow{\ \lambda\ } & TR \\[2pt]
{\scriptstyle (\Psi_L)_\Sigma}\big\downarrow & & \big\downarrow{\scriptstyle \Psi*(TR)} \\[2pt]
TS(L)_\Sigma & \xrightarrow{(TS)*\lambda} & TSTR
\end{array}
$$

kommutativ. Nach 16.5.5 ist $\Psi * (TR) = (\Psi * T) * R$ isomorph, und wegen (5) ist $\big(L, ((TS) * \lambda)(\Psi_L)_\Sigma\big)$ Limes von $TSTR$. Nach Definition für Limes gibt es genau einen Morphismus $u\colon TS(L) \to L$ mit $(TS) * \lambda = ((TS) * \lambda)(\Psi_L)_\Sigma u_\Sigma$. Vorschalten von $(\Psi_L)_\Sigma$ liefert, wieder nach Definition für Limes, $u\Psi_L = 1_L$. Erst recht ist $S(u)S(\Psi_L) = 1_{S(L)}$. Wegen 16.5.5 ist $S(\Psi_L)$ isomorph und $S(u) = \Phi_{S(L)}$. Nach 16.5.2 (3) gilt $\Psi_L u = TS(u)\Psi_{TS(L)}$, und es folgt $\Psi_L u = T(\Phi_{S(L)})\Psi_{TS(L)} = 1_{TS(L)}$ nach 16.5.5. Also ist Ψ_L invers zu u und damit wegen (5) $\big(TS(L), (TS) * \lambda\big)$ Limes von $TSTR$. Weil T Limites entdeckt (7.7.6), ist $\big(S(L), S * \lambda\big)$ Limes von STR. Nach 16.5.4 ist Φ isomorph, womit die Behauptung unter (a) folgt. (b) ergibt sich unmittelbar aus (a).

16.6.2   Korollar. *Es sei $(\psi, S, T, \mathscr{C}, \mathscr{D})$ eine Adjunktion, T sei völlig treu und S respektiere endliche Limites. Ferner sei $\mathscr{D}$ endlich vollständig.*

(a) *Besitzt $\mathscr{D}$ filtrierende Colimites und sind diese mit endlichen Limites vertauschbar, so gilt dasselbe für $\mathscr{C}$.*

(b) *Ist $\mathscr{D}$ covollständig und sind Colimites in $\mathscr{D}$ universell (9.4.5), so gilt dasselbe für $\mathscr{C}$.*

Beweis. (a) $\mathscr{C}$ ist endlich vollständig und besitzt filtrierende Colimites nach 16.6.1. Wie bei 10.1.2 genügt es zu zeigen, daß filtrierende Colimites mit Pullbacks vertauschbar sind. Ist

$$(6) \qquad \begin{array}{ccc} P & \to & R \\ \downarrow & & \downarrow \\ M & \to & N \end{array}$$

ein Pullback in $[\mathscr{X}, \mathscr{C}]$, wobei $\mathscr{X}$ eine kleine filtrierende Kategorie ist, so erhält man durch Anwendung von T ein Pullback in $[\mathscr{X}, \mathscr{D}]$ und durch Anwendung von ST wieder ein Pullback in $[\mathscr{X}, \mathscr{C}]$ nach Annahme über S. Φ^{-1} bewirkt einen Isomorphismus von (6) in das Pullback, das durch Anwendung von ST entsteht. Hieraus und aus 16.6.1 folgt die Behauptung, wieder weil S endliche Limites respektiert.

(b) ergibt sich entsprechend.

16.6.3 Satz. *Es sei $T\colon \mathscr{C} \to \mathscr{D}$ ein völlig treuer Funktor.*

(a) *Die beiden folgenden Aussagen sind äquivalent.*

    (i) *T besitzt einen Linksadjungierten S, und $\Psi_X\colon X \to TS(X)$ ist epimorph für alle $X \in |\mathscr{D}|$.*

    (ii) *Für jedes $X \in |\mathscr{D}|$ gibt es einen Epimorphismus $\Psi_X\colon X \to T(B_X)$ mit geeignetem $B_X \in |\mathscr{C}|$, so daß jeder Morphismus $u\colon X \to T(A)$ für beliebiges $A \in |\mathscr{C}|$ über Ψ_X faktorisiert.*

(b) *Besitzt $\mathscr{C}$ Produkte und ist $\mathscr{D}$ lokal coklein, so ist gleichwertig mit (i):*

    (iii) *T respektiert Produkte, und jeder Morphismus der Form $u\colon X \to T(A)$ faktorisiert über einem Epimorphismus $u'\colon X \to T(A_u)$ für jeweils geeignetes $A_u \in |\mathscr{C}|$.*

(c) *Es seien die Voraussetzungen unter (b) erfüllt. Außerdem besitze $\mathscr{D}$ Differenzkerne, und es sei jeder Morphismus in $\mathscr{D}$ zerlegbar in einen Epimorphismus und einen anschließenden Differenzkern. Dann ist mit (i) gleichwertig:*

    (iv) *T respektiert Produkte, und ist $K \to T(A)$ ein Differenzkern in $\mathscr{D}$, so ist K zu einem Objekt der Gestalt $T(C)$ isomorph.*

Beweis. (a) Ist (i) erfüllt, so gilt (ii) mit $B_X = S(X)$ wegen $u = T(\psi_{X,A}^{-1}(u))\,\Psi_X$ nach 16.5.1. Es gelte nun (ii). Sei $u = \bar{u}\,\Psi_X\colon X \to T(B_X) \to T(A)$. Durch u ist $\bar{u}$ eindeutig bestimmt, weil Ψ_X epimorph ist. Weil T völlig treu ist, gibt es genau ein $f\colon B_X \to A$ mit $T(f) = \bar{u}$. Wegen 16.4.5 ist (B_X, Ψ_X) eine Darstellung von $[X, T(?)]_{\mathscr{D}}$, und es gilt (i).

(b) Aus (i) und (ii) folgt unmittelbar (iii). Es gelte nun (iii). Für $X \in |\mathscr{D}|$ betrachten wir Epimorphismen der Gestalt $X \twoheadrightarrow T(A)$. Nach Annahme gibt es unter diesen eine Menge $\{p_e\colon X \twoheadrightarrow T(A_e)\}$, so daß jeder andere zu einem p_e äquivalent ist. Weil $\mathscr{C}$ Produkte besitzt und diese von T respektiert werden, besteht der Morphismus $p\colon X \to T(\prod A_e)$

mit $T(pr_e)p = p_e$. Er faktorisiert über einen Epimorphismus p': $X \to T(A_p)$. Ist $u\colon X \to T(A)$ ein beliebiger Morphismus, so faktorisiert u über ein p_e und damit auch über p und über p'. Also gilt (ii) und damit (i).

(c) Aus (iv) folgt unmittelbar (iii) und damit (i). Ist (i) erfüllt, so respektiert T Produkte, und die restliche Behauptung ist ein Spezialfall des folgenden Satzes.

16.6.4 Satz. *Es sei $(\psi, S, T, \mathscr{C}, \mathscr{D})$ eine Adjunktion und (L, λ) Limes eines Diagramms $R\colon \Sigma \to \mathscr{D}$ mit folgender Eigenschaft:*
Ist $R(e)$ für $e \in |\Sigma|$ nicht isomorph zu einem Objekt der Form $T(A_e)$, so gibt es einen Pfeil $d \to e$ in Σ, so daß $R(d)$ isomorph zu einem Objekt der Form $T(A_d)$ ist.

Ferner sei $\Psi_L\colon L \to TS(L)$ epimorph. Dann ist Ψ_L isomorph.

Beweis. Ist Σ leer, so ist L terminal und Ψ_L eine epimorphe Coretraktion, also isomorph. Sei nun Σ nicht leer. Es kann angenommen werden, daß R die folgende Bedingung erfüllt:

Hat $R(e)$ nicht die Form $T(A_e)$, so gibt es einen Pfeil $p\colon d \to e$, so daß $R(d)$ von der Form $T(A_d)$ ist.

Dies läßt sich nämlich dadurch erreichen, daß R durch ein isomorphes Diagramm ersetzt und $\lambda\colon L_\Sigma \to R$ entsprechend geändert wird.

Wir definieren Morphismen $\lambda'_e\colon TS(L) \to R(e)$ mit $\lambda_e = \lambda'_e \Psi_L$ folgendermaßen:

(a) Ist $R(e) = T(A_e)$ für geeignetes $A_e \in |\mathscr{C}|$, so gibt es nach 16.5.1 genau einen Morphismus $f_e\colon S(L) \to A_e$ mit $T(f_e)\Psi_L = \lambda_e$. Wir setzen $\lambda'_e = T(f_e)$.

(b) Hat $R(e)$ nicht die Form $T(A)$, so wählen wir einen Pfeil $p\colon d \to e$, so daß $R(d) = T(A_d)$ für geeignetes A_d ist und setzen $\lambda'_e = R(p)\lambda'_d$, wobei λ'_d nach (a) bestimmt ist. Es ist $\lambda'_e \Psi_L = \lambda_e$ wegen $R(p)\lambda'_d \Psi_L = R(p)\lambda_d = \lambda_e$.

Nun ist $\{\lambda'_e\}$ eine natürliche Transformation $\lambda'\colon TS(L) \to R$. Ist nämlich $q\colon e_1 \to e_2$ irgendein Pfeil in Σ, so ist $\lambda'_{e_2}\Psi_L = \lambda_{e_2} = R(q)\lambda_{e_1} = R(q)\lambda'_{e_1}\Psi_L$ und damit $\lambda'_{e_2} = R(q)\lambda'_{e_1}$, weil Ψ_L epimorph ist.

Weil (L, λ) Limes von R ist, gibt es einen Morphismus $u\colon TS(L) \to L$ mit $\lambda' = \lambda u_\Sigma$. Es folgt $\lambda = \lambda'(\Psi_L)_\Sigma = \lambda(u\Psi_L)_\Sigma$ und damit $u\Psi_L = 1_L$ wieder nach Limeseigenschaft. Also ist Ψ_L eine epimorphe Coretraktion und daher isomorph.

Bemerkungen. Ist T die Inklusion einer Unterkategorie und $\Psi\colon 1_\mathscr{D} \to TS$ epimorph an allen Stellen $X \in |\mathscr{D}|$, so besagt der Satz: Liegt ein Diagramm von $\mathscr{D}$ „anfangs" in $\mathscr{C}$ und hat es einen Limes, so gibt es ein Limesobjekt in $\mathscr{C}$. Man beachte auch 16.5.6. Im Beweis des Satzes wurde übrigens von der Adjunktion nur benutzt, daß $[L, T(?)]_\mathscr{D}$ durch $(S(L), \Psi_L)$ dargestellt wird.

16.6.5 In Anwendungen ist öfter eine Inklusion $T: \mathscr{C} \to \mathscr{D}$ einer Unterkategorie zu betrachten. Die Untersuchung eines beliebigen Funktors $T: \mathscr{C} \to \mathscr{D}$ kann nach 16.2.6 durch Anfügen einer Äquivalenz auf diesen Spezialfall zurückgeführt werden. Ist T treu bzw. voll, völlig treu, respektiert T (endliche) Limites oder Colimites, so gilt das Entsprechende nach Anfügen der Äquivalenz (16.2.4). (Endliche) Vollständigkeit, Covollständigkeit und Vertauschungsaussagen für $\mathscr{D}$ bleiben bei Übergang zu einer äquivalenten Kategorie erhalten. Für völlig treue Funktoren ist auch 16.3.8 anwendbar. Auf diesen Fall gehen wir in 19.4 genauer ein.

Es sei $\mathscr{C}$ volle Unterkategorie von $\mathscr{D}$ und $T: \mathscr{C} \to \mathscr{D}$ die Inklusion. Besitzt T einen Linksadjungierten $S: \mathscr{D} \to \mathscr{C}$, so kann S so gewählt werden, daß S auf $\mathscr{C}$ die Identität ist, also $ST = 1_{\mathscr{C}}$ gilt. Wegen 16.5.4 (d) ist das ein Spezialfall des folgenden Satzes.

16.6.6 Satz. *Es seien* $R: \mathscr{C} \to \mathscr{E}$ *und* $S: \mathscr{D} \to \mathscr{E}$ *Funktoren und* $T: \mathscr{C} \to \mathscr{D}$ *ein für die Objektklassen injektiver Funktor. Ist ST isomorph zu R, so gibt es einen zu S isomorphen Funktor S' mit $S'T = R$.*

Beweis. Sei $\xi: ST \to R$ eine Isomorphie. Wir setzen $S'\big(T(A)\big) = R(A)$, $\eta_{T(A)} = \xi_A$ für alle $A \in |\mathscr{C}|$ und $S'(X) = S(X)$, $\eta_X = 1_{S(X)}$ für alle diejenigen $X \in |\mathscr{D}|$, die nicht die Form $T(A)$ haben. Für $u: X \to Y$ in $\mathscr{D}$ sei nun $S'(u) = \eta_Y S(u) \eta_X^{-1}$. Dann ist S' ein Funktor, $\eta: S \to S'$ ein Isomorphismus und $S'T = R$.

16.6.7 Ist $T: \mathscr{C} \to \mathscr{D}$ eine Inklusion, so wird ein Linksadjungierter $S: \mathscr{D} \to \mathscr{C}$ je nach Autor als Coreflektor (z. B. MITCHELL) oder als Reflektor (z. B. FREYD) bezeichnet. Wir nennen eine Unterkategorie $\mathscr{C}$ von $\mathscr{D}$ *epireflektiv*, wenn sie voll ist und für die Inklusion $T: \mathscr{C} \to \mathscr{D}$ 16.6.3 (i) gilt. Der Linksadjungierte S kann nach dem Vorangehenden so gewählt werden, daß $ST = 1_{\mathscr{C}}$ ist. Wir bezeichnen ihn als *Epireflektor*.

Für eine vollständige Kategorie $\mathscr{D}$ ist jede epireflektive Unterkategorie vollständig nach 16.6.1. Ist in $\mathscr{D}$ noch jeder Morphismus in einen Epimorphismus und einen anschließenden Differenzkern zerlegbar und ist $\mathscr{D}$ lokal coklein, so werden die epireflektiven Unterkategorien durch 16.6.3 (c) charakterisiert.

16.6.8 Anwendungen. In der Kategorie *Top* der topologischen Räume und stetigen Abbildungen sei eine volle Unterkategorie durch Eigenschaften definiert, die sich auf Produkte und Unterräume vererben. Jede solche Unterkategorie ist epireflektiv. Beispielsweise definieren die Trennungsaxiome T_0, T_1, das Hausdorffsche Trennungsaxiom oder auch die Axiome für Regularität, für vollständige Regularität epireflektive Unterkategorien. Ist ferner eine Klasse K von Räumen vorgegeben, so gibt es eine kleinste epireflektive Unterkategorie, die K umfaßt und mit jedem Objekt alle dazu isomorphen enthält. Ihre Objekte sind die Räume, die zu einem Unterraum eines Produktes von Räumen aus K homöomorph sind.

In der Kategorie der Hausdorffschen Räume gilt Entsprechendes Eigenschaften, die sich auf Produkte und abgeschlossene Unterräume vererben, definieren epireflektive Unterkategorien. Zum Beispiel ist das für Kompaktheit der Fall. Der zugehörige Epireflektor ist die Čech-Stone-Kompaktifizierung.

In der Kategorie der uniformen bzw. separierten uniformen Räume (mit gleichmäßig stetigen Abbildungen) ergeben sich epireflektive Unterkategorien entsprechend. Zum Beispiel ist in der Kategorie der uniformen Räume die Unterkategorie der separierten epireflektiv und in dieser die Unterkategorie der vollständigen Räume.

Bei lokalkonvexen Vektorräumen gilt Entsprechendes.

Es gibt zahlreiche weitere Beispiele. Zum Beispiel ist in der Kategorie der Gruppen die Unterkategorie der abelschen epireflektiv und in dieser die Unterkategorie der torsionsfreien abelschen Gruppen.

16.6.9 Eine zu 16.6.3 duale Situation liegt vor für die Unterkategorie der Kelley-Räume in der Kategorie der Hausdorffschen Räume. Ein *Kelley-Raum* ist ein Hausdorffscher Raum, bei dem eine Teilmenge genau dann abgeschlossen ist, wenn es ihr Durchschnitt mit allen kompakten Teilräumen ist. Das ist z. B. der Fall bei lokalkompakten Räumen und bei $(CW\text{-})$Zellenkomplexen. Jede Hausdorffsche Topologie läßt sich zu einer Kelley-Topologie verfeinern, indem man als abgeschlossene Mengen diejenigen nimmt, deren Durchschnitte mit den kompakten Mengen in der vorhandenen Topologie abgeschlossen sind.

In der Kategorie der lokalkonvexen Vektorräume spielt die Unterkategorie der bornologischen Räume die entsprechende Rolle.

Man beachte, daß das Duale von 16.6.1 gilt.

16.7 Tensorprodukte

16.7.1 Der Begriff des adjungierten Funktorpaares gestattet folgende Verallgemeinerung: Es seien $\mathscr{C}$, $\mathscr{D}$, $\mathscr{M}$ Kategorien und $S\colon \mathscr{D} \times \mathscr{M} \to \mathscr{C}$, $T'\colon \mathscr{M}^0 \times \mathscr{C} \to \mathscr{D}$ Bifunktoren, wobei statt T' der zugehörige kontra-ko-variante Funktor T betrachtet werde. T heißt *rechtsadjungiert* zu S und S *linksadjungiert* zu T, wenn es eine Isomorphie

$$(1) \qquad \psi\colon \ [S(?, ??), ???]_{\mathscr{C}} \xrightarrow{\cong} [?, T(??, ???)]_{\mathscr{D}}$$

als Isomorphie von Trifunktoren $\mathscr{D}^0 \times \mathscr{M}^0 \times \mathscr{C} \to Ens$ gibt. Für jedes Objekt $M \in |\mathscr{M}|$ liegt damit insbesondere ein adjungiertes Funktorpaar $\big(S(?, M), T(M, ?)\big)$ im gewöhnlichen Sinne gemäß 16.4.1 vor. 16.4.2 bis 16.4.5 lassen sich mühelos übertragen. Wir formulieren insbesondere:

Satz. *Der kontra-ko-variante Funktor T zum Bifunktor $T'\colon \mathscr{M}^0 \times \mathscr{C} \to \mathscr{D}$ besitzt einen Linksadjungierten $S\colon \mathscr{D} \times \mathscr{M} \to \mathscr{C}$ genau dann, wenn der Funktor $[X, T(M, ?)]_{\mathscr{D}}$ für jedes Paar (X, M) von Objekten $X \in |\mathscr{D}|$, $M \in |\mathscr{M}|$ darstellbar ist.*

16.7.2 Ein wichtiger Spezialfall entsteht dadurch, daß $\mathscr{D}$ einen Vergiß-Funktor $V\colon \mathscr{D} \to Ens$ besitzt, $\mathscr{M} = \mathscr{C}$ ist und VT der Hom-Funktor von $\mathscr{C}$ ist. Wir nennen dann den Linksadjungierten S, falls er existiert, ein Tensorprodukt, und wir schreiben $X \otimes M$, $u \otimes f$ für $S(X, M)$ bzw. $S(u, f)$. Die Bedingung, daß V ein Vergiß-Funktor ist, läßt sich abschwächen. Außerdem spricht man auch in allgemeineren Situationen von einem Tensorprodukt, siehe Beispiel 2 unten und später 17.7.

Beispiel 1. In *Ens* besteht die Isomorphie

$$(2) \qquad\qquad [A \times B, C] \overset{\cong}{\Rightarrow} [A, [B, C]]$$

als Isomorphie von Trifunktoren. Gemäß 3.4.4 und 16.1.3 gilt (2) auch in *cat*, entsprechend auch für $\mathscr{C}\mathscr{A}\mathscr{T}$ (kleine $\mathfrak{B}$-Kategorien), und es gilt ein Analogon für den additiven Fall.

Beispiel 2. Mit dem üblichen Tensorprodukt für Moduln besteht die Isomorphie

$$(3) \qquad\qquad \operatorname{Hom}_S (M \underset{R}{\otimes} N, G) \overset{\cong}{\Rightarrow} \operatorname{Hom}_R (N, \operatorname{Hom}_S (M, G))$$

$$\text{mit} \qquad N \in |_R Mod|, \quad G \in |_S Mod| \quad \text{und} \quad M \in |_S Mod_R|.$$

Man kann sie mit expliziten Formeln nachrechnen. Ein Beweis wird sich jedoch in 17.7.4 ergeben. Man beachte die Spezialfälle $R = \mathbf{Z}$ oder $S = \mathbf{Z}$ und insbesondere den Fall, daß $R = S$ ein kommutativer Ring ist, so daß Rechts- und Links-Moduln zusammenfallen und jeder Modul zugleich Bimodul ist. In diesem Falle haben in (3) alle Funktoren Hom das Ziel $_R Mod$.

Beispiel 3. Sind X und Y topologische Räume, so erhält man aus der Menge $[X, Y]$ der stetigen Abbildungen $X \to Y$ vermöge der kompakt-offenen Topologie einen topologischen Raum $_{co}[X, Y]$ und hieraus durch Verfeinerung (vgl. 16.6.9) den Kelley-Raum $_{kco}[X, Y]$. Mit der entsprechenden Verfeinerung $X \times_k Y$ des topologischen Produktes erhält man Isomorphien

$$(4) \qquad _{co}[X \times_k Y, Z] \overset{\cong}{\Rightarrow} {}_{co}[X, {}_{co}[Y, Z]] = {}_{co}[X, {}_{kco}[Y, Z]],$$

$$(4') \qquad _{kco}[X \times_k Y, Z] \overset{\cong}{\Rightarrow} {}_{kco}[X, {}_{kco}[Y, Z]],$$

wenn X und Y Kelley-Räume sind und Z ein beliebiger Hausdorffscher topologischer Raum ist.

Beispiel 4. Ein zu Beispiel 3 analoger Sachverhalt liegt für lokalkonvexe Vektorräume vor (mit stetigen linearen Abbildungen). An die Stelle der kompakt-offenen Topologie tritt die beschränkt-offene, an die Stelle der Kelley-Räume und -Verfeinerungen die bornologischen. Man erhält

$$(5) \qquad _{bbo}[X \otimes_b Y, Z] \overset{\cong}{\Rightarrow} {}_{bbo}[X, {}_{bbo}[Y, Z]],$$

wobei X und Y bornologische Vektorräume sind und Z ein lokalkonvexer ist. *bbo* bezeichnet die bornologische Verfeinerung der beschränkt-offenen Topologie. $X \otimes_b Y$ ist filtrierender Colimes der Tensorprodukte $A \otimes B$, wobei A und B algebraische Unterräume von X und Y durchlaufen, die von beschränkten, absolut-konvexen Mengen aufgespannt werden und mit der zugehörigen Seminorm versehen sind.

16.7.3 In den Beispielen 1, 3, 4 und in Beispiel 2, wenn $R = S$ ein kommutativer Ring ist, liegen Tensorprodukte im engeren Sinne vor. Ein solches Tensorprodukt für eine Kategorie $\mathscr{C}$ ist ein Bifunktor $\otimes$: $\mathscr{C} \times \mathscr{C} \to \mathscr{C}$, der ein Tensorprodukt im bisherigen Sinne ist und für den noch gilt:

(i) Es gibt eine Isomorphie $\otimes (\otimes \times 1_{\mathscr{C}}) \to \otimes (1_{\mathscr{C}} \times \otimes)$, also $(A \otimes B) \otimes C \cong A \otimes (B \otimes C)$ (Assoziativität).

(ii) Es gibt eine Isomorphie $\otimes \tau \to \otimes$, wobei τ Vertauschung der Faktoren ist, also $A \otimes B \cong B \otimes A$ (Kommutativität).

(iii) Es gibt ein Objekt J und einen Isomorphismus $J \otimes ? \to 1_{\mathscr{C}}$ (neutrales Objekt).

(iv) Die Isomorphismen (i), (ii), (iii) sind in einem zu präzisierenden Sinne verträglich (Kohärenz). Das bedeutet, grob gesagt, daß in Zusammensetzungen mit ihnen so gerechnet werden kann, als ob es algebraische Identitäten wären.

Das Objekt J gemäß (iii) ist in Beispiel 1 eine terminale Menge bzw. Kategorie, in Beispiel 2 für $R = S$ kommutativ der Ring R als Modul über sich, in Beispiel 3 ein einpunktiger Raum, in Beispiel 4 ein eindimensionaler Raum.

Wir begnügen uns mit diesen Bemerkungen und verweisen auf MacLane [42, 43], Eilenberg-Kelly [25], Linton [39] und Bénabou [20].

16.7.4 Sind $\mathscr{B}$ und $\mathscr{C}$ additive Kategorien, so erhält man das Tensorprodukt $\mathscr{B} \otimes \mathscr{C}$ folgendermaßen: Objekte sind Paare (B, C) mit $B \in |\mathscr{B}|$, $C \in |\mathscr{C}|$, und man setzt $[(B, C), (B', C')] = [B, B'] \otimes [C, C']$, wobei dieses Tensorprodukt in Ab gebildet ist. Seine Elemente lassen sich (nicht eindeutig) in der Form $\sum\limits_{i=1}^{n} u_i \otimes f_i$ darstellen. Komposition mit $\sum\limits_{j=1}^{m} u'_j \otimes f'_j \in [B', B''] \otimes [C', C'']$ ist durch $\sum\limits_{i=1}^{n} \sum\limits_{j=1}^{m} u'_j u_i \otimes f'_j f_i$ erklärt, wobei man bestätigt, daß das Kompositum eindeutig bestimmt ist. $\mathscr{B} \otimes \mathscr{C}$ ist wieder eine additive Kategorie. Ist noch $\mathscr{D}$ additiv, so besteht ein Isomorphismus zwischen der Kategorie der biadditiven Funktoren von $\mathscr{B} \times \mathscr{C}$ nach $\mathscr{D}$ mit $Add\,(\mathscr{B} \otimes \mathscr{C}, \mathscr{D})$ und damit $Add\,(\mathscr{B} \otimes \mathscr{C}, \mathscr{D}) \xrightarrow{\sim} Add\,(\mathscr{B}, Add\,(\mathscr{C}, \mathscr{D}))$ entsprechend 3.8.1. Das Tensorprodukt (kleiner) additiver Kategorien ist ein Tensorprodukt in der Kategorie der (kleinen) additiven Kategorien mit additiven Funktoren.

17. Adjungierte Funktorpaare zwischen Funktor-kategorien

17.1 Die Konstruktion von Kan

17.1.1 Diagrammkategorien. Sei $\mathscr{C}$ eine Kategorie. Wir ordnen ihr folgende Diagrammkategorie $Dg(\mathscr{C})$ zu: Objekte sind Funktoren $T: \Sigma \to \mathscr{C}$, wobei Σ eine kleine Kategorie ist. Sind $T: \Sigma \to \mathscr{C}$ und $T': \Sigma' \to \mathscr{C}$ Objekte, so besteht ein Morphismus $(R, \varrho): T \to T'$ aus einem Funktor $R: \Sigma \to \Sigma'$ und einer natürlichen Transformation $\varrho: T \to T'R$.

Ist $\mathscr{C}$ covollständig und zu jedem Diagramm in $\mathscr{C}$ ein Colimes ausgewählt, so besteht folgender Funktor Colim: $Dg(\mathscr{C}) \to \mathscr{C}$. Es ist Colim $T = L$, wenn (L, λ) der ausgewählte Colimes von $T: \Sigma \to \mathscr{C}$ ist. Seien $(R, \varrho): T \to T'$ ein $Dg(\mathscr{C})$-Morphismus und (L, λ), (L', λ') die Colimites von T bzw. T'. Nun ist $\lambda' * R: T'R \to L'_\Sigma$ eine natürliche Transformation (mit $(\lambda' * R)_e = \lambda'_{R(e)}$ für $e \in \Sigma$) und damit auch $(\lambda' * R)\varrho: T \to L'_\Sigma$. Nach Definition für Colimites gibt es genau einen Morphismus $f: L \to L'$ mit $f_\Sigma \lambda = (\lambda' * R)\varrho$. Wir setzen $f = \mathrm{Colim}\,(R, \varrho)$, womit man bestätigt, daß Colim: $Dg(\mathscr{C}) \to \mathscr{C}$ ein Funktor ist.

Man bemerkt, daß $[\Sigma, \mathscr{C}]$ Unterkategorie von $Dg(\mathscr{C})$ ist (stets mit 1_Σ für R) und daß sich 8.6.1 hier ebenfalls unterordnet. Ein Funktor $F: \mathscr{C} \to \mathscr{D}$ induziert vermöge $T \mapsto FT$, $(R, \varrho) \mapsto (R, F\varrho)$ einen Funktor $Dg(\mathscr{C}) \to Dg(\mathscr{D})$, den wir ebenfalls mit F bezeichnen.

17.1.1° Die duale Situation ergibt sich vermöge der Kategorie $Dg'(\mathscr{C})$, deren Objekte wieder Funktoren $T: \Sigma \to \mathscr{C}$ mit kleiner Kategorie Σ sind, bei der aber ein Morphismus $(R, \varrho'): T \to T'$ aus einem Funktor $R: \Sigma \to \Sigma'$ und einer natürlichen Transformation $\varrho': T'R \to T$ besteht.

Ist $\mathscr{C}$ vollständig und sind Limites für Diagramme ausgewählt, so besteht der kontravariante Funktor Lim: $Dg'(\mathscr{C}) \to \mathscr{C}$ (vgl. 7.6.1).

Ist $F: \mathscr{C} \to \mathscr{D}$ ein kontravarianter Funktor, so induziert F (kovariante!) Funktoren $Dg(\mathscr{C}) \to Dg'(\mathscr{D})$ und $Dg'(\mathscr{C}) \to Dg(\mathscr{D})$.

17.1.2 Für die Kategorie $[2, \mathscr{C}]$ (siehe 6.5.1, 6.5.2) bestehen die beiden Funktoren $\Delta^0, \Delta^1: [2, \mathscr{C}] \to \mathscr{C}$, die jedem Morphismus von $\mathscr{C}$ seine Quelle bzw. sein Ziel zuordnen und jeder natürlichen Transformation von Morphismen den beteiligten $\mathscr{C}$-Morphismus für die Quellen bzw. die Ziele. Sind $U: \mathscr{B} \to \mathscr{C}$ und $V: \mathscr{E} \to \mathscr{C}$ Funktoren, so besteht in *Cat* folgendes Diagramm:

(1)

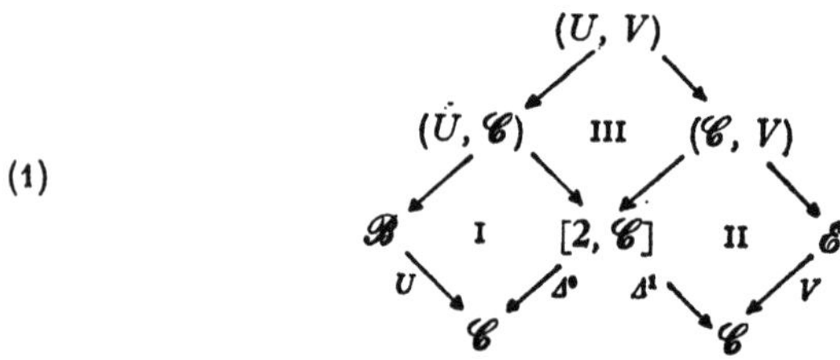

wobei I, II, III Pullbacks sind (Komma-Konstruktion von Lawvere).
Die Objekte der Kategorie (U, V) sind Tripel (X, Y, a) mit $X \in |\mathscr{B}|$,
$Y \in |\mathscr{E}|$ und $a\colon U(X) \to V(Y)$ in $\mathscr{C}$. Morphismen von (X, Y, a) nach
(X', Y', a') sind kommutative Vierecke

$$
(2) \qquad
\begin{array}{ccc}
U(X) & \xrightarrow{\ a\ } & V(X) \\
\scriptstyle U(u) \big\downarrow & & \big\downarrow \scriptstyle V(v) \\
U(X') & \xrightarrow{\ a'\ } & V(Y')
\end{array}
$$

mit $u\colon X \to X'$ in $\mathscr{B}$ und $v\colon Y \to Y'$ in $\mathscr{E}$. Wir benötigen hier (ebenso
wie in 10.2) nur Spezialfälle.

17.1.3 Es sei $U\colon \mathscr{B} \to \mathscr{C}$ ein fest gewählter Funktor. Für jedes
$A \in |\mathscr{C}|$ sei Σ_A folgende (möglicherweise leere) Kategorie: Objekte sind
die Paare (X, a) mit $X \in |\mathscr{B}|$ und $a\colon U(X) \to A$, Morphismen von
(X, a) nach (X', a') sind Tripel (a, a', w) mit $w\colon X \to X'$, so daß
$a'U(w) = a$ ist. Ein Morphismus $f\colon A \to B$ in $\mathscr{C}$ induziert einen Funktor $\Sigma_f\colon \Sigma_A \to \Sigma_B$, der (X, a) in (X, fa) und (a, a', w) in (fa, fa', w) überführt. Man bemerkt übrigens, daß Σ_f treu ist.

Sei nun $\mathscr{B}$ klein. Dann besteht folgender Funktor $Q\colon \mathscr{C} \to Dg(\mathscr{B})$:
Es ist $Q_A\colon \Sigma_A \to \mathscr{B}$ der Funktor $(X, a) \mapsto X$, $(a, a', w) \mapsto w$, und es
ist $Q_f = (\Sigma_f, 1_{Q_A})$, was wegen

$$
(3) \qquad\qquad Q_B \Sigma_f = Q_A
$$

sinnvoll ist. Neben $UQ\colon \mathscr{C} \to Dg(\mathscr{C})$ besteht der Funktor $Z\colon \mathscr{C} \to$
$\to Dg(\mathscr{C})$ mit $Z_A = A_{\Sigma_A}$ und $Z_f = (\Sigma_f, f_{\Sigma_A})$. Dabei ist $(X, a) \mapsto a$
eine natürliche Transformation $\gamma_A\colon UQ_A \to Z_A$, also $(1_{\Sigma_A}, \gamma_A)$ ein
$Dg(\mathscr{C})$-Morphismus, womit eine natürliche Transformation $\gamma\colon UQ \to Z$
entsteht.

17.1.4 Wird anstelle von $U\colon \mathscr{B} \to \mathscr{C}$ der Funktor $1_{\mathscr{B}}$ zugrundegelegt,
so erhält man für $Y \in |\mathscr{B}|$ die Kategorie $\mathscr{B}/_Y$ der $\mathscr{B}$-Morphismen mit
Ziel Y in der Rolle eines Σ_A. Entsprechend Σ_f entsteht für $v\colon Y \to Y'$
ein Funktor $\mathscr{B}/_v\colon \mathscr{B}/_Y \to \mathscr{B}/_{Y'}$. In der Rolle von Q besteht $P\colon \mathscr{B} \to$
$\to Dg(\mathscr{B})$. Außerdem besteht eine natürliche Transformation $\beta\colon$
$P \to QU$. Für $Y \in |\mathscr{B}|$ hat man nämlich den Funktor $\varXi_Y\colon \mathscr{B}/_Y \to \Sigma_{U(Y)}$,
der $z\colon X \to Y$ in $(X, U(z))$ und (z, z', w) mit $z'w = z$ in $(U(z), U(z'),$
$w)$ überführt. Es gilt offenbar $P_Y = Q_{U(Y)} \varXi_Y$, also ist $(\varXi_Y, \mathrm{id})\colon$
$P_Y \to Q_{U(Y)}$ ein $Dg(\mathscr{B})$-Morphismus und damit insgesamt eine natürliche Transformation $\beta\colon P \to QU$ definiert.

17.1.5 Bemerkungen

(a) $\mathscr{B}/_Y$ besitzt das terminale Objekt 1_Y.

(b) Es ist $(\varXi_Y, \gamma_{U(Y)} \circ U\beta_Y)$ ein $Dg(\mathscr{C})$-Morphismus $UP_Y \to UQ_{U(Y)} \to$
$\to Z_{U(Y)}$. Dem terminalen Objekt 1_Y von $\mathscr{B}/_Y$ ist hierbei der
Morphismus $1_{U(Y)}$ zugeordnet (nach Definition von β und γ).

(c) U ist genau dann treu, wenn $\Xi_Y\colon \mathscr{B}/_Y \to \Sigma_{U(Y)}$ für jedes Y eine Einbettung ist.

(d) U ist genau dann völlig treu, wenn Ξ_Y für alle Y ein Isomorphismus von Kategorien ist. In diesem Falle ist $\beta\colon P \to QU$ isomorph.

(e) Ist $\mathscr{B}$ endlich covollständig und respektiert U endliche Colimites, so ist jedes Σ_A filtrierend. Das folgt unmittelbar aus den Definitionen.

17.1.6 Theorem. *Es sei $\mathscr{B}$ eine kleine Kategorie, $U\colon \mathscr{B} \to \mathscr{C}$ ein Funktor und $\mathscr{D}$ eine covollständige Kategorie.*

(a) *Der Funktor $\tilde{U} = [U, \mathscr{D}]\colon [\mathscr{C}, \mathscr{D}] \to [\mathscr{B}, \mathscr{D}]$ besitzt einen Linksadjungierten $V\colon [\mathscr{B}, \mathscr{D}] \to [\mathscr{C}, \mathscr{D}]$.*

(b) *$\tilde{U} = [U, \mathscr{D}]$ respektiert Limites und Colimites.*

(c) *Ist U völlig treu, so ist auch V völlig treu (dagegen $\tilde{U}$ im allgemeinen nicht), und $F\colon \mathscr{B} \to \mathscr{D}$ ist isomorph zu $V(F)U$.*

(d) *Hat jedes Objekt von $\mathscr{C}$ die Gestalt $U(X)$, so ist $\tilde{U}$ treu.*

(e) *Ist $\mathscr{B}$ endlich covollständig, $\mathscr{D}$ endlich vollständig, respektiert U endliche Colimites und sind ferner in $\mathscr{D}$ endliche Limites mit filtrierenden Colimites vertauschbar, so respektiert V endliche Limites.*

(f) *Sind $\mathscr{B}$, $\mathscr{C}$, $\mathscr{D}$ additive Kategorien und ist U additiv, so gelten (a) bis (e) entsprechend für die Kategorien $Add(\mathscr{B}, \mathscr{D})$ und $Add(\mathscr{C}, \mathscr{D})$. Dabei sind $\tilde{U}$ und V additiv.*

Beweis. (a) Wir benutzen die Bezeichnungen, die im Vorangehenden eingeführt wurden. U induziert den Bifunktor

$$\hat{U}\colon [\mathscr{B}, \mathscr{D}] \times \mathscr{C} \to Dg(\mathscr{D})$$

mit
$$\hat{U}(F, A) = FQ_A\colon \Sigma_A \to \mathscr{D},$$

$$\hat{U}(F, f) = FQ_f = (\Sigma_f, 1_{FQ_A}), \quad \hat{U}(\eta, A) = (1_{\Sigma_A}, \eta * Q_A).$$

Durch Anfügen von Colim$\colon Dg(\mathscr{D}) \to \mathscr{D}$ (Colimites ausgewählt) entsteht ein Bifunktor $[\mathscr{B}, \mathscr{D}] \times \mathscr{C} \to \mathscr{D}$ und damit $V\colon [\mathscr{B}, \mathscr{D}] \to [\mathscr{C}, \mathscr{D}]$ gemäß 3.4.4, 3.6.3. Für $F\colon \mathscr{B} \to \mathscr{D}$ ist also

$$(4) \qquad V(F)(A) = \operatorname{Colim} FQ_A.$$

Für $G\colon \mathscr{C} \to \mathscr{D}$ ist $\tilde{U}(G) = GU$. Es besteht die natürliche Transformation $G * \gamma\colon GUQ \to GZ$. Wegen $GZ_A = G(A)_{\Sigma_A}$ ergibt sich nach Definition für Colimites der Morphismus

$$(5) \qquad \Phi_{G,A}\colon V(\tilde{U}(G))(A) = \operatorname{Colim} GUQ_A \to G(A).$$

Damit liegt eine natürliche Transformation $\Phi\colon V\tilde{U} \to 1_{[\mathscr{C}, \mathscr{D}]}$ vor, weil $\{\Phi_{G,A}\}$ nach Konstruktion eine natürliche Transformation des Bifunktors Colim $\hat{U}(\tilde{U} \times 1_{\mathscr{C}})$ in den Wertfunktor $[\mathscr{C}, \mathscr{D}] \times \mathscr{C} \to \mathscr{D}$ ist.

Andererseits ist $\tilde{U}(V(F)) = V(F) \circ U$, also $\tilde{U}(V(F))(Y) =$ Colim $FQ_{U(Y)}$, was von dem Bifunktor Colim $\hat{U}(1_{[\mathscr{B},\mathscr{D}]} \times U)$: $[\mathscr{B},\mathscr{D}] \times \mathscr{B} \to \mathscr{D}$ herrührt. Mit $\beta\colon F \to QU$ ergibt sich für $F\colon \mathscr{B} \to \mathscr{D}$, die natürliche Transformation $F * \beta\colon FP \to FQU$ und damit der Morphismus Colim $FP_Y \to$ Colim $FQ_{U(Y)}$. Weil 1_Y terminal in $\mathscr{B}/_Y$ ist, ist Colim $FP_Y = F(Y)$ (bei geeigneter Auswahl für Colimites), und es entsteht eine natürliche Transformation

$$\Psi\colon \ 1_{[\mathscr{B},\mathscr{D}]} \to \tilde{U}V.$$

Der Nachweis, daß Ψ und Φ quasi-inverse Adjunktions-Transformationen sind, kann „punktweise" erfolgen. $(\tilde{U} * \Phi)(\Psi * \tilde{U})$ an der Stelle $(G, Y) \in |[\mathscr{C}, \mathscr{D}] \times \mathscr{B}|$ liefert $GU(Y) \to$ Colim $GUQ_{U(Y)} \to GU(Y)$ als identischen Morphismus wegen 17.1.5 (b).

Zu zeigen ist noch $(\Phi * V)(V * \Psi) = 1_V$. Wendet man V auf $\tilde{U}V(F)$ an, so erhält man an der Stelle A

$$V\tilde{U}V(F)(A) = \operatorname*{Colim}_{Q_A} \ [\operatorname*{Colim}_{?\,\mathrm{fest}} FQ_{UQ_A}(?) \mid ? \text{ in } \Sigma_A],$$

wobei der innere Colimes für Objekte über Diagramme zu bilden ist, die vermöge U in „UQ_A vorangehende" Diagramme übergehen.

$$
(6) \qquad
\begin{array}{c}
U(Y) \xrightarrow{\ b\ } \\[2pt]
\ \downarrow U(v) \qquad\qquad U(X) \\[2pt]
U(Y') \ \nearrow^{b'} \quad \downarrow U(w) \quad \searrow^{a} \\[2pt]
U(Z) \xrightarrow{\ c\ } U(X') \ \nearrow_{a'} \quad A
\end{array}
$$

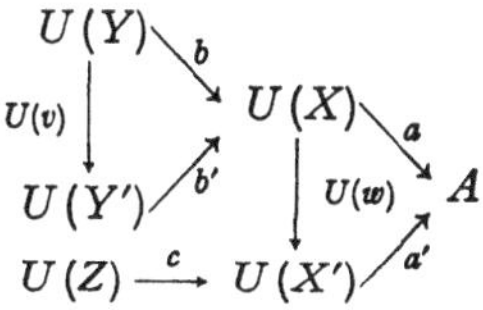

Für $(X, a) \in \Sigma_A$ besteht der Funktor $\Sigma_a\colon \Sigma_{U(X)} \to \Sigma_A$, nach (3) ist $Q_A\Sigma_a = Q_{U(X)}$. Benutzt man Colim $FP_? = F(?)$ für $?$ in $\mathscr{B}$ (7.1.8 dual), so ist nun

$$
(7) \qquad
\begin{aligned}
\operatorname*{Colim}_{Q_A} FQ_A &= \operatorname*{Colim}_{Q_A} \ [\operatorname*{Colim}_{P} FP_{Q_A(?)} \mid ? \text{ in } \Sigma_A] \\[6pt]
&\to \operatorname*{Colim}_{Q_A} \ [\operatorname*{Colim}_{?\,\mathrm{fest}} FQ_{UQ_A(?)} \mid ? \text{ in } \Sigma_A] \ \to (\operatorname*{Colim}_{Q_A} FQ_A)_{\Sigma_A}
\end{aligned}
$$

zu betrachten. Ist Σ_A leer, so liegt stets das als Colimes ausgewählte initiale Element von $\mathscr{D}$ vor. Für $(X, a) \in |\Sigma_A|$ läßt sich der zur „Koordinate" (X, a) gehörige Morphismus der natürlichen Transformation $FQ_A \to (\text{Colim } FQ_A)_{\Sigma_A}$ als derjenige Morphismus auffassen, der dem terminalen Objekt 1_X von $\mathscr{B}/_X$ bei

$$FP_X \to FQ_{U(X)} = FQ_A\Sigma_a \to \text{Colim } FQ_A$$

zugeordnet ist. Geht man zu Colim $FP_X \to$ Colim $FQ_{U(X)} \to$ Colim FQ_A über, so liegt noch immer dieser Morphismus vor. Hieraus folgt, daß (7) in der Tat den identischen Morphismus von Colim FQ_A liefert. Damit ist Behauptung (a) bewiesen.

(b) $\tilde{U}$ respektiert Limites als Rechtsadjungierter von V. Colimites in $[\mathscr{B}, \mathscr{D}]$ und $[\mathscr{C}, \mathscr{D}]$ können „punktweise" gebildet werden, weil $\mathscr{D}$ covollständig ist. Ein Colimes in $[\mathscr{C}, \mathscr{D}]$ ist daher insbesondere Colimes an allen Stellen $U(X)$, und es respektiert $\tilde{U}$ Colimites.

(c) Ist U völlig treu, so ist $\beta\colon P \to QU$ isomorph nach 17.1.5 (d). Daher ist $F * \beta\colon FP \to FQU$ isomorph. Übergang zu den Colimites ergibt den Isomorphismus $\Psi_F\colon F \to \tilde{U}V(F) = V(F)U$. Nach dem Dualen von 16.5.4 (d) ist V völlig treu.

(d) Sind $G_1, G_2\colon \mathscr{C} \to \mathscr{D}$ Funktoren und ist $\eta = \{\eta_A\}\colon G_1 \to G_2$ eine natürliche Transformation, so ist $\tilde{U}(\eta) = \eta * U = \{\eta_{U(X)}\}$, woraus die Behauptung unter (d) unmittelbar folgt.

(e) Unter diesen Voraussetzungen besitzt $\mathscr{B}$ ein initiales Objekt, das von U respektiert wird. Daher ist kein Σ_A leer, und es ist jedes Σ_A filtrierend nach 17.1.5 (e). Endliche Limites können in $[\mathscr{B}, \mathscr{D}]$ und $[\mathscr{C}, \mathscr{D}]$ „punktweise" gebildet werden. Außerdem ist die Konstruktion von V an der Stelle A als filtrierender Colimes vom Typ Σ_A mit endlichen Limites in $\mathscr{D}$ vertauschbar.

(f) Wir nehmen zunächst an, daß $\mathscr{B}$ endliche Produkte besitzt. Für $a\colon U(X) \to A$ und $f\colon A \to B$ in $\mathscr{C}$ gehören zu a die Morphismen $\lambda_a\colon F(X) \to V(F)(A)$ und $\mu_{fa}\colon F(X) \to V(F)(B)$ als Bestandteile der Colimites $(V(F)(A), \lambda)$ bzw. $(V(F)(B), \mu)$ von FQ_A bzw. FQ_B. Nach Definition von $V(F)(f)$ und wegen $Q_B \Sigma_f = Q_A$ gilt

$$(8) \qquad V(F)(f)\lambda_a = \mu_{fa}.$$

In $\mathscr{B}$ existiert das Biprodukt $X \oplus X$ mit Injektionen i_1, i_2 und Diagonalabbildung $\Delta\colon X \to X \oplus X$. Nach 12.2.7 respektieren U und F Biprodukte und Diagonalabbildungen. Nun besteht in $\mathscr{C}$ für $f, g\colon A \to B$ folgendes kommutative Diagramm

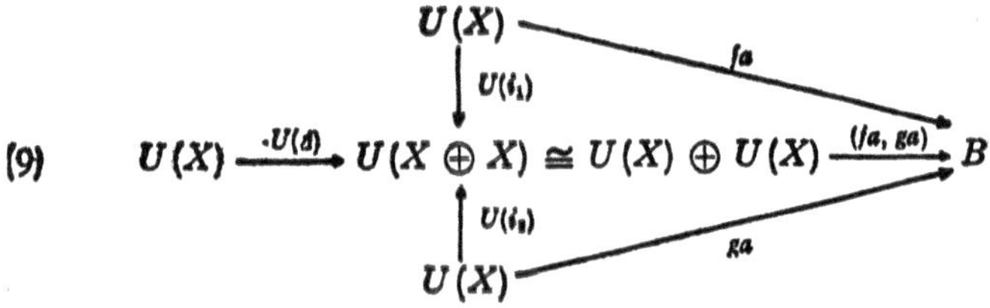

In $\mathscr{D}$ erhält man wegen (4)

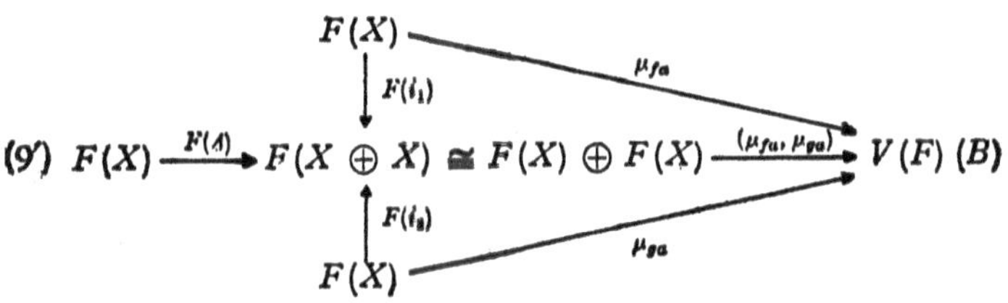

Es gilt also $\mu_{fa+ga} = \mu_{fa} + \mu_{ga}$. Wegen (8) folgt

$$V(F)(f+g)\lambda_a = \mu_{(f+g)a} = \big(V(F)(f) + V(F)(g)\big)\lambda_a.$$

Hieraus und aus der Definition von Colimites folgt $V(F)(f+g) = = V(F)(f) + V(F)(g)$. Also ist $V(F)$ additiv. Für additives G: $\mathscr{C} \to \mathscr{D}$ ist $\tilde{U}(G) = GU$ offenbar additiv. Damit entstehen aus V und U Funktoren zwischen $Add(\mathscr{B}, \mathscr{D})$ und $Add(\mathscr{C}, \mathscr{D})$, und mit $\tilde{U}$ ist auch V additiv nach 16.5.10. Wegen 8.5.3 gilt wieder (b), und (c), (d), (e) folgen wie zuvor.

Besitzt $\mathscr{B}$ keine endlichen Produkte, so läßt sich $\mathscr{B}$ gemäß 16.3.10 zu einer kleinen additiven Kategorie $\mathscr{B}'$ mit endlichen Produkten ergänzen. Besitzt nun $\mathscr{C}$ endliche Produkte, so läßt sich U gemäß 16.3.9 zu einem additiven Funktor U': $\mathscr{B}' \to \mathscr{C}$ fortsetzen, und man erhält den soeben behandelten Fall für U'. Ist R: $\mathscr{B} \to \mathscr{B}'$ die Inklusion, so ist $U = U'R$ und $\tilde{U} = \tilde{R}\tilde{U}'$. Nach 16.3.9 ist $\tilde{R}$ eine Äquivalenz, womit (f) nach 16.4.2 (b) auch in vorliegendem Falle folgt. Man beachte aber, daß (4), (5) im allgemeinen nicht mehr gelten.

Hat weder $\mathscr{B}$ noch $\mathscr{C}$ endliche Produkte, so ergänze man $\mathscr{C}$ durch endliche Produkte zu $\mathscr{C}'$. Sei S: $\mathscr{C} \to \mathscr{C}'$ die Inklusion. Nach dem zuvor Gesagten hat $\widetilde{(SU)}$: $Add(\mathscr{C}', \mathscr{D}) \to Add(\mathscr{B}, \mathscr{D})$ einen Linksadjungierten V'. Sei Q äquivalenz-invers zu $\tilde{S}$. Dann ist $V = \tilde{S}V'$ linksadjungiert zu $\widetilde{(SU)}Q = \tilde{U}\tilde{S}Q$ und damit auch zu $\tilde{U}$, weil $\tilde{U}$ und $\tilde{U}\tilde{S}Q$ isomorph sind. Damit folgt (f) allgemein.

17.1.6° Ist $\mathscr{B}$ wieder klein, U: $\mathscr{B} \to \mathscr{C}$ ein Funktor und $\mathscr{D}$ eine vollständige Kategorie, so besitzt $\tilde{U} = [U, \mathscr{D}]$: $[\mathscr{C}, \mathscr{D}] \to [\mathscr{B}, \mathscr{D}]$ einen Rechtsadjungierten V^+. Auch hier respektiert $\tilde{U}$ Limites und Colimites, und es ist V^+ völlig treu, wenn U völlig treu ist.

Das entsteht aus 17.1.6 dadurch, daß $\mathscr{B}$, $\mathscr{C}$ und $\mathscr{D}$ durch ihre dualen Kategorien ersetzt werden. Es ist hier $V^+(F)(A) = \operatorname{Lim} FQ_A'$, wobei Σ_A' als Objekte Paare (X, a) mit a: $A \to U(X)$ besitzt und Q_A' das Objekt (X, a) wieder in X überführt.

Sei $\mathscr{D}$ wieder covollständig. Nach früheren Vereinbarungen sind $[\mathscr{B}^0, \mathscr{D}]$, $[\mathscr{C}^0, \mathscr{D}]$ als Kategorien der kontravarianten Funktoren $\mathscr{B} \to \mathscr{D}$ bzw. $\mathscr{C} \to \mathscr{D}$ aufzufassen. Zu U: $\mathscr{B} \to \mathscr{C}$ gehört $\operatorname{Op} U \operatorname{Op}$: $\mathscr{B}^0 \to \mathscr{C}^0$. Für $\tilde{U} = [\operatorname{Op} U \operatorname{Op}, \mathscr{D}]$ entsteht ein Linksadjungierter, wieder nach 17.1.6, mit Colimites in $\mathscr{D}$. Für 17.1.6 (e) sind die Voraussetzungen über $\mathscr{B}$ und U: $\mathscr{B} \to \mathscr{C}$ durch die dualen zu ersetzen.

17.1.7 Sei wieder $\mathscr{B}$ klein und $\mathscr{D}$ covollständig. Besitzt $\mathscr{B} \to \mathscr{C}$ einen Rechtsadjungierten W: $\mathscr{C} \to \mathscr{B}$, so ist $\tilde{W}$: $[\mathscr{B}, \mathscr{D}] \to [\mathscr{C}, \mathscr{D}]$ linksadjungiert zu $\tilde{U}$ nach 16.5.11 (b) und daher isomorph zu dem in 17.1.6 konstruierten Funktor V wegen 16.4.4. Ist $\mathscr{D}$ außerdem noch vollständig, so respektiert $\tilde{W}$ Limites und Colimites (wegen der punktweisen Konstruktion in $[\mathscr{B}, \mathscr{D}]$ und $[\mathscr{C}, \mathscr{D}]$, also auch V.

17.1.8 Der mengenwertige Fall. Sei $\mathscr{B}$ weiterhin klein und U: $\mathscr{B} \to \mathscr{C}$ gegeben. Wir setzen $U^0 = \operatorname{Op} U \operatorname{Op}$: $\mathscr{B}^0 \to \mathscr{C}^0$. Ferner seien H^*:

$\mathscr{B}^0 \to [\mathscr{B}, Ens]$ und $H^*\colon \mathscr{C}^0 \to [\mathscr{C}, Ens]$ die Yoneda-Einbettungen 4.2.2. Für $G\colon \mathscr{C} \to Ens$ und $X \in |\mathscr{B}|$ erhält man durch doppelte Anwendung von 4.2.4 die Isomorphismen

$$(10) \qquad [H^X, GU]_{[\mathscr{B},\,Ens]} \cong G\big(U(X)\big) \cong [H^{U(X)}, G]_{[\mathscr{C},\,Ens]}$$

als Isomorphismen von Bifunktoren $\mathscr{B}^0 \times [\mathscr{C}, Ens] \to Ens$. Ein beliebiger Funktor $F\colon \mathscr{B} \to Ens$ ist nach 10.2.1 Colimes-Objekt für einen Funktor $\mathscr{B}^0/_F \to [\mathscr{B}, Ens]$, der bezüglich H^* die Form H^*Q_F hat (entsprechend UQ_A in 17.1.3, hier mit $\mathscr{B}^0/_F$ anstelle von Σ_A). Durch doppelte Anwendung von 8.7.3 ergibt sich aus (10) ein zu $\tilde{U}\colon [\mathscr{C}, Ens] \to [\mathscr{B}, Ens]$ linksadjungierter Funktor V vermöge

$$(11) \qquad V(F) = \operatorname{Colim} H^*U^0Q_F \quad \text{mit } Q_F\colon \mathscr{B}^0/_F \to \mathscr{B}^0, \text{ wobei}$$

$$(12) \qquad \begin{array}{ccc} \mathscr{B}^0 & \xrightarrow{\;\;U^0\;\;} & \mathscr{C}^0 \\ {\scriptstyle H^*}\downarrow & & \downarrow{\scriptstyle H^*} \\ [\mathscr{B}, Ens] & \xrightarrow{\;\;V\;\;} & [\mathscr{C}, Ens] \end{array}$$

kommutativ ist, d. h. $V(H^?) = H^{U(?)}$ für $?$ in $\mathscr{B}$. Wegen 16.4.4 ist der hier angegebene Funktor V isomorph zu dem in 17.1.6 konstruierten. Für $F = Y$ muß es insbesondere eine natürliche Transformation

$$(13) \qquad \varrho_A(?)\colon [Y, Q_A(?)] \to [U(Y), A]_{\Sigma_A} \qquad (? \in |\Sigma_A|)$$

geben, die ein Colimes ist. Umgekehrt folgt hieraus mit Vertauschung von Colimites die Isomorphie des hier betrachteten V mit dem von 17.1.6.

Man kann (13) unmittelbar beweisen, indem man den Colimes gemäß 8.4.4 mit Äquivalenzklassen des Coproduktes $\coprod [Y, X]_{(X,a)}$ konstruiert. Er ist genau dann nicht leer, wenn $[U(Y), A] \neq \emptyset$ ist, und in diesem Falle erhält man die gewünschte Bijektion, indem man $b \in [U(Y), A]$ die Äquivalenzklasse von $1_Y \in [Y, Y]_{(Y,b)}$ zuordnet.

17.1.9 Der Ab-wertige Fall. Sind $\mathscr{B}$, $\mathscr{C}$ und $U\colon \mathscr{B} \to \mathscr{C}$ additiv, so gilt (10) entsprechend mit $Add(\mathscr{B}, Ab)$ und $Add(\mathscr{C}, Ab)$ für additives $G\colon \mathscr{C} \to Ab$. Besitzt $\mathscr{B}$ endliche Produkte, so gelten (11), (12), (13) entsprechend, wobei $V(F)$ als Colimes darstellbarer und damit additiver Funktoren additiv ist. Die für (11) benötigte additive Version von 10.2.1 erfordert die Additivität in 10.2.1 (3). Sie ergibt sich entsprechend (9). Es genügt hierfür übrigens wie bei (9), daß für jedes $X \in |\mathscr{B}|$ stets $X \oplus X$ vorhanden ist.

Der Fall, daß $\mathscr{B}$ keine endlichen Produkte besitzt, wohl aber $\mathscr{C}$, läßt sich auf den eben behandelten zurückführen (vgl. Ende des Beweises von 17.1.6), indem man $\mathscr{B}$ zu einer kleinen additiven Kategorie $\mathscr{B}'$ mit endlichen Produkten ergänzt und U fortsetzt. Ist $R\colon \mathscr{B} \to \mathscr{B}'$ die Inklusion, so ist $\tilde{R}\colon Add(\mathscr{B}', Ab) \to Add(\mathscr{B}, Ab)$ eine Äquivalenz. Wie der Beweis von 16.3.9 zeigt, läßt sich ein Äquivalenz-Inverses S dadurch erhalten, daß jeder additive Funktor $\mathscr{B} \to Ab$ zu einem $\mathscr{B}' \to Ab$ fortgesetzt wird. Das kann offenbar so geschehen, daß

$$
\begin{array}{ccc}
\mathscr{B}^{0} & \xrightarrow{\ R^{0}\ } & \mathscr{B}'^{0} \\
{\scriptstyle H^{*}}\big\downarrow & & \big\downarrow{\scriptstyle H^{*}} \\
Add(\mathscr{B},\, Ab) & \longrightarrow & Add(\mathscr{B}',\, Ab)
\end{array}
$$

kommutativ ist. Damit erreicht man die Kommutativität von (12) auch im vorliegenden Fall. Jedoch brauchen (11) und (13) nicht mehr zu gelten.

17.2 Dichte Funktoren

17.2.1 Sind $\mathscr{B}$ und $\mathscr{C}$ beliebige Kategorien und ist $U\colon \mathscr{B} \to \mathscr{C}$ ein Funktor, so hat die Konstruktion von 17.1.3 einen Sinn. $U\colon \mathscr{B} \to \mathscr{C}$ heißt *dicht* (linksadäquat), wenn (A, γ_A) für jedes $A \in |\mathscr{C}|$ Colimes von UQ_A ist.

Eine Unterkategorie $\mathscr{B}$ von $\mathscr{C}$ heißt dicht (in $\mathscr{C}$), wenn die Inklusion dicht ist. Hierbei brauchen die Kategorien Σ_A nicht klein zu sein. 10.2.1 besagt, daß die Yoneda-Einbettung $H^*\colon \mathscr{C}^0 \to [\mathscr{C}, Ens]$ von 4.2.2 stets dicht ist. 10.3.8 zeigt, daß bei dichten Funktoren zwischen nicht-kleinen Kategorien Colimites kleiner Diagramme von Interesse sein können. Bei einem dichten Funktor braucht die Zielkategorie nicht covollständig zu sein, wie $1_{\mathscr{B}}$ für beliebige Kategorien $\mathscr{B}$ zeigt, und es brauchen Colimites nicht respektiert zu werden, wie wieder die Yoneda-Einbettung zeigt.

17.2.2 **Beispiele** für dichte Unterkategorien. Hierbei ist $\mathscr{B}$ jeweils eine volle Unterkategorie von $\mathscr{C}$.

(a) $\mathscr{C} = Ens$, $\mathscr{B}$ besitzt als einziges Objekt eine einelementige Menge.

(b) $\mathscr{C} = {}_R Mod$. $\mathscr{B}$ besitzt $R \oplus R$ (als Biprodukt zweier Linksmoduln ${}_R R$) als einziges Objekt.

(c) $\mathscr{C} = {}_R Mod$, $\mathscr{B}$ die Unterkategorie der endlich erzeugten Moduln (oder auch: Unterkategorie der durch endlich viele Erzeugende und Relationen präsentierbaren Moduln).

(d) $\mathscr{C}$ Kategorie der Ringe (mit Eins), $\mathscr{B}$ hat als einziges Objekt die freie assoziative $\mathbf{Z}$-Algebra mit zwei freien Erzeugenden.

(e) $\mathscr{C}$ Kategorie der kommutativen Ringe (mit Eins), $\mathscr{B}$ hat als einziges Objekt den Polynomring $\mathbf{Z}[X, Y]$.

Beispiele (b) und (c) gelten insbesondere für $R = \mathbf{Z}$, also $\mathscr{C} = Ab$. In (b) kann $R \oplus R$ nicht durch den Generator R ersetzt werden, weil bei dieser Unterkategorie zu wenig Morphismen vorhanden sind: Besitzt für $\mathscr{C} = Ab$ die Unterkategorie $\mathscr{B}$ nur das Objekt $\mathbf{Z}$, so ist $A = \mathbf{Z} \oplus \mathbf{Z}$ nicht Colimes von UQ_A, man erhält als Colimes vielmehr eine direkte

Summe von abzählbar vielen Summanden Z. In allen Fällen (a) bis (e) läßt sich die Definition 17.2.1 unmittelbar verifizieren. Die duale Situation liegt vor bei der Kategorie der (Hausdorffschen) kompakten Räume. Die volle Unterkategorie, die das Einheitsquadrat als einziges Objekt besitzt, ist codicht. Das läßt sich mit Hilfe des Dualen des folgenden Satzes bestätigen.

17.2.3 Satz. *Der Funktor* $U: \mathscr{B} \to \mathscr{C}$ *ist genau dann dicht, wenn der durch* $A \mapsto [U(?), A]_{\mathscr{C}}$, $f \mapsto [U(?), f]_{\mathscr{C}}$ *beschriebene Funktor* $\check{U}: \mathscr{C} \to [\mathscr{B}^0, Ens]$ *völlig treu ist.*

Beweis. Es besteht eine Bijektion

$$(1) \qquad \Theta_{A,B}: \ [UQ_A, B_{\Sigma_A}] \to [\check{U}(A), \check{U}(B)],$$

die folgendermaßen beschrieben wird: Sei $\eta: UQ_A \to B_{\Sigma_A}$ eine natürliche Transformation. Für $(X, a) \in |\Sigma_A|$ liegt damit $\eta_{(X,a)}: U(X) \to B$ vor, bei festem $X \in |\mathscr{B}|$ vermöge $a \mapsto \eta_{(X,a)}$ also $\eta_X: [U(X), A] \to [U(X), B]$. Mit η ist auch $\{\eta_X\}: [U(?), A] \to [U(?), B]$ eine natürliche Transformation, und man bestätigt, daß $\eta \mapsto \{\eta_X\}$ eine Bijektion ist. Mit $\gamma_{A,(X,a)} = a$ (vgl. 17.1.3) besteht die Abbildung

$$(2) \qquad \Omega_{A,B}: \ [A, B] \to [UQ_A, B_{\Sigma_A}],$$

die durch $f \mapsto f_{\Sigma_A}\gamma_A$ beschrieben wird.
Nun ist $\Theta_{A,B}\Omega_{A,B} = \check{U}_{A,B}: [A, B] \to [\check{U}(A), \check{U}(B)]$, wie $f \mapsto \{a \mapsto fa\}$ zeigt. Bei festem A ist $\Omega_{A,B}$ eine natürliche Transformation $H^A \to N^{UQ_A}$ (vgl. 8.1.3) und genau dann isomorph, wenn (A, γ_A) Colimes von UQ_A ist. Nach dem eben Bewiesenen ist das genau dann der Fall, wenn $\check{U}_{A,B}$ für alle B isomorph ist. Damit folgt die Behauptung.

17.2.4 Bemerkungen. $\check{U}: \mathscr{C} \to [\mathscr{B}^0, Ens]$ ist das Kompositum der Yoneda-Einbettung $H_*: \mathscr{C} \to [\mathscr{C}^0, Ens]$ mit $\check{U}^0 = [Op\, U\, Op, Ens]: [\mathscr{C}^0, Ens] \to [\mathscr{B}^0, Ens]$. Wegen der punktweisen Konstruktion von Limites in Funktorkategorien (vgl. das Argument im Beweis von 17.1.6 (b) für Colimites) und wegen 10.2.5 respektiert $\check{U}$ Limites.

Für Komposita von Funktoren ergibt sich ferner

$$(3) \qquad (U_2 U_1)^{\check{}} = \check{U}^0_1 \check{U}^0_2 H_* = \check{U}^0_1 \check{U}^{\check{}}_2$$

und damit durch doppelte Anwendung von 17.2.3:
Ist $U_2 U_1$ dicht, so ist $\check{U}_2$ treu. Falls $\check{U}^0_1 = [Op\, U_1 Op, Ens]$ auch treu ist, so ist U_2 dicht. $\check{U}^0_1$ ist sicher dann treu, wenn U_1 surjektiv für die Objektklassen ist, wie 17.1.6 (d) zeigt.

Ist insbesondere $U: \mathscr{B} \to \mathscr{C}$ dicht, U_1 der von U induzierte Funktor, dessen Ziel die kleinste Unterkategorie $\mathscr{C}$ ist, die alle Morphismen der Form $U(f)$ enthält (das „Bild" von U), und U_2 die Einbettung dieser Unterkategorie in $\mathscr{C}$, so ist U_2 dicht.

17.2.5 Es ist $U\colon \mathscr{B} \to \mathscr{C}$ genau dann völlig treu, wenn $\check{U}U$ isomorph zur Yoneda-Einbettung $H_*\colon \mathscr{B} \to [\mathscr{B}^{\mathrm{o}}, Ens]$ ist. Es bewirkt nämlich U eine natürliche Transformation $[?, ??]_{\mathscr{B}} \to [U(?), U(??)]_{\mathscr{C}}$ von kontra-ko-varianten Funktoren, und aus $\check{U}U(X) = [U(?), U(X)]$ folgt die Behauptung.

Für $H_*\colon \mathscr{B} \to [\mathscr{B}^{\mathrm{o}}, Ens]$ ist $\check{H}_* \cong 1_{[\mathscr{B}^{\mathrm{o}}, Ens]}$. Wegen $\check{H}_*(T) = [H_?, T]_{[\mathscr{B}^{\mathrm{o}}, Ens]}$ folgt das aus 4.2.4. Daher ist 10.2.1 ein Spezialfall von 17.2.3.

17.2.6 Satz. *Es sei* $(\psi, S, T, \mathscr{C}, \mathscr{D})$ *eine Adjunktion. Die folgenden Aussagen sind gleichwertig:*

(a) *T ist völlig treu.*

(b) *S ist dicht.*

(c) *$\Phi\colon ST \to 1_{\mathscr{C}}$ ist isomorph.*

Ist ferner $U\colon \mathscr{B} \to \mathscr{D}$ *dicht, so ist auch gleichwertig:*

(d) *SU ist dicht.*

Beweis. Die Gleichwertigkeit von (a) und (c) ist 16.5.4 (d). (b) ist in (d) mit $U = 1_{\mathscr{D}}$ enthalten. Nun wirkt $\check{U}T\colon \mathscr{C} \to [\mathscr{B}^{\mathrm{o}}, Ens]$ durch $A \mapsto [U(?), T(A)]_{\mathscr{D}}$ und $(SU)^{\vee}\colon \mathscr{C} \to [\mathscr{B}^{\mathrm{o}}, Ens]$ durch $A \mapsto [SU(?), A]_{\mathscr{C}}$. Vermöge ψ sind $\check{U}T$ und $(SU)^{\vee}$ isomorph. Nach Voraussetzung und 17.2.3 ist $\check{U}$ völlig treu. Also ist T genau dann völlig treu, wenn $(SU)^{\vee}$ es ist. Daher sind (a) und (d) gleichwertig.

17.2.7 Theorem. *Es sei $\mathscr{B}$ eine kleine, $\mathscr{D}$ eine covollständige Kategorie und* $U\colon \mathscr{B} \to \mathscr{C}$ *ein dichter Funktor. $\tilde{U} = [U, \mathscr{D}]\colon [\mathscr{C}, \mathscr{D}] \to [\mathscr{B}, \mathscr{D}]$ bewirkt für $G, G'\colon \mathscr{C} \to \mathscr{D}$ die Abbildung* (2.2.7)

$$\tilde{U}_{G, G'}\colon \ [G, G']_{[\mathscr{C}, \mathscr{D}]} \to [\tilde{U}(G), \tilde{U}(G')]_{[\mathscr{B}, \mathscr{D}]} = [GU, G'U]_{[\mathscr{B}, \mathscr{D}]}.$$

Respektiert G Colimites, so ist $\tilde{U}_{G, G'}$ eine Bijektion. Insbesondere sind zwei Colimites respektierende Funktoren $G, G'\colon \mathscr{C} \to \mathscr{D}$ genau dann isomorph, wenn GU und $G'U$ es sind.

Beweis. Wir benutzen wieder die Bezeichnungen von 17.1.3 und 17.1.6. Weil U dicht ist, ist $\mathrm{Colim}\, UQ = 1_{\mathscr{C}}$, wenn stets (A, γ_A) als Colimes von UQ_A gewählt wird. Weil G Colimites respektiert, ist $(G(A), G\gamma_A)$ Colimes von GUQ_A. Nach 17.1.6 (4) und (5) kann angenommen werden, daß $V(GU) = G$ und $\Phi_G = 1_G$ ist. Damit folgt aus 16.5.5 (4) $\Psi_{GU} = (\Psi * \tilde{U})_G = 1_{GU}$, und wegen 16.5.1 (2) ist $\tilde{U}_{G, G'} = \tilde{U}_{V(GU), G'}$ isomorph. Die restliche Behauptung folgt damit durch wiederholte Anwendung.

17.2.8 Bemerkungen. Man beachte den Spezialfall, daß U eine Inklusion, also $\tilde{U}$ eine Einschränkung ist. 17.2.7 besagt dann, daß natürliche Transformationen der auf $\mathscr{B}$ eingeschränkten Funktoren auf genau eine Weise fortgesetzt werden können.

Auf die Bedingung, daß $\mathscr{D}$ covollständig sei, kann verzichtet werden. Im Beweis muß dann die Anwendung von 17.1.6 durch Rechnungen entsprechend dem Beweis von 17.1.6 (a) ersetzt werden, Colim GUQ existiert nach Voraussetzung über U und G. Die Voraussetzung, daß $\mathscr{B}$ klein sei, kann daher auch durch die Forderung ersetzt werden, daß G alle in $\mathscr{C}$ vorhandenen Colimites respektiert, auch große.

Ist zu $U: \mathscr{B} \to \mathscr{C}$ ein Funktor $F: \mathscr{B} \to \mathscr{D}$ gegeben, so stellt sich die Frage nach der Existenz eines Colimites respektierenden Funktors $G: \mathscr{C} \to \mathscr{D}$, so daß F und GU isomorph sind. Wie $U = 1_{\mathscr{B}}$ zeigt, braucht ein solcher Funktor nicht zu existieren. Der Zusatz des folgenden Lemmas gibt (mit $W = 1_{\mathscr{C}}$) eine Existenzaussage, wobei G als Colimites respektierende „Fortsetzung" von F nach dem eben Bewiesenen bis auf Isomorphie eindeutig bestimmt ist. Universelle Fortsetzungsaussagen ergeben sich in 17.3.1 und 17.3.2.

17.2.9 Lemma. *Es mögen folgende Funktoren vorliegen*

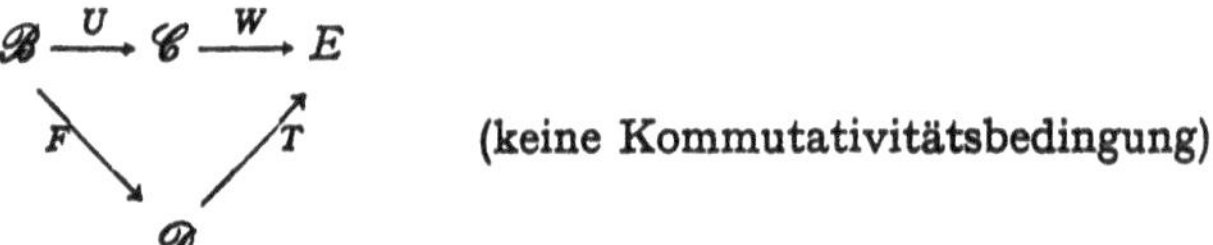

(keine Kommutativitätsbedingung).

Hierbei gelte:

(i) *Zu jedem Objekt $A \in |\mathscr{C}|$ gibt es eine Kategorie Σ_A und einen Funktor $Q_A: \Sigma_A \to \mathscr{B}$, so daß A Colimes-Objekt von UQ_A ist.*

(ii) *W respektiert die Colimites unter* (i).

(iii) *Es gibt eine Bifunktorisomorphie*

$$(4) \qquad \psi: \; [F(?), ??]_{\mathscr{D}} \to [WU(?), T(??)]_{\mathscr{C}}.$$

Dann sind gleichwertig:

(a) *Für alle $A \in |\mathscr{C}|$ ist ein Colimes von FQ_A in $\mathscr{D}$ vorhanden.*

(b) *Es gibt einen Funktor $G: \mathscr{C} \to \mathscr{D}$ mit einem Bifunktorisomorphismus*

$$(5) \qquad \chi: \; [G(?), ??]_{\mathscr{D}} \to [W(?), T(??)]_{\mathscr{C}}.$$

Zusatz. Hierbei sind F und GU isomorph. G respektiert alle diejenigen Colimites, die von W respektiert werden.

Beweis. Sei zunächst (a) erfüllt. Wir konstruieren G analog zu $V(F)$ in 17.1.6. Sei also $(G(A), \varrho_A)$ ein (ausgewählter) Colimes von FQ_A. Für $D \in |\mathscr{D}|$ gilt nun

$$[G(A), D] = [\text{Colim } FQ_A, D] \cong \text{Lim } [FQ_A, D] \cong \text{Lim } [WUQ_A, T(D)] \cong$$

$$(6) \qquad \cong [\text{Colim } WUQ_A, T(D)] \cong [W(\text{Colim } UQ_A), T(D)] =$$

$$= [W(A), T(D)]$$

nach Voraussetzungen und 8.7.3 (möglicherweise mit Wechsel des Universums). Die Isomorphismen sind jedenfalls natürlich bezüglich des zweiten Arguments. Daher liegt eine Darstellung von $[W(A), T(??)]$ mit darstellendem Objekt $G(A)$ vor, und es folgt (b) aus 4.5.1.

Wir beweisen nun den Zusatz. Vergleich von (4) und (5) ergibt wegen 4.5.4, daß F und GU isomorph sind. Der Rest des Zusatzes folgt aus (5) durch doppelte Anwendung von 8.7.3.

Sei schließlich (b) erfüllt. Die obige Umformung (6) ergibt, rückwärts durchlaufen, $\operatorname{Lim} [FQ_A, D] \cong [W(A), T(D)] \cong [G(A), D]$. Nach 8.7.3 existiert $\operatorname{Colim} FQ_A$ mit $G(A)$ als Colimes-Objekt.

17.2.10 Der additive Fall. Sind $\mathscr{B}$, $\mathscr{C}$ additive Kategorien, ist $U\colon \mathscr{B} \to \mathscr{C}$ additiv und besitzt $\mathscr{B}$ endliche Produkte, so gilt 17.2.3 entsprechend für $\check{U}\colon \mathscr{C} \to Add(\mathscr{B}^0, Ab)$. Dazu muß nur nachgeprüft werden, daß (1) additiv ist (für (2) ist das evident), und das ergibt sich entsprechend (9) in 17.1.6. Damit übertragen sich 17.2.4 bis 17.2.6 ohne weiteres. Insbesondere entsteht damit die additive Version von 10.2.1 als Spezialfall. Die additive Version von 17.2.7 mit $\tilde{U}\colon Add(\mathscr{C}, \mathscr{D}) \to \to Add(\mathscr{B}, \mathscr{D})$ gilt wegen 16.3.9 und 17.1.6 (f) auch, wenn sich U bei Ergänzung von $\mathscr{B}$ durch endliche Produkte zu einem dichten Funktor fortsetzt. Sind in 17.2.9 alle Kategorien, die vorgegebenen Funktoren und ψ in (4) additiv, so sind G und χ in (5) additiv, wie aus (6) und 4.5.7 folgt.

17.3 Charakterisierung der Yoneda-Einbettung

17.3.1 Theorem. *Es sei $\mathscr{B}$ eine kleine und $\mathscr{D}$ eine covollständige Kategorie.*

(a) *Der zur Yoneda-Einbettung $H_*\colon \mathscr{B} \to [\mathscr{B}^0, Ens]$ gehörige Funktor $\tilde{H}_* = [H_*, \mathscr{D}]\colon [[\mathscr{B}^0, Ens], \mathscr{D}] \to [\mathscr{B}, \mathscr{D}]$ besitzt einen Linksadjungierten K, und K ist völlig treu.*

(b) *Für $F\colon \mathscr{B} \to \mathscr{D}$ ist $K(F)$ linksadjungiert zu: $\check{F}\; \mathscr{D} \to [\mathscr{B}^0, Ens]$ und $K(F)H_* = F$.*

(c) *$G\colon [\mathscr{B}^0, Ens] \to \mathscr{D}$ besitzt genau dann einen Rechtsadjungierten, wenn G Colimites respektiert. Ist das der Fall, so ist $(GH_*)^{\check{}}$ rechtsadjungiert zu G.*

(d) *K bewirkt eine Äquivalenz von $[\mathscr{B}, \mathscr{D}]$ mit derjenigen vollen Unterkategorie von $[[\mathscr{B}^0, Ens], \mathscr{D}]$, deren Objekte die Colimites respektierende Funktoren $[\mathscr{B}^0, Ens] \to \mathscr{D}$ sind.*

Beweis. (a) ist ein Spezialfall von 17.1.6 (a), (c), wobei wir K statt V geschrieben haben.

(b) Wir betrachten 17.2.9 in folgender Situation

(1)

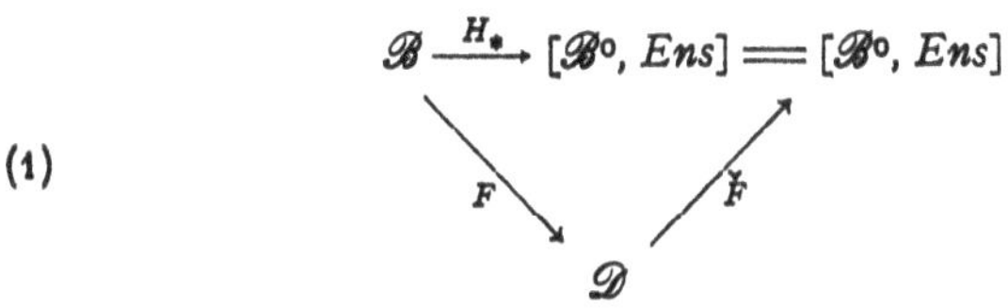

Hierbei ist H_* dicht nach 10.2.1, also (i) von 17.2.9 erfüllt. (ii) ist gegenstandslos, (iii) folgt aus der Definition von $\check{F}$ (17.2.3) und dem Yoneda-Lemma:

$$(2) \qquad [F(X), A]_{\mathscr{D}} = \check{F}(A)(X) \cong [H_X, \check{F}(A)]_{[\mathscr{B}^o, \, Ens]},$$

und diese Isomorphie gehört wegen 4.2.4 zu einer Bifunktorisomorphie

$$(3) \qquad [F(?), ??]_{\mathscr{D}} \xrightarrow{\cong} [H_?, \check{F}(??)]_{[\mathscr{B}^o, \, Ens]}.$$

Nach Lemma 17.2.9 und seinem Zusatz besitzt $\check{F}$ einen Linksadjungierten G, und es ist GH_* isomorph zu F. Daher sind $K(F)$ und $K(GH_*)$ isomorph. G respektiert Colimites als Linksadjungierter von F (16.4.6), und H_* ist dicht. Damit folgt aus 17.1.6 (5), daß $K(GH_*) = = K(\tilde{H}_*(G))$ isomorph zu G ist. Also ist $K(F)$ linksadjungiert zu $\check{F}$ und $K(F)H_* \cong GH_* \cong F$. Nach 16.6.6 kann $K(F)$ durch eine Isomorphie so geändert werden, daß $K(F)H_* = F$ ist. Geschieht das für alle $F: \mathscr{B} \to \mathscr{D}$, so entsteht nach 16.4.4 ein Funktor K, der noch immer zu $\tilde{H}_*$ linksadjungiert ist.

(c) Soll G einen Rechtsadjungierten besitzen, so muß G Colimites respektieren. Sei das der Fall. Wir setzen $F = GH_*$. Wegen (b) ist $K(F)H_* = GH_*$, und nach 17.2.7 sind $K(F)$ und G isomorph. Daher ist $\check{F} = (GH_*)^{\check{}}$ rechtsadjungiert zu G.

(d) folgt wegen (a), (b), (c) unmittelbar aus 16.3.8.

17.3.2 Theorem. *Es sei $\mathscr{B}$ eine kleine, $\mathscr{C}$ eine covollständige Kategorie und $U: \mathscr{B} \to \mathscr{C}$ ein Funktor. Die folgenden Aussagen sind gleichwertig:*

(a) *Es gibt eine Äquivalenz $T: \mathscr{C} \to [\mathscr{B}^o, Ens]$, so daß TU isomorph zur Yoneda-Einbettung $H_*: \mathscr{B} \to [\mathscr{B}^o, Ens]$ ist.*

(b) *Zu jedem Funktor $F: \mathscr{B} \to \mathscr{D}$ in eine covollständige Kategorie $\mathscr{D}$ gibt es einen Colimites respektierenden Funktor $G: \mathscr{C} \to \mathscr{D}$, so daß GU isomorph zu F ist, und je zwei solche Funktoren sind isomorph.*

(c) *$\check{U}: \mathscr{C} \to [\mathscr{B}^o, Ens]$ ist eine Äquivalenz.*

(d) *U ist dicht, $\check{U}$ respektiert Colimites, und es ist $\check{U}U \cong H_*$.*

(e) *U ist völlig treu und dicht. Außerdem ist $H^{U(X)}: \mathscr{C} \to Ens$ ein Colimites respektierender Funktor für jedes $X \in |\mathscr{B}|$.*

Beweis. (a) $\Rightarrow$ (b). Sei S äquivalenz-invers zu T. Wegen 17.3.1 (b) ist $K(F)$ ein Colimites respektierender Funktor $[\mathscr{B}^o, Ens] \to \mathscr{D}$, so daß $K(F)H_* = F$ ist. Man setze $G = K(F)T$. Respektiert $G': \mathscr{C} \to \mathscr{D}$ Colimites und ist $G'U \cong F$, so respektiert $G'S$ Colimites, und es gilt $G'SH_* \cong G'STU \cong G'U \cong F = K(F)H_*$. Weil H_* dicht ist, folgt aus 17.2.7 $G'S \cong K(F)$ und damit $G' \cong G'ST \cong K(F)T = G$.

(b) $\Rightarrow$ (c). Es gibt einen Colimes respektierenden Funktor $T: \mathscr{C} \to \to [\mathscr{B}^o, Ens]$, so daß $TU \cong H_*$ ist. Man setze $S = K(U)$ gemäß 17.3.1 (b). TS und ST respektieren Colimites, weil S und T dies tun.

Nun ist $TSH_* = TK(U)H_* = TU \cong H_*$. Wegen 17.2.7 ist $TS \cong$ $\cong 1_{[\mathscr{B}^o, Ens]}$. Ferner ist $STU \cong SH_* = K(U)H_* = U$. Wegen (b) für $F = U$ ist $ST \cong 1_{\mathscr{C}}$. Daher ist T äquivalenz-invers zu $K(U)$. Wegen 17.3.1 (b) und 16.4.4 ist $\check{U}$ isomorph zu T. Man bemerkt, daß (a) aus (c) folgt.

(c) $\Rightarrow$ (d). Wegen 17.2.3 ist U dicht. Wegen 17.3.1 (b) ist $K(U)$ äqui-valenz-invers zu $\check{U}$. Damit folgt $\check{U}U = \check{U}K(U)H_* \cong H_*$.

(d) $\Rightarrow$ (a). Weil $\check{U}$ und $K(U)$ Colimites respektieren und weil H_* und U dicht sind, folgt aus 17.2.7

$$\check{U}K(U) \cong 1_{[\mathscr{B}^o, Ens]} \quad \text{wegen} \quad \check{U}K(U)H_* = \check{U}U \cong H_*,$$

$$K(U)\check{U} \cong 1_{\mathscr{C}} \quad \text{wegen} \quad K(U)\check{U}U \cong K(U)H_* = U.$$

Mit $T = \check{U}$ gilt (a).

(d) $\Leftrightarrow$ (e). Nach 17.2.5 ist U genau dann völlig treu, wenn $\check{U}U \cong H_*$ ist. Für ein Diagramm $D: \Sigma \to \mathscr{C}$ ist $\check{U}D = [U(?), D]_{\mathscr{C}}$ ein Diagramm in $[\mathscr{B}^o, Ens]$. Aus der „punktweisen" Konstruktion von Colimites in Funktorkategorien folgt, daß $\check{U}$ genau dann Colimites respektiert, wenn das für alle $H^{U(X)}$ der Fall ist.

17.3.3 Theorem. *Für die Kategorie $\mathscr{C}$ sind gleichwertig:*

(a) *$\mathscr{C}$ ist covollständig, und es besitzt $\mathscr{C}$ eine dichte kleine Unterkategorie $\mathscr{C}'$.*

(b) *Es gibt eine kleine Kategorie $\mathscr{B}$ und einen völlig treuen Funktor T: $\mathscr{C} \to [\mathscr{B}^o, Ens]$ mit einem Linksadjungierten S.*

Zusatz. Ist (a) und damit (b) erfüllt, so ist $\mathscr{C}$ auch vollständig.

Beweis. Es gelte (a). Wir setzen $\mathscr{B} = \mathscr{C}'$ und $F: \mathscr{B} \to \mathscr{C}$ für die Inklusion. Dann ist $T = \check{F}$ völlig treu nach 17.2.3 und rechtsad-jungiert zu $K(F)$ nach 17.3.1 (b). Es gelte nun (b). Sei $\mathscr{C}'$ die volle Unterkategorie von $\mathscr{C}$ mit den Objekten $S(H_X)$ mit $X \in |\mathscr{B}|$. Mit $\mathscr{B}$ ist auch $\mathscr{C}'$ klein. Weil T völlig treu ist und $H_*: \mathscr{B} \to [\mathscr{B}^o, Ens]$ dicht, ist SH_* dicht nach 17.2.6 (d). Nach 17.2.4 ist $\mathscr{C}'$ dicht in $\mathscr{C}$. Ferner ist $[\mathscr{B}^o, Ens]$ vollständig und covollständig. Nach 16.6.1 (b) gilt dasselbe für $\mathscr{C}$.

17.3.4 Der additive Fall. Nach 17.1.6 und 17.2.10 gilt die additive Version von 17.3.1 mit $Add(\mathscr{B}^o, Ab)$ und $Add(Add(\mathscr{B}^o, Ab), \mathscr{D})$ statt $[\mathscr{B}^o, Ens]$ und $[[\mathscr{B}^o, Ens], \mathscr{D}]$ jedenfalls dann, wenn $\mathscr{B}$ endliche Produkte besitzt. Ist das nicht der Fall, so ergänze man $\mathscr{B}$ entsprechend zu $\mathscr{B}'$ gemäß 16.3.10. Ist $R: \mathscr{B} \to \mathscr{B}'$ die Inklusion, so erhält man folgende Situation

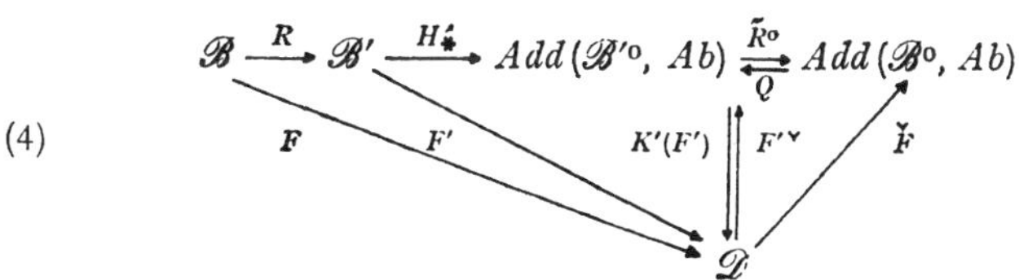

Hierbei ist H'_* die Yoneda-Einbettung für $\mathscr{B}'$ und $\check{R}\circ H'_* R = H_*$. F' ist eine Fortsetzung von F. Dann ist $\check{R}\circ\check{F}' = \check{F}$. Q sei äquivalenz-invers zu $\check{R}\circ$. Mit $K(F) = K'(F')Q$ liegt die Situation von 17.1.6 (f) vor. Damit erhält man die additive Version von 17.3.1 auch für diesen Fall.

Die additive Version von 17.3.2 besteht jedenfalls dann, wenn $\mathscr{B}$ endliche Produkte besitzt. Ist das nicht der Fall, so ergänze man wieder $\mathscr{B}$, womit man entsprechend (4) erhält, daß auch jetzt die additive Versionen von 17.3.3 (a), (b), (c) gleichwertig sind. Bei (d), (e) ist U jedenfalls völlig treu, und wegen 16.3.8 ist $\mathscr{B}$ äquivalent zu der Unterkategorie von $\mathscr{C}$, die Bild bei U ist. Ersetzt man in 17.3.3 (d), (e) die Forderung, daß U dicht sei, dadurch, daß aus dem Bild bei Ergänzung durch endliche Biprodukte eine dichte Unterkategorie von $\mathscr{C}$ entstehen soll, so erhält man zu (a), (b), (c) äquivalente Aussagen. Wir kommen auf diese Situation in 17.4.9 zurück.

Bei 17.3.3 gilt die additive Version, wenn in (a) für $\mathscr{C}'$ eine kleine Unterkategorie genommen wird, die bei Ergänzung durch endliche Produkte dicht wird. Wir wählen diese umständliche Formulierung, weil wegen (4) noch immer gilt, daß sich T in (b) aus der Inklusion $F:$ $\mathscr{B}\to\mathscr{C}$ $(\mathscr{B}=\mathscr{C}')$ als $\check{F}$ ergibt, was wir noch benutzen werden.

17.4 Kleine projektive Objekte

Aus 17.3.1 und 17.3.2 ergibt sich, daß in der Kategorie $[\mathscr{B}^\circ, Ens]$ die Objekte H_X (mit $X\in\mathscr{B}$) „unabhängig bezüglich Colimites" sind. Der entsprechende Sachverhalt im additiven Fall führt auf eine Begriffsbildung, die covollständigen abelschen Kategorien angepaßt ist.

17.4.1 Definition. Ein Objekt P der additiven Kategorie $\mathscr{C}$ heißt *klein*, wenn der Ab-wertige Funktor $H^P = [P, ?]_{\mathscr{C}}$ Coprodukte respektiert.

17.4.2 Satz. *Es sei $\mathscr{C}$ eine covollständige abelsche Kategorie. Das Objekt $P\in|\mathscr{C}|$ ist genau dann klein projektiv, wenn der Ab-wertige Funktor H^P Colimites respektiert.*

Beweis. Ist P projektiv, so ist H^P exakt nach 13.2.6 und respektiert daher Cokerne. Ist P noch klein, so respektiert H^P Colimites nach dem Dualen von 7.4.5, weil $\mathscr{C}$ covollständig ist. Die Umkehrung folgt aus den Definitionen 17.4.1 und 10.4.1 wegen des Dualen von 7.8.9.

17.4.3 Satz. *Es sei $\mathscr{B}$ eine kleine additive Kategorie. In $Add(\mathscr{B}^\circ, Ab)$ bilden die Objekte H_X mit $X\in|\mathscr{B}|$ eine erzeugende Menge kleiner projektiver Objekte.*

Beweis. Die Objekte H_X bilden eine Generatormenge nach 10.5.2. Damit folgt die Behauptung aus 17.4.2 und 10.4.3.

17.4.4 In $_R Mod$ ist $_R R$ ein kleiner projektiver Generator.

Beweis. Es ist $[_R R_R, ?]$ isomorph zum identischen Funktor von $_R Mod$ (15.1.8). Der Vergiß-Funktor $V:\ _R Mod \to Ab$ respektiert Colimites

(15.1.4). Wegen $V[_RR_R, ?] = [_RR, ?]$ (15.1.8) und 17.4.2 ist $_RR$ klein projektiv. Außerdem ist $_RR$ Generator (15.1.8).

17.4.5 Satz. *Es sei $\mathscr{C}$ eine additive Kategorie mit Coprodukten. Das Objekt P ist genau dann klein, wenn gilt:*

Jeder Morphismus von P in ein Coprodukt faktorisiert über die Injektion eines endlichen Teilcoproduktes. Zu $f\colon P \to \coprod_{e \in E} A_e$ gibt es also eine endliche Teilmenge D von E, so daß sich f in der Form $i_D f'$ mit $f'\colon P \to \coprod A_d$ und $i_D\colon \coprod_{d \in D} A_d \to \coprod_{e \in E} A_e$ (vgl. 14.5.4) darstellen läßt.

Beweis. Ist P ein beliebiges Objekt, so besteht in Ab der Morphismus

$$(1) \qquad j\colon \coprod [P, A_e] \to [P, \coprod A_e] \quad \text{mit } ji'_e = [P, i_e],$$

wenn die Injektionen des Coproduktes in Ab bzw. $\mathscr{C}$ mit i'_e bzw. i_e bezeichnet werden. Jedes i_e ist Coretraktion, und es gibt eine zugehörige Retraktion p_e mit

$$(2) \qquad p_e i_e = 1; \qquad p_e i_d = 0 \quad \text{für } d \neq e.$$

Entsprechend bestehen Retraktionen p'_e in Ab. Ein Element a von $\coprod [P, A_e]$ bestimmt eindeutig eine Familie $\{a_e \mid a_e \in [P, A_e]\}$, so daß nur endlich viele a_e von 0 verschieden sind, und es ist

$$(3) \qquad a = \Sigma i'_e(a_e) = \Sigma i'_e p'_e(a); \quad a_e = p'_e(a),$$

$$(4) \qquad j(a) = \Sigma j i'_e(a_e) = \Sigma [P, i_e](a_e),$$

$$(5) \qquad [P, p_e] j(a) = a_e.$$

Hieraus folgt, daß j jedenfalls monomorph ist. j ist genau dann epimorph, wenn es zu beliebigem $f \in [P, \coprod A_e]$ ein $a \in \coprod [P, A_e]$ mit $j(a) = f$ gibt, und das ist wegen (4), (5) genau dann der Fall, wenn f sich in der Form

$$(6) \qquad f = i_D f'$$

mit endlichem D darstellen läßt, wobei für D die Menge derjenigen Indizes genommen werden kann, für die $a_e = [P, p_e](f)$ nicht 0 ist. Damit folgt die Behauptung.

Bemerkung. Daß $f\colon P \to \coprod A_e$ über ein endliches Teilcoprodukt von $\coprod A_e$ faktorisiert, ist wegen (2) und 12.2.5 gleichwertig damit, daß gilt

$$(7) \qquad f = \Sigma_e i_e p_e f, \quad \text{nur endlich viele Summanden nicht 0.}$$

17.4.6 Satz. *Es sei $\mathscr{C}$ eine covollständige abelsche Kategorie.*

(a) *Ist P klein projektiv, so gilt*

   (K) *Die Vereinigung einer filtrierenden Familie $m_e\colon A_e \rightarrowtail P$ von*

Monomorphismen mit Ziel P ist nur dann äquivalent zu 1_P, wenn das bereits für einen Monomorphismus der Familie gilt.

(b) *Ist $\mathscr{C}$ eine Grothendieck-Kategorie, so ist jedes Objekt P mit der Eigenschaft* (K) *klein.*

Beweis. (a) Wir benutzen 14.2.5 mit $A = P$, $T(e) = M(e) = A_e$, $\eta_e = \eta_e'' = m_e$, wobei L Colimesobjekt der filtrierenden Familie $\{A_e\}$ ist. Nach Annahme kann $f'' = 1_P$ gewählt werden, und es ist f epimorph. Nach 14.5.3 gibt es einen Epimorphismus $c\colon \coprod A_e \twoheadrightarrow L$, und fc ist epimorph. Weil P projektiv ist, gibt es $g\colon P \to \coprod A_e$ mit $fcg = 1_P$. Weil P klein ist, faktorisiert g über ein endliches Teilcoprodukt (17.4.5) und ist nach (7) von der Form $g = \sum i_e p_e g$, wobei nur endlich viele $p_e g\colon P \to A_e$ nicht 0 sind, etwa für $e = e_1, e_2, \ldots, e_n$. Weil die Indexkategorie filtrierend ist, gibt es einen Index d mit Pfeilen $p_j\colon e_j \to d$ für $j = 1, 2, \ldots, n$, und für den Morphismus $g' = \sum T(p_j) p_{e_j} g\colon P \to A_d$ ist $c i_d g' = cg$ wegen $c(i_d - i_{e_j} T(p_j)) = 0$ nach 14.5.3. Nun ist (wieder mit den Bezeichnungen von 14.2.5) $m_d = \eta_d = f\lambda_d = f c i_d$ und daher $m_d g' = f c i_d g' = fcg = 1_P$. Damit ist m_d eine monomorphe Retraktion, also isomorph.

(b) Sei $A = \coprod A_e$ und $f\colon P \to A$ ein Morphismus. Nach 14.5.4 ist $1_A = \bigcup i_D$, wobei i_D die Injektionen der endlichen Teilcoprodukte von $\coprod A_e$ durchläuft. $\{i_D\}$ ist filtrierend, und nach 14.6.2 ist $1_P = f^{-1}(\bigcup i_D) = \bigcup f^{-1}(i_D)$. Wegen (K) ist $f^{-1}(i_D) = 1_P$ für geeignetes D. Das zugehörige Pullback zeigt, daß f über i_D faktorisiert. Nach 17.4.5 ist P klein.

17.4.7 Satz. *Es sei $\mathscr{B}$ eine kleine additive Kategorie mit endlichen Biprodukten. Ferner sei in $\mathscr{B}$ jeder idempotente Morphismus h (12.6.1) in der Form $h = ir$ darstellbar, wobei i eine Coretraktion und r eine zugehörige Retraktion sei (Idempotente spalten auf). Ein Objekt T aus $\mathrm{Add}(\mathscr{B}, Ab)$ ist genau dann klein projektiv, wenn T ein darstellbarer Funktor ist.*

Bemerkung. Wegen 12.6.3 spalten Idempotente in $\mathscr{B}$ sicher dann auf, wenn $\mathscr{B}$ Kerne oder Cokerne besitzt.

Beweis. Sei T klein projektiv. Nach 17.2.10 ist T Colimes von darstellbaren Funktoren. Es gibt daher ein Coprodukt $U = \coprod [A_e, ?]_{\mathscr{B}}$ mit einem Epimorphismus $c\colon U \twoheadrightarrow T$ in $\mathrm{Add}(\mathscr{B}, Ab)$. Weil T klein projektiv ist, gibt es g mit $cg = 1_T$, und es läßt sich g in der Form $i_D g'$ darstellen, wobei i_D die Injektion eines endlichen Teilcoproduktes in U ist. Dieses ist ein Biprodukt und isomorph zu $V = [\oplus A_d, ?]$ mit $d \in D$ (8.3.4). Mit g ist auch g' Coretraktion, und mit $B = \oplus A_d$ erhält man eine Coretraktion $\varphi\colon T \to H^B$. Sei χ eine zugehörige Retraktion. Dann ist $\varphi\chi\colon H^B \to T \to H^B$ idempotent, und nach dem Yoneda-Lemma gibt es $h\colon B \to B$ mit $\varphi\chi = H^h$. Wegen $H^h H^h = \varphi\chi = H^h$ ist h idempotent. Nach Voraussetzung gibt es eine Retraktion $r\colon B \to C$ mit Coretraktion $i\colon C \to B$, so daß $ir = h$ ist. Nun ist $\varphi\chi = H^r H^i$, wobei φ und H^r Coretaktionen und χ, H^i Retraktionen sind. Nach 12.6.2 ist $\psi = 1 - \varphi\chi = 1 - H^r H^i$: $H^B \to H^B$ idempotent, und nach 12.6.3 ist φ und auch H^r Kern von ψ. Daher ist T isomorph zu H^C. Die Umkehrung gilt nach 17.4.3.

17.4.8 Lemma. *Es sei $\mathscr{C}$ eine covollständige abelsche Kategorie und $\mathscr{B}$ eine kleine volle Unterkategorie mit endlichen Biprodukten. $\mathscr{B}$ ist dicht in $\mathscr{C}$, wenn eine der beiden folgenden Voraussetzungen gilt:*

(a) *$|\mathscr{B}|$ ist erzeugende Menge von kleinen Objekten in $\mathscr{C}$.*

(b) *$|\mathscr{B}|$ ist Generatormenge für $|\mathscr{C}|$, und $\mathscr{C}$ ist eine Grothendieck-Kategorie.*

Beweis. Es sei $U\colon \mathscr{B} \to \mathscr{C}$ die Inklusion. Für $A \in |\mathscr{C}|$ bilden wir Σ_A gemäß 17.1.3 und $\gamma_A\colon UQ_A \to A_{\Sigma_A}$. Wir müssen zeigen, daß (A, γ_A) Colimes von UQ_A ist.

Es ist $\gamma_A = \{e\}$, wobei $e\colon P_e \to A$ alle Morphismen mit Ziel A und Quelle in $\mathscr{B}$ durchläuft. Weil die Objekte von $\mathscr{B}$ eine Generatormenge für $\mathscr{C}$ bilden, besteht nach 10.5.4 der Epimorphismus $g\colon \coprod P_e \twoheadrightarrow A$ mit $g i_e = e$ für alle e. Eine natürliche Transformation $\mu\colon UQ_A \to B_{\Sigma_A}$ bewirkt einen Morphismus

$$q\colon \coprod P_e \to B \quad \text{mit } q i_e = \mu_e.$$

Es gibt höchstens ein $f\colon A \to B$ mit $fg = q$, weil g epimorph ist. Wir zeigen, daß ein solches f existiert. Damit folgt die Behauptung aus der Definition für Colimites.

Sei zunächst (a) erfüllt und $k\colon K \to \coprod P_e$ Kern von g. Weil g epimorph ist, ist g Cokern von k. Die Existenz von f folgt aus der Definition für Cokerne, wenn $qk = 0$ ist. Nach Definition für Generatormenge ist das genau dann der Fall, wenn für jeden Morphismus $u\colon Q \to K$ mit $Q \in |\mathscr{B}|$ gilt $qku = 0$.

Für $v = ku\colon Q \to \coprod P_e$ muß $qv = 0$ gezeigt werden. Weil Q klein ist, gilt 17.4.5 für v, und wegen (7) besitzt v eine Darstellung

$$v = \sum i_e v_e \quad \text{mit} \quad v_e = p_e v\colon Q \to P_e,$$

wobei nur endlich viele v_e nicht 0 sind, etwa für $e = e_1, e_2, \ldots, e_n$. In $\mathscr{B}$ existiert ein Objekt N, das Biprodukt von $P_{e_1}, P_{e_2}, \ldots, P_{e_n}$ mit Inklusionen h_j ist, und es existiert die Inklusion $i_D\colon N \to \coprod A_e$ mit $i_D h_j = i_{e_j}$. In $\mathscr{B}$ existiert ferner das Biprodukt $\oplus Q_j$ mit Inklusionen k_j und mit $Q_j = Q$ für $j = 1, 2, \ldots, n$. Sei $\Delta\colon Q \to \oplus Q_j$ die Diagonalabbildung. Ferner sei $w_j = h_j v_{e_j}\colon Q \to N$, $w'\colon Q_j \to N$ der durch $w' k_j = w_j\colon Q \to N$ definierte Morphismus, $w = w'\Delta$ und $g i_D = n\colon N \to A$. Das folgende Diagramm ist also kommutativ:

(8)

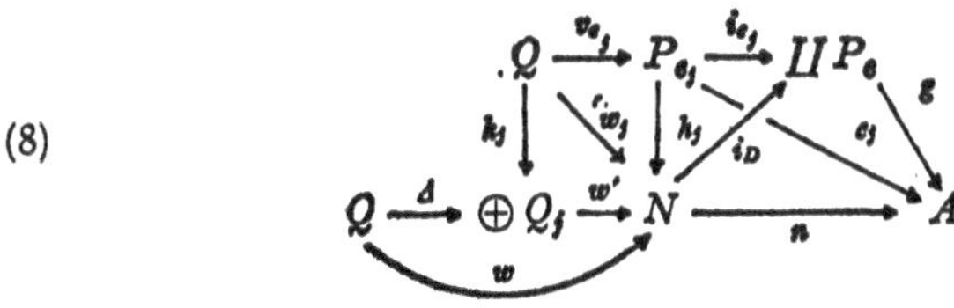

Wegen 12.2.6 (6) gilt

$$nw = n \sum w_j = gi_D \sum h_j v_{e_j} = g \sum i_{e_j} v_{e_j} = gv = gku = 0.$$

Es ist n einer der Morphismen e, ebenso nw. Aus $nw = 0$ folgt $\mu_{nw} = 0$, denn für $0: Q \to Q$ ist $nw = nw0$ und damit $\mu_{nw} = \mu_{nw}0 = 0$, weil $\mu: UQ_A \to B_{\Sigma_A}$ eine natürliche Transformation ist. Aus der Kommutativität von (8) folgt nun

$$0 = \mu_{nw} = \mu_n w = \mu_n \sum w_j = \sum \mu_n h_j v_{e_j} = \sum \mu_{e_j} v_{e_j} =$$
$$= \sum q i_{e_j} v_{e_j} = qv,$$

und das war im Falle (a) noch zu zeigen.

Sei nun (b) erfüllt, $\coprod P_d$ endliches Teilcoprodukt von $\coprod P_e$ zur Indexmenge D und $i_D: \coprod P_d \to \coprod P_e$ die Inklusion. Es kann angenommen werden, daß $\coprod P_d$ Objekt von $\mathscr{B}$ ist. Sei $k_D: K_D \to \coprod P_d$ der Kern von gi_D und wieder $k: K \to \coprod P_e$ der Kern von g. Weil jetzt $\mathscr{C}$ Grothendieck-Kategorie ist, also Kerne mit filtrierenden Colimites vertauschbar sind, und weil g nach 14.5.4 filtrierender Colimes der Morphismen gi_D ist (wenn D alle endlichen Teilmengen der Indexmenge von $\coprod P_e$ durchläuft), ist k filtrierender Colimes der Kerne k_D. Es folgt $qk = 0$, wenn stets $qi_D k_D = 0$ ist, und das ist genau dann der Fall, wenn für jeden Morphismus $u: Q \to K_D$ mit $Q \in |\mathscr{B}|$ gilt $qi_D k_D u = 0$. Mit $v = i_D k_D u$ folgt die Behauptung wie zuvor.

17.4.9 Theorem. *Eine covollständige abelsche Kategorie $\mathscr{C}$ ist genau dann äquivalent zu einer Kategorie der Form Add $(\mathscr{B}^0, Ab)$ mit geeigneter kleiner additiver Kategorie $\mathscr{B}$, wenn $\mathscr{C}$ eine erzeugende Menge kleiner projektiver Objekte besitzt. Ist das der Fall und $\mathscr{B}$ die volle Unterkategorie von $\mathscr{C}$ mit diesen Objekten, so besitzt die Yoneda-Einbettung $H_*: \mathscr{B} \to Add (\mathscr{B}^0, Ab)$ eine Äquivalenz $\mathscr{C} \to Add (\mathscr{B}^0, Ab)$ als Fortsetzung.*

Beweis. Sei $\mathscr{B}$ Unterkategorie von $\mathscr{C}$ mit der angegebenen Eigenschaft. Falls $\mathscr{B}$ noch keine endlichen Biprodukte besitzt, so ergänze man $\mathscr{B}$ entsprechend 16.3.10 zu $\mathscr{B}'$. Für endliche Biprodukte $\oplus P_e$ gilt $[\oplus P_e, ?] \cong \oplus [P_e, ?]$. Wegen 17.4.2 sind die Objekte von $\mathscr{B}'$ ebenfalls klein projektiv, und sie bilden erst recht eine Generatormenge für $\mathscr{C}$. Wegen 17.4.8 ist die Inklusion $U: \mathscr{B}' \to \mathscr{C}$ dicht. Aus der additiven Version von 17.3.2 gemäß 17.3.4 ergibt sich die Äquivalenz von $\mathscr{C}$ mit $Add (\mathscr{B}'^0, Ab)$. Mit der Zerlegung von H_* gemäß 17.3.4 (4) ergibt sich die Äquivalenz mit $Add (\mathscr{B}^0, Ab)$. Die Umkehrung folgt aus 17.4.3 und der Tatsache, daß erzeugende Mengen kleiner projektiver Objekte von Äquivalenzen respektiert werden.

17.4.10 Theorem. *Eine additive Kategorie ist genau dann äquivalent zu einer Modulkategorie $_R Mod$, wenn sie abelsch und covollständig ist und außerdem einen kleinen projektiven Generator besitzt.*

Beweis. $_RMod$ hat die genannten Eigenschaften nach 15.1.4 und 17.4.4. Sei jetzt $\mathscr{C}$ covollständig und abelsch und G ein kleiner projektiver Generator. Nach 17.4.9 ist $\mathscr{C}$ äquivalent zu $Add\,(\mathscr{B}^0, Ab)$, wobei $\mathscr{B}$ die volle Unterkategorie von $\mathscr{C}$ mit dem einzigen Objekt G ist. Mit $R = [G, G]_{\mathscr{C}}$ ist aber $Add\,(\mathscr{B}^0, Ab) = {}_{R^0}Mod$ nach 15.1.2.

17.4.11 Bemerkungen. Nach Lemma 2 in 15.3.7 besitzt jede Grothendieck-Kategorie mit einem Generator eine volle Einbettung in eine Modulkategorie. Diese Einbettung ist wegen 15.1.4 und 13.2.6 genau dann exakt, wenn der Generator projektiv ist. Lemma 2 von 15.3.7 folgt übrigens aus 17.4.8 (b) und der additiven Version von 17.3.3 gemäß 17.3.4. Der in 15.3.7 angegebene unmittelbare Beweis ist eine Variante des Beweises von 17.5.5 entsprechend dem Beweise von 17.4.8.

Der Beweis von 17.4.9 zeigt insbesondere: Ist $\mathscr{B}$ eine kleine additive Kategorie, so besitzt $Add\,(\mathscr{B}^0, Ab)$ eine kleine, dichte volle Unterkategorie, deren Objekte endliche Biprodukte von Objekten H_A sind.

17.5 Endlich erzeugte Objekte

17.5.1 Definition. In der Kategorie $\mathscr{C}$ sei eine Generatormenge $\mathfrak{G}$ fixiert. Ein Objekt A heißt *endlich erzeugt* (bezüglich $\mathfrak{G}$), wenn es einen Epimorphismus $\coprod G_d \twoheadrightarrow A$ eines endlichen Coproduktes von Objekten aus $\mathfrak{G}$ nach A gibt.

In $_RMod$ wird als fixierte Generatormenge stets das einzelne Objekt $_RR$ zugrunde gelegt (speziell $\mathbf{Z}$ in Ab). „Endlich erzeugt" ist dann gleichwertig mit der üblichen Definition, wonach ein endlich erzeugter Modul von endlich vielen seiner Elemente erzeugt ist.

17.5.2 Satz. *Jeder endlich erzeugte Modul ist klein, jeder kleine projektive Modul ist endlich erzeugt.*

Beweis. Das erste folgt nach dem zuvor Gesagten unmittelbar aus 17.4.5. Weil $_RR$ Generator von $_RMod$ ist, ist jeder Modul M Quotient eines freien Moduls. Ist M klein projektiv, so folgt aus 17.4.5, daß M Retrakt eines endlich erzeugten freien Moduls und damit selbst endlich erzeugt ist.

17.5.3 Satz. *Es sei $\mathscr{C}$ eine Grothendieck-Kategorie mit einer ausgezeichneten Generatormenge $\mathfrak{G}$. Für jedes $A \in |\mathscr{C}|$ bilden die Monomorphismen mit Ziel A und endlich erzeugter Quelle eine filtrierende Klasse mit Vereinigung 1_A. In ihr gibt es finale Mengen, und A ist Colimesobjekt der entsprechenden filtrierenden Familien der Quellen.*

Jedes Objekt ist filtrierender Colimes seiner endlich erzeugten Unterobjekte.

Beweis. Nach 10.5.4 gibt es einen Epimorphismus $u\colon \coprod G_e \twoheadrightarrow A$, wobei alle G_e zu $\mathfrak{G}$ gehören. Für $G = \coprod G_e$ ist 1_G Vereinigung von Injektionen i_D endlicher Teilcoprodukte (14.5.4). Weil u epimorph ist, ist $u(1_G) = 1_A$ (14.4.2), und nach 14.4.7 ist $1_A = \bigcup u(i_D)$.

Nach 14.2.6 hat die Vereinigung zweier Monomorphismen mit endlich erzeugter Quelle wieder eine endlich erzeugte Quelle. Wegen 14.1.2 folgt die erste Behauptung aus dem zuvor Gesagten. Die zweite folgt daraus, daß $\mathscr{C}$ lokal klein ist (10.6.3). Die dritte folgt wegen der zweiten daraus, daß $\mathscr{C}$ Grothendieck-Kategorie ist (14.6.3).

17.5.4 Definition. Es sei $\mathscr{C}$ eine endlich covollständige Kategorie mit ausgezeichneter Generatormenge $\mathfrak{G}$. Ein Objekt A heißt *endlich präsentierbar*, wenn es endliche Coprodukte M, N von Objekten aus $\mathfrak{G}$ und Morphismen $f, g\colon M \to N$ gibt, so daß A Ziel eines Differenzcokernes c von f und g ist. Man bezeichnet dann

$$M \underset{g}{\overset{f}{\rightrightarrows}} N \overset{c}{\longrightarrow} A$$

als *endliche Präsentation* von A. Im additiven Fall kann $g = 0$, also $c = \operatorname{coker} f$ genommen werden.

In $_R Mod$ und in der Kategorie der Gruppen handelt es sich um eine Darstellung durch endlich viele Erzeugende (N) und endlich viele Relationen (M).

17.5.5 Satz. *Es sei $\mathscr{C}$ eine abelsche Kategorie mit projektivem Generator G. Mit der Rechtsoperation des Ringes $R = [G, G]_{\mathscr{C}}$ auf den Gruppen $[G, A]_{\mathscr{C}}$ entsteht der Funktor $T = [{}_R G, ?]_{\mathscr{C}}\colon \mathscr{C} \to Mod_R$. T ist eine exakte Einbettung, und für jedes endlich erzeugte $A \in |\mathscr{C}|$ ist $T_{A,B}\colon [A, B]_{\mathscr{C}} \to \operatorname{Hom}_R(T(A), T(B))$ isomorph.*

Beweis. Weil G projektiver Generator ist, ist $H^G\colon \mathscr{C} \to Ab$ eine exakte Einbettung (13.2.6). Wegen 15.1.4 gilt dasselbe für T. Ist A endlich erzeugt, so gibt es einen Epimorphismus $p\colon \oplus G_j \twoheadrightarrow A$, wobei $\oplus G_j$ endliches Biprodukt mit Faktoren $G_j = G$ und Injektionen i_j, Projektionen pr_j ist. Sei $\varphi\colon T(A) \to T(B)$ ein Modul-Homomorphismus. Nun ist $pi_j\colon G \to A$ Element von $T(A)$ und damit $\varphi(pi_j)\colon G \to B$ erklärt. Es besteht der Morphismus $q = \sum \varphi(pi_j) pr_j\colon \oplus G_j \to B$. Wir zeigen, daß es $g\colon A \to B$ in $\mathscr{C}$ gibt mit $q = gp$. Sei dazu $k\colon K \to \oplus P_j$ Kern von p und damit p Cokern von k. Die Existenz von g folgt aus $qk = 0$ nach Definition Cokern. Weil G Generator ist, genügt es zu zeigen, daß für jeden Morphismus $u\colon G \to K$ gilt $qku = 0$. Nun ist aber

$$qku = \sum \varphi(pi_j) pr_j ku = \varphi(\sum pi_j pr_j ku) = \varphi(pku) = 0,$$

weil φ ein Modul-Homomorphismus und $pr_j ku\colon G \to G$ Element von R ist. Wir zeigen nun, daß φ und $T(g)$ dieselbe Abbildung $T(A) \to T(B)$ sind. Sei dazu $a\colon G \to A$ Element von $T(A)$. Weil G projektiv ist und p epimorph, gibt es $f\colon G \to \oplus G_j$ mit $pf = a$. Weil $pr_j f\colon G \to G$ Element von R ist, folgt

$$T(g)(a) = ga = gpf = qf = \sum \varphi(pi_j) pr_j f =$$

$$= \varphi(\sum pi_j pr_j f) = \varphi(pf) = \varphi(a).$$

Bemerkung. Weil $\mathscr{C}$ endlich covollständig ist, T endliche Biprodukte und Cokerne respektiert und $T(G) = R_R$ ist, ist jeder endlich präsentierbare R-Rechtsmodul isomorph zu einem der Form $T(A)$.

17.6 Natürliche Transformationen mit Parametern

17.6.1 Es seien $F, G\colon \mathscr{M} \to \mathscr{C}$ Funktoren. Eine natürliche Transformation $\alpha\colon F \to G$ ist nach 2.6.1 eine Familie $\{\alpha_M\}_{M \in |\mathscr{M}|}$ von $\mathscr{C}$-Morphismen, die folgenden Bedingungen genügt:

$$(1) \qquad \begin{aligned} &\alpha_M \in [F(M), G(M)]_{\mathscr{C}}, \\[4pt] &[F(p), G(N)](\alpha_N) = [F(M), G(p)](\alpha_M) \end{aligned}$$

für beliebiges $p\colon M \to N$ in M.

17.6.2 Sei $P\colon \mathscr{A} \times \mathscr{B} \to \mathscr{C}$ ein Bifunktor. Für die Kategorie $\mathscr{M}$ erhält man durch „Einsetzen" von $[\mathscr{M}, \mathscr{B}]$ für $\mathscr{B}$ den Bifunktor

$$(2) \qquad \bar{P}\colon \mathscr{A} \times [\mathscr{M}, \mathscr{B}] \to [\mathscr{M}, \mathscr{C}],$$

der durch

$$(2\mathrm{a}) \qquad (A, U) \mapsto P(A, U(?)),$$

$$(2\mathrm{b}) \qquad (f, U) \mapsto P(f, U(?)),$$

$$(2\mathrm{c}) \qquad (A, \eta) \mapsto \{P(A, \eta_X)\}_{X \in |\mathscr{M}|}$$

beschrieben wird. Beispielsweise entsteht so aus dem Hom-Funktor für $\mathscr{B}$ ein kontra-ko-varianter Funktor, der für Objekte durch $(A, U) \to [A, U(?)]_{\mathscr{B}}$ beschrieben wird. Das Duale von 4.5.3 entsteht hieraus nach 3.6.3 mit den kanonischen Isomorphien

$$[\mathscr{B}^0 \times [\mathscr{M}, \mathscr{B}], \ [\mathscr{M}, Ens]] \cong \big[[\mathscr{M}, \mathscr{B}], \ [\mathscr{B}^0, [\mathscr{M}, Ens]]\big]$$

und

$$[\mathscr{B}^0, [\mathscr{M}, Ens]] \cong [\mathscr{B}^0 \times \mathscr{M}, Ens].$$

Entsprechendes „Einsetzen" in das kontravariante Argument eines kontra-ko-varianten Funktors ergibt sich aus dem Gesagten durch partielle Dualisierung. Man beachte dabei, daß nach 4.5.6 $[\mathscr{M}^0, \mathscr{B}^0]$ als duale Kategorie von $[\mathscr{M}, \mathscr{B}]$ angesehen werden kann. Wir benutzen im folgenden die Vereinbarungen 2.4.5, 2.5.6.

17.6.3 Neben $P\colon \mathscr{A} \times \mathscr{B} \to \mathscr{C}$ liege noch der Bifunktor $Q\colon \mathscr{X} \times \mathscr{Y} \to \mathscr{C}$ vor. Durch „Einsetzen" in Q entsteht ein Bifunktor

$$\bar{Q}\colon \mathscr{X} \times [\mathscr{M}, \mathscr{Y}] \to [\mathscr{M}, \mathscr{C}].$$

Für $U\colon \mathscr{M} \to \mathscr{B}$ und $V\colon \mathscr{M} \to \mathscr{Y}$ kann man bei festem $A \in |\mathscr{A}|$ und $X \in |\mathscr{X}|$ die $\mathfrak{B}$-Menge der natürlichen Transformationen

$P(A, U(?)) \to Q(X, V(?))$ betrachten, die wir hier der Deutlichkeit halber mit

$$(3) \quad \mathrm{Nat}\,(P(A, U), Q(X, V)) \quad \text{oder} \quad \mathrm{Nat}\,\big(P(A, U(?)), Q(X, V(?))\big)$$

bezeichnen. Vermöge (2), (2a), (2b), (2c) erhält man (3) als Funktor

$$\mathscr{A}^{\circ} \times [\mathscr{M}, \mathscr{B}]^{\circ} \times \mathscr{X} \times [\mathscr{M}, \mathscr{Y}] \to \mathscr{ENS}.$$

Er entsteht durch Komposition des kontra-ko-varianten Hom-Funktors von $[\mathscr{M}, \mathscr{C}]$ mit $\mathrm{Op}\,\overline{P}\,\mathrm{Op} \times \overline{Q}$.

17.6.4 Lemma. *Es seien* $P\colon \mathscr{A} \times \mathscr{B} \to \mathscr{C}$, $Q\colon \mathscr{X} \times \mathscr{Y} \to \mathscr{C}$, $R\colon \mathscr{X}^{\circ} \times \mathscr{B} \to \mathscr{D}$, $S\colon \mathscr{A}^{\circ} \times \mathscr{Y} \to \mathscr{D}$ *Bifunktoren, und es bestehe eine natürliche Transformation*

$$(4) \quad \psi_{A,B,X,Y}\colon \; [P(A, B), Q(X, Y)]_{\mathscr{C}} \to [R(X, B), S(A, Y)]_{\mathscr{D}}$$

von Funktoren $\mathscr{A}^{\circ} \times \mathscr{B}^{\circ} \times \mathscr{X} \times \mathscr{Y}$. *Dann besteht eine natürliche Transformation*

$$(5) \quad \chi_{A,U,X,V}\colon \; \mathrm{Nat}\,(P(A, U), Q(X, V)) \to \mathrm{Nat}\,(R(X, U), S(A, V))$$

von Funktoren $\mathscr{A}^{\circ} \times [\mathscr{M}, \mathscr{B}]^{\circ} \times \mathscr{X} \times [\mathscr{M}, \mathscr{Y}] \to \mathscr{ENS}$, *die für* $\alpha\colon$ $P(A, U) \to Q(X, V)$ *und* $M \in |\mathscr{M}|$ *durch*

$$(6) \quad (\chi_{A,U,X,V}(\alpha))_M = \psi_{A,U(M),X,V(M)}(\alpha_M)$$

beschrieben wird. Ist (4) *eine Isomorphie, so ist auch* (5) *eine Isomorphie.*

Beweis. Es muß zunächst gezeigt werden, daß in (6) links tatsächlich eine natürliche Transformation steht. Liege etwa $p\colon M \to N$ in $\mathscr{M}$ vor. Weil (4) natürliche Transformation ist, folgt aus (1)

$$[R(X, p), S(A, V(N))]\psi_{A,U(N),X,V(N)}(\alpha_N) =$$
$$= \psi_{A,U(M),X,V(N)}[P(A, p), Q(X, V(N))](\alpha_N) =$$
$$= \psi_{A,U(M),X,V(N)}[P(A, U(M)), Q(X, V(p))](\alpha_M) =$$
$$= [R(X, U(M)), S(A, V(p))]\psi_{A,U(M),X,V(M)}(\alpha_M),$$

und das ist (1) für $\chi_{A,U,X,V}(\alpha)$.

Der Nachweis, daß (5) eine natürliche Transformation ist, kann wegen 2.6.8 in den Argumenten einzeln erfolgen. Liege etwa $f\colon A' \to A$ in $\mathscr{A}$ vor. Dann ist $\{[P(f, U(M)), Q(X, V(M))](\alpha_M)\}$ eine natürliche Transformation $\alpha'\colon P(A', U) \to Q(X, V)$, und man erhält aus (6) und (4) wieder durch einfache Rechnung, daß $\{\chi_{A,U,X,V}\}$ natürlich bezüglich A ist. Entsprechend schließt man für die anderen Argumente. Die letzte Behauptung folgt unmittelbar aus (6).

17.6.5 Bemerkungen. (a) Für Funktoren $P: \mathscr{A} \times \mathscr{B} \to \mathscr{C}$, $Q: \mathscr{X} \times \mathscr{Y} \to \mathscr{C}$, $R': \mathscr{X} \times \mathscr{B}^0 \to \mathscr{D}$, $S': \mathscr{A} \times \mathscr{Y}^0 \to \mathscr{D}$ erhält man aus einer natürlichen Transformation (Isomorphie)

$$(4') \qquad \psi_{A,B,X,Y}: \ [P(A, B), Q(X, Y)]_{\mathscr{C}} \to [S'(A, Y), R'(X, B)]_{\mathscr{D}}$$

eine natürliche Transformation (Isomorphie)

$$(5') \quad \chi_{A,U,X,V}: \ \mathrm{Nat}\,(P(A, U), Q(X, V)) \to \mathrm{Nat}\,(S'(A, V), R'(X, U)),$$

wobei ebenfalls (6) gilt. Das folgt aus 17.6.4, indem man $\mathscr{D}$ durch $\mathscr{D}^0$ ersetzt und die Vereinbarung 2.4.5 benutzt.

(b) Ist $\mathscr{A}$ eine terminale Kategorie, so besteht die kanonische Isomorphie $pr_2: \mathscr{A} \times \mathscr{B} \to \mathscr{B}$, und es können P, S einfach als Funktoren $\mathscr{B} \to \mathscr{C}$ bzw. $\mathscr{Y} \to \mathscr{D}$ aufgefaßt werden. Entsprechendes gilt für $\mathscr{X}, Q, R$. Man beachte andererseits, daß $\mathscr{A}$ und $\mathscr{X}$ Produkte von Kategorien sein können.

17.6.6 Beispiel. Aus einer verallgemeinerten Adjunktion 16.7.1

$$(7) \qquad \psi_{D,A,C}: \ [S(D, A), C]_{\mathscr{C}} \overset{\approx}{\to} [D, T(A, C)]_{\mathscr{D}}$$

erhält man mit $U: \mathscr{M} \to \mathscr{D}$, $V: \mathscr{M} \to \mathscr{C}$ die verallgemeinerte Adjunktion

$$(8) \qquad \chi_{U,A,V}: \ \mathrm{Nat}\,(S(U, A), V) \overset{\approx}{\to} \mathrm{Nat}\,(U, T(A, V)).$$

17.6.7 Das Vorangehende gilt offenbar entsprechend für additive Kategorien und additive bzw. multiadditive Funktoren, wobei Ab und $\mathscr{A}\mathscr{B}$ an die Stelle von Ens und $\mathscr{E}\mathscr{N}\mathscr{S}$ treten.

17.7 Tensorprodukte über kleinen Kategorien

17.7.1 Definition. Es sei $\mathscr{B}$ eine kleine und $\mathscr{C}$ eine covollständige additive Kategorie. Für den additiven Funktor $F: \mathscr{B} \to \mathscr{C}$ besteht nach der additiven Version von 17.3.1 (b) gemäß 17.3.4 der Adjunktions-Isomorphismus

$$(1) \qquad \psi_F: \ [K(F)(?), ??]_{\mathscr{C}} \overset{\approx}{\to} [?, \check{F}(??)]_{Add(B^0, Ab)}.$$

Die Zuordnung $(F, A) \mapsto \check{F}(A) = [F(?), A]_{\mathscr{C}}$ gehört nach der additiven Version von 17.6.2 zu einem biadditiven kontra-ko-varianten Funktor $\langle ?, ?? \rangle$ mit zugehörigem Bifunktor

$$(2) \qquad \langle \mathrm{Op}(?), ?? \rangle: \ Add\,(\mathscr{B}, \mathscr{C})^0 \times \mathscr{C} \to Add\,(\mathscr{B}^0, Ab).$$

Nun besagt (1) insbesondere, daß $[M, \langle F, ?? \rangle]$ stets darstellbar ist. Nach 16.7.1 existiert ein Bifunktor *Tensorprodukt*

$$(3) \qquad ? \otimes_{\mathscr{B}} ??: \ Add\,(\mathscr{B}^0, Ab) \times Add\,(\mathscr{B}, \mathscr{C}) \to \mathscr{C}$$

mit einem Isomorphismus von Trifunktoren

(4) $$\psi_{M,F,A}\colon\ [M\otimes_{\mathscr{B}}F, A]_{\mathscr{C}}\ \overset{\approx}{\Rightarrow}\ [M,\langle F, A\rangle]_{Add(\mathscr{B}^{\circ},Ab)}.$$

17.7.2 Theorem. (a) *Mit der Yoneda-Einbettung* $H_*\colon\mathscr{B}\to Add(\mathscr{B}^{\circ}, Ab)$ *und dem Wertfunktor* $W\colon\ Add\,(\mathscr{B},\mathscr{C})\times\mathscr{B}\to\mathscr{C}$ *besteht ein Bifunktor-isomorphismus*

(5) $$\chi_{X,F}\colon\ H_X\otimes_{\mathscr{B}}F\ \overset{\approx}{\Rightarrow}\ W(F, X) = F(X).$$

(b) *Das Tensorprodukt* (3) *respektiert Colimites in* $Add\,(\mathscr{B}^{\circ}, Ab)$ *für jede feste* $F\in|Add\,(\mathscr{B},\mathscr{C})|$.

(c) *Durch* (a) *und* (b) *ist das Tensorprodukt bis auf Isomorphie eindeutig bestimmt.*

(d) *Der durch* $F\mapsto\ ?\otimes_{\mathscr{B}}F,\ \eta\mapsto\ ?\otimes_{\mathscr{B}}\eta$ *beschriebene Funktor ist isomorph zu* K *und damit linksadjungiert zu*

$$[H_*,\mathscr{C}]\colon\ Add\,(Add\,(\mathscr{B}^{\circ}, Ab),\mathscr{C})\to Add\,(\mathscr{B},\mathscr{C}).$$

Er bewirkt eine Äquivalenz von $Add\,(\mathscr{B},\mathscr{C})$ *mit der vollen Unter-kategorie von* $Add\,(Add\,(\mathscr{B}^{\circ}, Ab),\mathscr{C})$, *deren Objekte die Colimites respektierenden additiven Funktoren* $Add\,(\mathscr{B}^{\circ}, Ab)\to\mathscr{C}$ *sind.*

(e) *Das Tensorprodukt respektiert Colimites in* $Add\,(\mathscr{B},\mathscr{C})$ *für jedes feste* $M\in|Add\,(\mathscr{B}^{\circ}, Ab)|$.

Beweis. (a) Mit dem Yoneda-Isomorphismus 4.3.3 erhält man aus (4)

(6) $$[H_X\otimes_{\mathscr{B}}F, A]_{\mathscr{C}}\ \overset{\approx}{\Rightarrow}\ [H_X,\langle F, A\rangle]\ \overset{\approx}{\Rightarrow}\ [F(X), A]$$

als Isomorphismus von Trifunktoren. Damit folgt (a) aus der additiven Version 4.5.7 von 4.5.4.

(b) folgt unmittelbar aus (4) und 16.4.6.

(c) Nach der additiven Version von 3.6.3 entspricht (3) eindeutig einem additiven Funktor

$$T\colon\ Add\,(\mathscr{B}^{\circ}, Ab)\to Add\,(Add\,(\mathscr{B},\mathscr{C}),\mathscr{C}).$$

Nach „punktweiser" Konstruktion von Colimites in Funktorkategorien ist (b) gleichwertig damit, daß T Colimites respektiert. Durch (5) ist TH_* fixiert. Mit den additiven Versionen von 17.2.1 und 17.2.7 folgt (c) jedenfalls dann, wenn $\mathscr{B}$ endliche Biprodukte besitzt. Ist das noch nicht der Fall, so entsteht bei Ergänzung von $\mathscr{B}$ gemäß 16.3.10 aus H_* ein dichter Funktor, vgl. 17.4.11.

(d) Nach der additiven Version von 17.3.1 (a) und dem Dualen von 16.5.4 (d) ist $\tilde{H}_*K$ isomorph zu $1_{Add(\mathscr{B},\mathscr{C})}$. Damit ist $W(??,?)\colon$ $Add\,(\mathscr{B},\mathscr{C})\times\mathscr{B}\to\mathscr{C}$ isomorph zu $W(\tilde{H}_*K(??),?) = W(K(??)H_*,?) =$

$$= W'\bigl(K(??),\,H_?\bigr),\quad \text{wobei } W' \text{ der Wertfunktor}$$

$$Add\,\bigl(Add\,(\mathscr{B}^\circ,\,Ab),\,\mathscr{C}\bigr)\times Add\,(\mathscr{B}^\circ,\,Ab)\to\mathscr{C}$$

ist. Außerdem respektiert $K(F)$ Colimites als Linksadjungierter von $\check{F}$ und damit auch $W'(K(F),?)$. Damit folgt aus (c), daß $?\otimes_{\mathscr{B}}??$ isomorph zu $W'(K(??),?)$ ist. Also ist der unter (d) angegebene Funktor isomorph zu K, und die weiteren Behauptungen folgen aus der additiven Version von 17.3.1.

(e) folgt aus (d) wegen der „punktweisen" Konstruktion von Colimites in Funktorkategorien.

17.7.3 Bemerkungen. (a) Der Beweis von 17.7.2 (d) hat ergeben, daß (1) bei geeigneter Wahl der ψ_F ein Trifunktorisomorphismus ist, was nicht evident ist, weil beide Seiten von bereits fixierten Trifunktoren herrühren. Falls $\mathscr{B}$ endliche Biprodukte besitzt, also H_* dicht ist, folgt 17.7.2 (d) einfacher mit 17.1.6 (5).

(b) Aus 17.7.2 (b) und (e) folgt nicht, daß das Tensorprodukt Colimites in der Produktkategorie links in (3) respektiert. Das übliche Tensorprodukt $Ab\times Ab\to Ab$ wird sich als Spezialfall erweisen. Es respektiert weder endliche Coprodukte noch Differenzcokerne in $Ab\times Ab$.

(c) Weil $H_*\times 1_{Add(\mathscr{B},\mathscr{C})}$ injektiv für Objekte ist, kann man nach 16.6.6 das Tensorprodukt so normieren, daß (5) der identische Isomorphismus ist.

(d) Man erhält aus (4) entsprechende Isomorphien von Trifunktoren, indem man an die Stelle einer oder mehrerer der Kategorien $Add\,(\mathscr{B}^\circ,\,Ab)$, $Add\,(\mathscr{B},\mathscr{C})$, $\mathscr{C}$ eine Funktorkategorie mit dem entsprechenden Ziel „einsetzt" (17.6.2), also etwa mit $Add\,(\mathscr{A},\,Add\,(\mathscr{B}^\circ,\,Ab))$ einen Isomorphismus von Trifunktoren:

$$Add\,\bigl(\mathscr{A},\,Add\,(\mathscr{B}^\circ,\,Ab)\bigr)\times Add\,(\mathscr{B},\mathscr{C})\times\mathscr{C}\to Add\,(\mathscr{A}^\circ,\,Ab).$$

(e) Nach 17.6.6 erhält man aus (4) für $Add\,(\mathscr{A},\,Add\,(\mathscr{B}^\circ,\,Ab))$, $Add\,(\mathscr{B},\mathscr{C})$, $Add\,(\mathscr{A},\mathscr{C})$ die Adjunktion

$$(7)\qquad \chi_{U,F,V}\colon\ [U\otimes_{\mathscr{B}}F,\,V]_{Add(\mathscr{A},\mathscr{C})}\xrightarrow{\;\approx\;}[U,\,\langle F,V\rangle]_{Add(\mathscr{A},\,Add(\mathscr{B}^\circ,Ab))},$$

an die man noch nach 3.6.3 die kanonische Isomorphie

$$(8)\qquad Add\,\bigl(\mathscr{A},\,Add\,(\mathscr{B}^\circ,\,Ab)\bigr)\cong Add\,\bigl(\mathscr{B}^\circ,\,Add\,(\mathscr{A},\,Ab)\bigr)$$

anfügen kann.

17.7.4 Spezialisierung. Besitzt $\mathscr{B}$ nur ein Objekt, so ist $\mathscr{B}$ ein Ring R, $Add\,(\mathscr{B}^\circ,\,Ab)=Mod_R$, $Add\,(\mathscr{B},\mathscr{C})={}_R\mathscr{C}$. Aus (3) und (4) entstehen wegen (2)

$$(3\,\mathrm{R})\qquad\qquad ?\otimes_R?\colon\ Mod_R\times{}_R\mathscr{C}\to\mathscr{C},$$

$$(4\,\mathrm{R})\qquad \psi_{M,{}_RB,A}\colon\ [M\otimes_R{}_RB,\,A]_{\mathscr{C}}\xrightarrow{\;\approx\;}\mathrm{Hom}_R\,(M,\,[{}_RB,\,A]_{\mathscr{C}})$$

mit $M \in |Mod_R|$, $_RB \in |_R\mathscr{C}|$, $A \in |\mathscr{C}|$. Aus 17.7.2 (a) entsteht die Isomorphie

$$(5\,\mathrm{R}) \qquad\qquad {}_RR_R \otimes_R ? \cong 1_{{}_R\mathscr{C}},$$

weil $H_*: R \to Mod_R = Add\,(R^0, Ab)$ gerade $_RR_R$ ergibt (vgl. 15.1.8). Aus (5 R) entsteht durch Anwendung des Vergiß-Funktors

$$(5'\mathrm{R}) \qquad\qquad R_R \otimes_R ? \cong 1_{\mathscr{C}},$$

vgl. 15.1.4. Das eben Gesagte gilt insbesondere für $\mathscr{C} = Ab$ und für $\mathscr{C} = Mod_S$, wobei (4 R) folgende Form annimmt:

$$(4\,\mathrm{RS}) \qquad \mathrm{Hom}_S\,(M_R \otimes_R {}_RB_S,\, A_S) \cong \mathrm{Hom}_R\,(M_R,\, \mathrm{Hom}_S\,({}_RB_S,\, A_S)).$$

Hierbei steht M_R in der bisherigen Bedeutung von M. Das hier definierte Tensorprodukt für Moduln ist isomorph zu dem üblichen (siehe etwa MacLane [18]). Das folgt aus 17.7.2 (c) oder auch daraus, daß die üblicherweise zur Definition benutzten universellen Eigenschaften Konsequenzen der Adjunktion (4 RS) sind. 17.7.2 (b) gestattet die Berechnung des Tensorprodukts wegen 17.7.2 (a), 17.7.3 (c).

Nach 17.7.3 (d) erhält man aus (4 RS) Isomorphien, wenn man M_R, $_RB_S$ oder A_S noch mit einer Modulstruktur bezüglich eines dritten Ringes versieht, so etwa für $_\Gamma Mod_R$ an Stelle von Mod_R

$$(4\,\Gamma\mathrm{RS}) \quad \mathrm{Hom}_S\,({}_\Gamma M_R \otimes_R {}_RB_S,\, A_S) \cong \mathrm{Hom}_R\,({}_\Gamma M_R,\, \mathrm{Hom}_S\,({}_RB_S,\, A_S))$$

als Isomorphismus von Trifunktoren mit Werten in Mod_Γ. 17.7.3 (e) liefert unter anderem

$$(7\,\Gamma\mathrm{RS}) \quad \mathrm{Hom}_{\Gamma,S}({}_\Gamma M_R \otimes_R {}_RB_S,\, {}_\Gamma A_S) \cong \mathrm{Hom}_{\Gamma,R}({}_\Gamma M_R,\, \mathrm{Hom}_S\,({}_RB_S,\, {}_\Gamma A_S)),$$

wobei sich $\mathrm{Hom}_{\Gamma,S}$, $\mathrm{Hom}_{\Gamma,R}$ auf Bimodulhomomorphismen beziehen und $? \otimes_R ??: {}_\Gamma Mod_R \times {}_RMod_S \to {}_\Gamma Mod_S$ aus (3 R) durch „Einsetzen" von $_\Gamma Mod_R = Add\,(\Gamma, Mod_R)$ für Mod_R entstanden ist. 17.7.2 (c) gestattet weitere Folgerungen, etwa das Bestehen einer Trifunktorisomorphie

$$(9) \qquad\qquad (N_R \otimes_R M_S) \otimes_S {}_SB \cong N_R \otimes_R ({}_RM_S \otimes_S {}_SB).$$

Vermöge (5 R) besteht nämlich eine Isomorphie mit $_RR_R$ statt N_R und beide Seiten respektieren Colimites in Mod_R. Für $\mathscr{C} = Ab$ erhält man aus 17.7.2 (c) und (e) durch wiederholte Anwendung natürliche Isomorphien

$$M_R \otimes_R R_R \cong M_R, \qquad\qquad M_R \otimes_R {}_RN \cong N_{R^0} \otimes_{R^0} {}_{R^0}M$$

mit der Identifizierung $_{R^0}Mod = Mod_R$. 16.7.2 (3) geht damit aus (4 RS) hervor, ebenso der Spezialfall 15.1.8 (12).

17.7.5 Für $\mathscr{B} = R$ besagt 17.7.2 (d), daß der durch ${}_R B \mapsto ? \otimes_{R} {}_R B$, $\eta \mapsto ? \otimes_R \eta$ beschriebene Funktor $K\colon {}_R\mathscr{C} \to Add\,(Mod_R, \mathscr{C})$ links-adjungiert ist zu $[H_*, \mathscr{C}]\colon Add\,(Mod_R, \mathscr{C}) \to {}_R\mathscr{C}$ mit Yoneda-Einbettung $H_*\colon R \to Mod_R$ und daß damit eine Äquivalenz vorliegt zu der vollen Unterkategorie von $Add\,(Mod_R, \mathscr{C})$, deren Objekte die Colimites respektierenden Funktoren sind.

Für einen beliebigen additiven Funktor $S\colon Mod_R \to \mathscr{C}$ gilt

$$(10) \qquad [? \otimes_{R} {}_R B,\, S(?)]_{Add(Mod_R, \mathscr{C})} \cong \mathrm{Hom}_R\left({}_R B,\, S({}_R R_R)\right).$$

Das rührt her von dem Adjunktions-Isomorphismus $[K(TH_*), S] \cong \cong [TH_*, SH_*]$ mit $T = ? \otimes_{R} {}_R B$, denn nach (5) gilt dabei $TH_* \cong \cong {}_R B$, $K(TH_*) \cong T$, und es ist $SH_* = S({}_R R_R)$. (10) besteht als Iso-morphismus von kontra-ko-varianten Funktoren.

17.7.6 Ist R ein kommutativer Ring, so kann jedes Objekt von ${}_R\mathscr{C}$ als Bimodulobjekt aufgefaßt werden, bei dem die beiden einfachen Modulstrukturen übereinstimmen. Damit entsteht aus (3 R) entsprechend (4 ΓRS) ein Tensorprodukt $\otimes_R\colon {}_R Mod \times {}_R\mathscr{C} \to {}_R\mathscr{C}$ durch Einschränkung auf spezielle Bimoduln, womit man

$$(11) \qquad \mathrm{Hom}_R\left({}_R M \otimes_{R} {}_R B,\, {}_R A\right) \cong \mathrm{Hom}_R\left({}_R M,\, \mathrm{Hom}_R\left({}_R B,\, {}_R A\right)\right)$$

mit ${}_R M$ in ${}_R Mod = Mod_R$, ${}_R A$, ${}_R B$ in ${}_R\mathscr{C}$ erhält und Hom_R das Ziel ${}_R Mod$ hat.

Für $R = \mathbf{Z}$ ist ${}_{\mathbf{Z}}\mathscr{C}$ kanonisch isomorph zu $\mathscr{C}$ und ${}_{\mathbf{Z}} Mod$ zu Ab. Damit liegt das Tensorprodukt $? \otimes ??\colon Ab \times \mathscr{C} \to \mathscr{C}$ vor, und es nimmt (4) die einfache Form an

$$(4\,\mathbf{Z}) \qquad\qquad [M \otimes B,\, A]_{\mathscr{C}} \cong [M,\, [B, A]_{\mathscr{C}}]_{Ab}.$$

17.8 Verwandte des Tensorprodukts

17.8.1 Sei jetzt $\mathscr{C}$ eine vollständige und $\mathscr{B}$ wieder eine kleine additive Kategorie. Wir fassen $Add\,(\mathscr{B}^o, \mathscr{C}^o)$ als duale Kategorie von $Add\,(\mathscr{B}, \mathscr{C})$ auf (4.5.6), und für $F\colon \mathscr{B} \to \mathscr{C}$ setzen wir $F^o = Op\,F\,Op$. Nach 17.7 (4) besteht dann die Isomorphie

$$(1') \qquad [M \otimes_{\mathscr{B}^o} F^o,\, A^o]_{\mathscr{C}^o} \overset{\approx}{\to} [M(?),\, [F^o(?), A^o]_{\mathscr{C}^o}]_{Add(\mathscr{B}, Ab)}$$

mit $M\colon \mathscr{B} \to Ab$, $F\colon \mathscr{B} \to \mathscr{C}$ und $A \in |\mathscr{C}|$. Durch Anwendung von $Op\colon \mathscr{C}^o \to \mathscr{C}$ entsteht aus $\otimes_{\mathscr{B}^o}$ ein Bifunktor, den wir als kontra-ko-varianten Funktor

$$(2) \qquad \{?, ??\}_{\mathscr{B}} \quad \text{mit ? in } Add\,(\mathscr{B}, Ab),\ ?? \text{ in } Add\,(\mathscr{B}, \mathscr{C}) \text{ und Ziel } \mathscr{C}$$

notieren. Aus $(1')$ entsteht damit

$$(1) \qquad \psi_{A,M,F}\colon [A,\, \{M, F\}_{\mathscr{B}}]_{\mathscr{C}} \overset{\approx}{\to} [M(?),\, [A, F(?)]_{\mathscr{C}}]_{Add(\mathscr{B}, Ab)}$$

als Isomorphie von Trifunktoren, wobei rechts, ebenso wie in (1'), die additive Gruppe der natürlichen Transformationen $M(?) \to [A, F(?)]$ steht. Der Funktor (2) heißt *symbolischer* Hom-*Funktor* über $\mathscr{B}$. $\{?, F\}_{\mathscr{B}}$ führt Colimites in Limites über, $\{M, ?\}_{\mathscr{B}}$ respektiert Limites nach 17.7.2 (e) und Herleitung. 17.7 läßt sich auf den hier vorliegenden partiell dualen Fall (Ab ist nicht dualisiert) umformulieren.

Ist $\mathscr{B}$ ein Ring R, so liegt insbesondere der kontra-ko-variante Funktor

$$\{?, ??\}_R \quad \text{mit} \quad ? \text{ in } {}_R Mod, \ ?? \text{ in } {}_R \mathscr{C} \text{ und Ziel } \mathscr{C}$$

vor, und es hat (1) die Form

$$(1\,\text{R}) \quad [A, \{{}_R M, {}_R B\}_R]_{\mathscr{C}} \cong \operatorname{Hom}_R ({}_R M, [A, {}_R B]_{\mathscr{C}}) \quad \text{mit} \quad {}_R M \in |{}_R Mod|.$$

17.8.2 Für $\mathscr{C} = Ab$ besteht folgendes Analogon zu (4 RS) in 17.7.4:

$$(3) \quad \operatorname{Hom}_R ({}_R M, \operatorname{Hom}_S (A_S, {}_R B_S)) \xrightarrow{\cong} \operatorname{Hom}_S (A_S, \operatorname{Hom}_R ({}_R M, {}_R B_S))$$

als Isomorphie von Trifunktoren. Man kann (3) folgendermaßen beweisen: Man fasse beide Seiten als Funktoren von ${}_R Mod$ in die Kategorie auf, die dual zu der Kategorie der biadditiven Funktoren von $Mod_S^{0} \times {}_R Mod_S$ nach Ab ist. Mit 15.1 (9) und (10) erhält man Isomorphie auf der vollen Unterkategorie von ${}_R Mod$ mit dem einzigen Objekt ${}_R R$. Damit folgt (3) aus 17.2.7 mit der Schlußweise für 17.7.2 (c).

Aus (3) für $S = \mathbf{Z}$ und aus (1 R) für $\mathscr{C} = Ab$ folgt wegen der additiven Version von 4.5.4, daß hier $\{?, ??\}_R$ zum Hom-Funktor von ${}_R Mod$ isomorph ist. Für $\mathscr{C} = Mod_S$ erhält man eine entsprechende Isomorphie, und es kann (1 R) als Verallgemeinerung von (3) angesehen werden.

17.8.3 Es seien $\mathscr{C}, \mathscr{D}, \mathscr{E}$ additive Kategorien. Für additive Funktoren $U\colon \mathscr{E} \to \mathscr{D}$, $V\colon \mathscr{E} \to \mathscr{C}$, $T\colon \mathscr{D} \to \mathscr{C}$ besteht eine Isomorphie von Trifunktoren

$$(4) \quad \operatorname{Nat}\big([U(?), ??]_{\mathscr{D}}, \ [V(?), W(T, ??)]_{\mathscr{C}}\big) \xrightarrow{\cong} [V, TU]_{Add(\mathfrak{C}, \mathfrak{C})},$$

wobei $W\colon Add(\mathscr{D}, \mathscr{C}) \times \mathscr{D} \to \mathscr{C}$ der Wertfunktor ist und links natürliche Transformationen von Bifunktoren stehen. Ist speziell $\mathscr{E}$ ein Ring R^0, so erhält man die Isomorphie

$$(5) \quad [[{}_R X, ??]_{\mathscr{D}}, [{}_R A, W(T, ??)]_{\mathscr{C}}]_{Add(\mathscr{D}, \mathbf{Mod}_R)} \xrightarrow{\cong} \operatorname{Hom}_R ({}_R A, T({}_R X))$$

von Trifunktoren ${}_R \mathscr{D} \times ({}_R \mathscr{C})^0 \times Add(\mathscr{D}, \mathscr{C}) \to Ab$.

Beweis. Aus der Yoneda-Isomorphie 4.3.3

$$\operatorname{Nat}([X, ??]_{\mathscr{D}}, [A, W(T, ??)]_{\mathscr{C}}) \cong [A, W(T, X)]_{\mathscr{C}}$$

erhält man (4) nach 17.6.5, wenn man noch die kanonische Isomorphie $Add\,(\mathscr{E},\,Add\,(\mathscr{D},\,Ab)) \cong Biadd\,(\mathscr{E} \times \mathscr{D},\,\mathscr{E})$ berücksichtigt. Bei (5) wird noch $Biadd\,(R^{\mathrm{o}} \times \mathscr{D},\,Ab) \cong Add\,(\mathscr{D},\,Mod_R)$ benutzt.

17.8.4 Satz. *Es seien $\mathscr{E}$, $\mathscr{D}$ additive Kategorien und $\mathscr{E}$ covollständig. Für additive Funktoren $T\colon \mathscr{D} \to \mathscr{E}$, $_R A \in |_R \mathscr{E}|$, $_R X \in |_R \mathscr{D}|$ besteht die Isomorphie*

$$(6) \qquad [[_R X, ?]_{\mathscr{D}} \otimes_R {}_R A,\, T(?)]_{Add(\mathscr{D},\mathscr{E})} \overset{\approx}{\to} \mathrm{Hom}_R\,(_R A,\, T(_R X))$$

von Trifunktoren $_R \mathscr{D} \times (_R \mathscr{E})^{\mathrm{o}} \times Add\,(\mathscr{D},\,\mathscr{E}) \to Ab$.

Beweis. Aus der Adjunktion

$$[M \otimes_R {}_R A,\, C]_{\mathscr{E}} \overset{\approx}{\to} [M,\, [_R A,\, C]_{\mathscr{E}}]_{Mod_R}$$

erhält man nach 17.6.6

$$\mathrm{Nat}\,(U \otimes_R {}_R A,\, T) \overset{\approx}{\to} [U(?),\, [_R A,\, T(?)]]_{Add(\mathscr{D},\,Mod_R)}.$$

Hieraus folgt (6) durch Einschränkung von U auf Funktoren $[_R X, ?]$ wegen (5).

17.8.5 Mit $R = \mathbf{Z}$, also Ab statt Mod_R, entsteht aus (6)

$$(7) \qquad [H_X \otimes A,\, T]_{Add(\mathscr{D},\,Ab)} \overset{\approx}{\to} [A,\, T(X)]_{\mathscr{E}} = [A,\, W(T, X)]_{\mathscr{E}}.$$

Man verwechsle hier das Tensorprodukt $\otimes$ über $\mathbf{Z}$ nicht mit dem von 17.7.2 (5). Mit $\mathscr{E} = Ab$ und $A = \mathbf{Z}$ entsteht aus (7) wieder das Yoneda-Lemma. (4) bis (7) sind Verallgemeinerungen. Sie besitzen partielle Dualisierungen.

17.8.6 Sei jetzt $\mathscr{E}$ vollständig. Wendet man 17.8.4 auf $\mathscr{E}^{\mathrm{o}}$ und $\mathscr{D}^{\mathrm{o}}$ an, so erhält man entsprechend 17.8.1 aus (6) und (7)

$$(8) \qquad [T(?),\, \{[?,\, {}_R X]_{\mathscr{D}},\, {}_R A\}_R]_{Add(\mathscr{D},\mathscr{E})} \cong \mathrm{Hom}_R\,(T(_R X),\, {}_R A),$$

$$(9) \qquad [W(T, X),\, A]_{\mathscr{E}} = [T(X),\, A]_{\mathscr{E}} \cong [T,\, \{H_X,\, A\}]_{Add(\mathscr{D},\,\mathscr{E})}$$

mit $T\colon \mathscr{D} \to \mathscr{E}$, $X \in |\mathscr{D}|$, $A \in |\mathscr{E}|$.

Mit $\mathscr{E} = Ab$ entstehen wegen 17.8.2

$$(8') \qquad [T(?),\, \mathrm{Hom}_R\,([?,\, {}_R X]_{\mathscr{D}},\, {}_R A)]_{Add(\mathscr{D},\,Ab)} \cong \mathrm{Hom}_R\,(T(_R X),\, {}_R A),$$

$$(9') \qquad [T(X),\, A]_{Ab} \cong [T,\, H_A H_X]_{Add(\mathscr{D},\,Ab)},$$

wobei $H_A H_X(?) = [[?,\, X]_{\mathscr{D}},\, A]_{Ab}$ ist.

17.8.7 Der nicht-additive Fall. Das Vorangehende gilt von 17.7.1 an entsprechend für den nicht-additiven Fall mit Ens statt Ab und den entsprechenden Kategorien aller Funktoren statt additiver. An die Stelle eines Ringes tritt eine Kategorie mit nur einem Objekt, insbesondere kann eine Gruppe genommen werden. Wo R auf $\mathbf{Z}$ spezialisiert ist, ist auf eine einelementige Menge zu spezialisieren.

17.8.8 Ein Funktor $T\colon \mathscr{C} \to \mathscr{D}$ braucht keinen Linksadjungierten zu besitzen. Entsprechend 16.4.5 kann man aber die volle Unterkategorie $\mathscr{E}$ von $\mathscr{D}$ betrachten, für deren Objekte $[X, T(?)]_{\mathscr{D}}\colon \mathscr{C} \to Ens$ darstellbar ist. Man erhält dann einen Funktor $S\colon \mathscr{E} \to \mathscr{C}$, so daß mit der Inklusion $J\colon \mathscr{E} \to \mathscr{D}$ gilt

$$[S(?), ??]_{\mathscr{C}} \cong [J(?), T(??)]_{\mathscr{D}}.$$

Allgemeiner kann eine solche Situation bestehen, wenn J ein vorgegebener Funktor von einer Kategorie $\mathscr{E}$ nach $\mathscr{D}$ ist. 17.2.9 ist so formuliert. Entsprechend können Isomorphien

$$[S(?, ??), ???]_{\mathscr{C}} \cong [J(?), T(??, ???)]_{\mathscr{D}}$$

betrachtet werden. Man kann dies und 17.7.2 (a), (b) zum Anlaß nehmen, ein Tensorprodukt $\otimes_R\colon \mathscr{E} \times {}_R\mathscr{C} \to \mathscr{C}$ für eine Unterkategorie $\mathscr{E}$ von Mod_R zu konstruieren, auch wenn $\mathscr{C}$ nicht covollständig ist, etwa für endlich präsentierbare Moduln, wenn $\mathscr{C}$ endlich covollständig ist. Entsprechend läßt sich das meiste in 17.7 und 17.8 verallgemeinern. Für Einzelheiten verweisen wir auf Ulmer [47 u. 48].

18. Grundzüge der Universellen Algebra

18.1 Algebraische Theorien

18.1.1 Vorbemerkung. In 11.1 wurde eine explizite Definition für den Typ $\mathfrak{S}$ einer algebraischen Struktur nicht gegeben. Es wird sich alsbald erweisen, daß dieser Typ durch eine spezielle Kategorie erfaßt werden kann und daß dann Objekte mit algebraischer Struktur Funktoren sind, die endliche Produkte respektieren. Wir beschränken uns hier, wie in 11, auf endlich-stellige algebraische Operationen und Strukturen mit einem Grundobjekt. Wir gehen ferner nur auf Grundtatsachen der Theorie ein, die sich noch in rascher Entwicklung befindet, und verweisen auf Lawvere [38] und die dort angegebene Literatur, für Verallgemeinerung insbesondere auf Linton [40 u. 41].

18.1.2 Definition. Eine *algebraische Theorie* ist eine Kategorie $\mathscr{A}$ mit folgenden Eigenschaften:

(i) $|\mathscr{A}|$ besteht aus abzählbar vielen verschiedenen Objekten $A^0, A^1, A^2, A^3, \ldots$

(ii) A^k ist für $k \geq 0$ Produkt von k Faktoren A^1, das für $k \geq 1$ die Projektionen $p_1^k, p_2^k, \ldots, p_k^k$ besitzt. Dabei sei $p_1^1 = 1_{A^1}$.

Die Morphismen $A^n \to A^1$ heißen *n-stellige Operationen*. Ein *Theorie-Morphismus* $F\colon \mathscr{A} \to \mathscr{B}$ ist ein Funktor, der

(1) $\quad F(A^0) = B^0$ und $F(p_j^k) = p_j^k$ für alle (k, j) mit $1 \leqq j \leqq k < \infty$

erfüllt. Die zu $\mathscr{A}$ gehörige *algebraische Kategorie* ist die volle Unterkategorie $\mathscr{A}^b$ von $[\mathscr{A}, Ens]$, deren Objekte diejenigen Funktoren sind, die endliche Produkte respektieren. Die Objekte von $\mathscr{A}^b$ heißen $\mathscr{A}$-*Algebren*, die Morphismen heißen $\mathscr{A}$-*Homomorphismen*.

Ist $\mathscr{C}$ eine Kategorie mit endlichen Produkten, so kann entsprechend die zu $\mathscr{A}$ gehörige algebraische Kategorie über $\mathscr{C}$ betrachtet werden.

18.1.3 Für die algebraische Theorie $\mathscr{A}$ fassen wir $[A^m, A^n]$ mit $n \geqq 1$ als Menge der *n*-tupel $(t_{\nu_1}^m, \ldots, t_{\nu_n}^m)$ mit $t_{\nu_j}^m \in [A^m, A^1]$ und

(2) $\qquad\qquad p_j^n(t_{\nu_1}^m, \ldots, t_{\nu_n}^m) = t_{\nu_j}^m \quad$ für $\quad n \geqq 1$

auf. p_0^n bezeichne den einzigen Morphismus von A^n in das terminale Objekt A^0. Dabei gilt

(3) $\qquad\qquad p_0^n(t_{\nu_1}^m, \ldots, t_{\nu_n}^m) = p_0^m.$

p_0^0 und $(p_1^n, p_2^n, \ldots, p_n^n)$ sind die identischen Morphismen von A^0 bzw. A^n mit $n \geqq 1$.

18.1.4 Die Definition 18.1.2 ordnet sich der Definition 11.1.9 unter. Die Kommutativitätsbedingungen sind hier einfach das Kompositionsgesetz für die Morphismen von $\mathscr{A}$. Umgekehrt läßt sich aus gegebenen algebraischen Operationen und Diagrammbedingungen eine algebraische Theorie konstruieren. Das geschieht in drei Schritten. Zunächst wird eine algebraische Theorie $\mathscr{N}$ bereitgestellt, die außer den Projektionen der Produkte keine weiteren Operationen besitzt (18.1.5). Danach wird zu vorgegebenen Operationen eine freie Theorie konstruiert (18.1.6), und schließlich werden vorgegebene Gleichheiten von zusammengesetzten Operationen berücksichtigt (18.1.10). Die Kommutativitätsbedingungen von 11.1.9 sind gerade solche Gleichheiten, weil einem Morphismus in ein k-faches Produkt ein k-tupel von Morphismen in die Faktoren entspricht. Man spricht daher genauer von *gleichungsdefinierten Algebren*.

18.1.5 Für jede ganze Zahl $n \geqq 0$ ist n die Menge der ganzen Zahlen von 0 bis $n-1$, insbesondere also $0 = \emptyset$, $1 = \{\emptyset\}$. (Das ist die übliche rekursive mengentheoretische Definition der natürlichen Zahlen als Kardinalzahlen). N sei die volle Unterkategorie von Ens, welche die Objekte n besitzt. N besitzt endliche Coprodukte: Es ist $n + k$ Coprodukt von n und k, wobei $i_1\colon n \to n + k$ die Inklusion und $i_2\colon k \to n + k$ die Abbildung $x \mapsto n + x$ ist. Insbesondere ist 0 initial und n Coprodukt von n Cofaktoren 1, wobei $[1, n]$ gerade aus den zugehörigen Injektionen i_j^n mit $i_j^n(1) = j - 1$ besteht. Es sei $\mathscr{N}$ die zu N

duale Kategorie. Statt n^0 schreiben wir N^n, die Morphismen von N^n nach N^1 seien $p_1^n, \ldots, p_n^n$ mit $p_j^n = (i_j^n)^0$. Die Morphismen von N^n nach N^k fassen wir für $k \geq 1$ als k-tupel entsprechend 18.1.3 auf.

Es ist $\mathcal{N}$ die *initiale Theorie*. In der Tat gibt es für eine algebraische Theorie $\mathcal{A}$ wegen (1) genau einen Theorie-Morphismus $I_{\mathcal{A}}: \mathcal{N} \to \mathcal{A}$.

18.1.6 Für jede ganze Zahl $n \geq 0$ sei eine Menge G_n gegeben, so daß die Mengen G_n paarweise und zu jeder Morphismenmenge von $\mathcal{N}$ disjunkt sind. Zu $G = \{G_n\}$ konstruieren wir die *freie algebraische Theorie* $\mathcal{F}_G$, welche die Elemente von G_n als definierende n-stellige Operationen und damit die Elemente von $\bigcup G_n$ als *definierende Operationen* besitzt. Wir betrachten dazu das $\mathcal{N}$ unterliegende Diagramm, lassen für $k > 1$ alle Pfeile mit Ende N^k weg, nehmen danach G_n als Menge von Pfeilen von N^n nach N^1 hinzu und schließlich für $k > 1$ als Pfeile $N^n \to N^k$ alle k-tupel von vorhandenen Pfeilen $N^n \to N^1$. Die jetzt vorliegenden Pfeile nennen wir formal einstufige Operationen. Für jede natürliche Zahl r werden nun formal r-stufige Operationen rekursiv definiert. Diejenigen von N^n nach N^1 sind Paare $({}_1t_1^m, {}_{r-1}t_m^n)$, wobei ${}_1t_1^m$ eine formal einstufige Operation $N^m \to N^1$, ${}_{r-1}t_m^n$ eine formal $(r-1)$-stufige Operation $N^n \to N^m$ und m eine beliebige nicht-negative ganze Zahl ist. Für $k > 1$ sind formal r-stufige Operationen $N^n \to N^k$ k-tupel von r-stufigen $N^n \to N^1$, formal r-stufige Operationen $N^n \to N^0$ sind Paare $(p_0^m, {}_{r-1}t_m^n)$.

Wir definieren nun Komposita $({}_rt_k^m)({}_st_m^n)$ von formal r- und s-stufigen Operationen rekursiv nach r als formal $(s+r)$-stufige Operationen. Sei zunächst $r = 1$. Für $k = 0$ oder 1 sei $({}_1t_k^m)({}_st_m^n) = ({}_1t_k^m, {}_st_m^n)$. Für $k > 1$ ist ${}_1t_k^m$ ein k-tupel $(u_1, u_2, \ldots, u_k)$ von formal einstufigen Operationen $N^m \to N^1$. $({}_1t_k^m)({}_st_m^n)$ sei das k-tupel $(v_1, v_2, \ldots, v_k)$ mit $v_j = (u_j)({}_st_m^n)$. Für $r > 1$ und $k = 0$ oder 1 ist $({}_rt_k^m) = ({}_1t_k^l, {}_{r-1}t_l^m)$, und es ist $({}_1t_k^l, {}_{r-1}t_l^m)({}_st_m^n) = ({}_1t_k^l)[({}_{r-1}t_l^m)({}_st_m^n)]$ die rekursive Definition. Hieraus ergibt sich die Definition für $k > 1$ wie soeben „komponentenweise" für das k-tupel ${}_1t_k^l$.

Für das nunmehr vorliegende Diagrammschema Σ stellen wir folgende Menge K von Kommutativitätsbedingungen auf:

(a) Jedes Kompositum $({}_rt_k^m)({}_st_m^n)$ sei äquivalent zu dem entsprechenden Diagrammweg der Länge 2.

(b) Für p_0^0, p_1^1 und alle k-tupel $(p_1^k, p_2^k, \ldots, p_k^k)$ mit $k > 1$ bestehen die Bedingungen von identischen Pfeilen.

(c) Beide Seiten von (2) stellen äquivalente Wege dar, wenn $(t_{v_1}^m, \ldots, t_{v_n}^m)$ für irgendein $r \geq 1$ eine formal r-stufige Operation ist.
Dasselbe gilt für (3).

(d) Ist $k > 1$ und sind a und b Wege von N^n nach N^k, so sind a und b äquivalent, wenn $(p_1^k a, p_1^k b), \ldots, (p_k^k a, p_k^k b)$ äquivalente Paare sind.

$\mathcal{F}_G$ sei nun die Kategorie $\mathcal{W}(\Sigma/K)$ gemäß 6.3.1. Wegen (a) ist jeder Morphismus von $\mathcal{F}_G$ Bild eines Pfeiles von Σ. Wegen (b) ist jede formal r-stufige Operation äquivalent zu einer formal $(r+s)$-stufigen für jede natürliche Zahl s. Damit folgt aus (c) und (d), daß N^k in $\mathscr{W}(\Sigma/K)$ k-faches Produkt von N^1 ist, das für $k \geqq 1$ die Bilder von $p_1^k, \ldots, p_k^k$ als Projektionen besitzt.

18.1.7 Satz. *Ist $\mathscr{A}$ eine beliebige algebraische Theorie und für jede der Mengen G_n in 18.1.6 eine Abbildung $\varphi_n\colon G_n \to [A^n, A^1]_{\mathscr{A}}$ gegeben, so setzen sich diese Abbildungen eindeutig zu einem Theorie-Morphismus $\Phi\colon \mathscr{F}_G \to \mathscr{A}$ fort (genauer: für $g \in G_n$ ist $\varphi_n(g)$ das Φ-Bild des durch g bestimmten Morphismus von $\mathscr{F}_G$).*

Unter Berücksichtigung von (1) ergibt sich das aus der Konstruktion von $\mathscr{F}_G$, womit die Bezeichnung „frei" für $\mathscr{F}_G$ gerechtfertigt ist.

18.1.8 Die algebraischen Kategorien sind die Objekte, die Theorie-Morphismen die Morphismen einer *Kategorie* $\mathfrak{T}$ *der algebraischen Theorien.* Es besteht ein Vergiß-Funktor $V\colon \mathfrak{T} \to Ens^\omega$. Hierbei ist $Ens^\omega = \prod Ens_n$ in *Cat* mit $Ens_n = Ens$ für $n = 0, 1, 2, \ldots$ und $pr_n V(\mathscr{A}) = [A^n, A^1]_{\mathscr{A}}$, $pr_n V(F)$ die von dem Theorie-Morphismus $F\colon \mathscr{A} \to \mathscr{B}$ bewirkte Abbildung $[A^n, A^1]_{\mathscr{A}} \to [B^n, B^1]_{\mathscr{B}}$. Mit 18.1.7 bestätigt man:

Satz. *Der Vergiß-Funktor $V\colon \mathfrak{T} \to Ens^\omega$ besitzt einen Linksadjungierten X, dessen Wert auf dem Objekt G von Ens^ω die freie algebraische Theorie $\mathscr{F}_G$ ist.*

18.1.9 Satz. *Die Kategorie $\mathfrak{T}$ der algebraischen Theorien besitzt Differenzkerne, die wie in cat gebildet werden können. $\mathfrak{T}$ besitzt außerdem Differenzcokerne.*

Beweis. Die erste Behauptung folgt nach 7.2.4 mühelos aus (1) und (2). Seien $F, G\colon \mathscr{A} \to \mathscr{B}$ Theorie-Morphismen. Auf der Morphismenmenge Mor $\mathscr{B}$ betrachte man die kleinste mit der Morphismenkomposition verträgliche Äquivalenzrelation, für die

(a) stets $F(t)$ und $G(t)$ für t aus $\mathscr{A}$ äquivalent sind,

(b) $u, v\colon B^n \to B^k$ mit $k > 1$ äquivalent sind, wenn $(p_j^k u, p_j^k v)$ äquivalent sind für alle $j = 1, 2, \ldots, k$.

Bei Übergang zur Quotientenkategorie gemäß 6.4.4 ist die zugehörige Projektion P Differenzcokern von F und G. Offenbar bildet P die Objekte B^k von $\mathscr{B}$ identisch ab, und Bedingung (b) sichert, daß B^k k-faches Produkt von B^1 bleibt, wobei (1) entsprechend für P gilt.

18.1.10 Es sei $G = \{G_n\}$ wie in 18.1.6 gegeben. Für die zugehörige freie algebraische Theorie $\mathscr{F}_G$ sei ferner gegeben je eine Teilmenge R_n von $[N^n, N^1] \times [N^n, N^1]$ für $n = 0, 1, 2, 3, \ldots$, wobei $[N^n, N^1]$ Morphismenmenge von $\mathscr{F}_G$ ist. Dann gibt es in $\mathfrak{T}$ einen Epimorphismus $P\colon \mathscr{F}_G \to \mathscr{Q}$ mit folgender Eigenschaft: Ist $T\colon \mathscr{F}_G \to \mathscr{A}$ ein Theorie-Morphismus, so daß $T(f) = T(g)$ ist für jedes Paar $(f, g) \in R = \bigcup R_n$, so faktorisiert T über P.

Beweis. Es sei $\mathcal{K}$ die freie algebraische Theorie zu R. Durch $(f, g) \mapsto f$ und $(f, g) \mapsto g$ werden nach 18.1.7 zwei Theorie-Morphismen J_1, J_2: $\mathcal{K} \to \mathcal{F}_G$ definiert. Der Differenzcokern von J_1, J_2 existiert in $\mathfrak{T}$ nach 18.1.9. Er ist der gewünschte Epimorphismus.

18.1.11 Von der soeben konstruierten algebraischen Theorie $\mathcal{Q}$ sagt man, daß sie durch die Menge G der *erzeugenden Operationen G* mit *definierender Gleichungsmenge R* präsentiert sei.

Jede algebraische Theorie $\mathcal{A}$ (im Sinne von 18.1.2) läßt sich so erhalten. Man nehme etwa $[A^n, A^1]$ als G_n, betrachte den evidenten Theorie-Morphismus $\Phi_A\colon \mathcal{F}_G \to \mathcal{A}$ (das ist die zur Adjunktion in 18.1.8 gehörige Adjunktionstransformation $XV \to 1_{\mathfrak{T}}$ an der Stelle $\mathcal{A}$) und nehme als definierende Gleichungen alle Paare (f, g) von Operationen, so daß f und g bei Φ_A dasselbe Bild haben. Man erkennt, daß sich jede algebraische Theorie auf unendlich viele verschiedene Weisen durch erzeugende Operationen und zugehörige Gleichungsmengen präsentieren läßt.

Bei einer Präsentation von $\mathcal{A}$ mit erzeugender Operationsmenge G und zugehöriger Gleichungsmenge R gibt man ein Element (f, g) von R meist dadurch an, daß man Repräsentanten $\bar{f}, \bar{g}$ von f und g in dem in 18.1.6 konstruierten Diagrammschema Σ für $\mathcal{F}_G$ wählt und sie unter Benutzung der dort eingeführten Komposition anschreibt. Bei der naheliegenden Interpretation in $\mathcal{A}$ entstehen Gleichungen $\bar{f} = \bar{g}$ in $\mathcal{A}$, was den Mißbrauch des Wortes Gleichung im Vorangehenden rechtfertigt.

Die Kommutativitätsbedingungen für Diagramme in 11.1.9 sind solche Gleichungen. Die dort mitgeführten Faktoren Z sind wegen 7.3.5 entbehrlich und dienten nur einer übersichtlicheren Schreibweise. Die Pfeile sind formal ein- oder zweistufige Operationen im Sinne von 18.1.6. Der vorläufig benutzte Typ $\mathfrak{S}$ einer algebraischen Struktur erweist sich jetzt als Präsentation einer algebraischen Theorie.

18.1.12 Zu den algebraischen Kategorien, die durch eine der hier betrachteten algebraischen Theorien definiert sind, gehören auch Kategorien von Moduln über einem festen Ring und Kategorien von Algebren im üblichen Sinne (insbesondere Lie-, Jordan- und assoziative Algebren) über einem festen kommutativen Ring.

Sei R ein Ring. Die Wirkung eines Elementes r von R auf die Objekte von $_R Mod$ ist eine einstellige Operation. Die Modulgesetze $0x = 0$, $1x = x$, $r_1(r_2 x) = (r_1 r_2)x$ sind Gleichungen zwischen einstelligen Operationen. Zum Beispiel besagt $0x = 0$, daß die einstellige Operation, die in der Multiplikation mit der 0 des Ringes besteht, gleich dem Kompositum von p_0^1 mit der nullstelligen Operation z ist, wobei z die Null der additiven Gruppe des Moduls ergibt. $r_1(r_2 x) = (r_1 r_2)x$ liefert je eine Gleichung für jedes Paar (r_1, r_2) von Ringelementen, genauer: Die Multiplikation von R drückt sich in Gleichungen für einstellige Operationen aus. Entsprechendes gilt für die Addition und die für einen Ring geltenden Axiome. Das Distributivgesetz $(r_1 + r_2)x =$

$= r_1 x + r_2 x$ für Moduln besteht aus Gleichungen für einstellige Operationen, dagegen bezieht sich $r(x_1 + x_2) = rx_1 + rx_2$ auf zweistellige. Bei Algebren über einem festen kommutativen Ring R sind Axiome wie $r(xy) = (rx)y = x(ry)$ oder $r[x, y] = [rx, y] = [x, ry]$ ebenfalls Mengen von Gleichungen für zweistellige Operationen.

18.2 Yoneda-Einbettung und freie Algebren

18.2.1 Es seien $S, T\colon \mathscr{A} \to Ens$ $\mathscr{A}$-Algebren und $\eta\colon S \to T$ ein $\mathscr{A}$-Homomorphismus. Zur Vereinfachung der Schreibweise setzen wir

$$(1) \qquad S_k = S(A^k),$$

$$\eta_k = \eta_{A^k}, \quad \text{für} \quad k = 0, 1, 2, \ldots$$

Für $t_k^n\colon A^n \to A^k$ in $\mathscr{A}$ gilt

$$(2) \qquad T(t_k^n)\,\eta_n = \eta_k S(t_k^n),$$

insbesondere

$$(3) \qquad T(p_j^k)\,\eta_k = \eta_1 S(p_j^k) \quad \text{für} \quad k \geq 1.$$

Weil T_k (nicht notwendig natürlich ausgewähltes) Produkt von k Faktoren T_1 ist, ist η_k durch η_1 völlig bestimmt, auch für $k = 0$, und für $k \geq 1$ k-faches Produkt von Faktoren η_1. Die Definition 18.1.2 für Homomorphismen stimmt also mit der in 11.3.1 überein.

Nach 11.5.1 und 11.5.7 gilt: $\mathscr{A}^b$ ist vollständig und besitzt filtrierende Colimites, und diese sind mit endlichen Limites vertauschbar. Dabei ist $\mathscr{A}^b$ als Unterkategorie von $[\mathscr{A}, Ens]$ gegen Limites und filtrierende Colimites abgeschlossen, d. h. die Bildung erfolgt wie in $[\mathscr{A}, Ens]$.

Es besteht der *Vergiß-Funktor* $U_{\mathscr{A}}\colon \mathscr{A}^b \to Ens$, der durch $T \mapsto T_1 = T(A^1)$, $\eta \mapsto \eta_1$ beschrieben wird. Er ordnet also jeder $\mathscr{A}$-Algebra T den *Träger* T_1 zu, jedem $\mathscr{A}$-Homomorphismus η die *unterliegende Abbildung* η_1 der Träger. Nach 11.3.3, 11.5.3, 11.5.8 gilt: Der Vergiß-Funktor $U_{\mathscr{A}}$ ist treu, und er respektiert und entdeckt Isomorphismen, Limites und filtrierende Colimites.

18.2.2 Satz. *Es sei* $J\colon \mathscr{A}^b \to [\mathscr{A}, Ens]$ *die Inklusion. Die Yoneda-Einbettung* $H^*\colon \mathscr{A}^0 \to [\mathscr{A}, Ens]$ *zerlegt sich in* $H^* = JH_\pi^*$ *mit*

$$(4) \qquad H_\pi^*\colon \mathscr{A}^0 \to \mathscr{A}^b.$$

H_π^* ist eine volle Einbettung und dicht. Ferner respektiert H_π^* endliche Coprodukte. $H_\pi^*((A^1)^0)$ ist darstellendes Objekt für $U_{\mathscr{A}}$ und Generator für $\mathscr{A}^b$.

Beweis. Nach 10.3.4 existiert die Zerlegung, und es ist H_π^* eine volle Einbettung, die nach 10.3.5 endliche Coprodukte respektiert. Weil $\mathscr{A}^b$

volle Unterkategorie von $[\mathscr{A}, Ens]$ ist, folgt aus 4.2.4

$$(5) \qquad [H_\pi^*((A^1)^o), ?] = [H^*((A^1)^o), ?] \cong W(?, A^1) = U_{\mathscr{A}}(?).$$

Weil $U_{\mathscr{A}}$ treu ist, ist $H_\pi^*((A^1)^o)$ Generator (10.5.1). Nach 17.2.5 und 17.2.4 gilt

$$(6) \qquad 1_{[\mathscr{A}, Ens]} \cong (JH_\pi^*)^{\vee} = \tilde{H}_\pi^{*o} J^{\vee}.$$

Weil J völlig treu ist, ist $J^{\vee}J$ nach 17.2.5 isomorph zu H_*: $\mathscr{A}^{bo} \to [\mathscr{A}^b, Ens]$. Damit folgt aus (6) und 17.2.4

$$(7) \qquad J \cong \tilde{H}_\pi^{*o} J^{\vee} J = \tilde{H}_\pi^{*o} H_* = H_\pi^{*\vee}.$$

Nach 17.2.3 ist H_π^* dicht.

18.2.3 Lemma. *Die Unterkategorie $\mathscr{N}^o$ von Ens ist endlich covollständig. Die Inklusion I: $\mathscr{N}^o \to Ens$ ist dicht. Für die Menge M ist die bezüglich I gemäß 17.1.3 gebildete Kategorie Σ_M filtrierend, und die Objekte (k, a) mit injektivem a: $k \to M$ sind die Objekte einer finalen vollen Unterkategorie (9.3.9) von Σ_M. Für $k \in |\mathscr{N}^o|$ ist $(k, 1_k)$ terminal in Σ_k.*

Beweis. Nach 18.1.5 besitzt $\mathscr{N}^o$ endliche Coprodukte. Zwei Morphismen a, b: $n \to k$ besitzen in Ens einen Differenzcokern c: $k \to M$, wobei M eine endliche Menge ist. Es existiert also ein Isomorphismus h: $M \to m$ mit $m \in |\mathscr{N}^o|$. hc ist Differenzcokern von a und b in $\mathscr{N}^o$. Man kann übrigens h so wählen, daß hc (schwach) monoton ist. Die restlichen Behauptungen sind leicht zu bestätigen (8.4.4, 17.1.5 (e)). Sie beruhen darauf, daß jede Menge filtrierender Colimes ihrer endlichen Teilmengen ist.

18.2.4 Theorem. *Der Vergißfunktor $U_{\mathscr{A}}$: $\mathscr{A}^b \to Ens$ besitzt einen Linksadjungierten $L_{\mathscr{A}}$: $Ens \to \mathscr{A}^b$ mit*

$$(8) \qquad L_{\mathscr{A}} I = H_\pi^* I_{\mathscr{A}}^o: \quad \mathscr{N}^o \to \mathscr{A}^b.$$

Hierbei ist I: $\mathscr{N}^o \to Ens$ die Inklusion und $I_{\mathscr{A}}$: $\mathscr{N} \to \mathscr{A}$ (der einzige) Theorie-Morphismus.

Beweis. Wir betrachten die beiden kontravarianten Funktoren F, G: $\mathscr{N}^o \to [\mathscr{A}^b, Ens]$, die durch

$$(9) \qquad F(?) = [H_\pi^* I_{\mathscr{A}}^o(?), ??]_{\mathscr{A}^b}, \quad G(?) = [I(?), U_{\mathscr{A}}(??)]_{Ens}$$

definiert sind. $H_\pi^* I_{\mathscr{A}}^o$ respektiert endliche Coprodukte nach 18.1.5 und 18.2.2. Die Yoneda-Einbettung $\mathscr{A}^{bo} \to [\mathscr{A}^b, Ens]$ respektiert Limites nach 10.2.5. Daher führt F endliche Coprodukte in endliche Produkte über. Dasselbe gilt für G wegen punktweiser Konstruktion von Limites in Funktorkategorien und 8.7.3. Nach 18.2.2 sind $F(1)$ und $G(1)$ isomorph. Damit folgt aus der Beschreibung von $\mathscr{N}^o$ in 18.1.5 unmittelbar, daß F und G isomorph sind. Nach 3.6.3 besteht eine Isomorphie

$$(10) \qquad \varrho\colon\ [I(?),\, U_{\mathscr{A}}(??)] \overset{\cong}{\Rightarrow} [H^*_\pi I^0_{\mathscr{A}}(?),\, ??]$$

von kontra-ko-varianten Funktoren. Auf

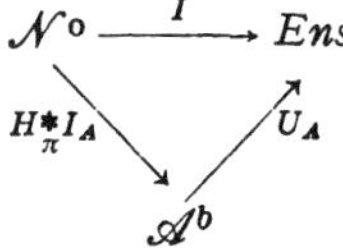

ist 17.2.9 anwendbar wegen 18.2.3, weil $\mathscr{A}^b$ filtrierende Colimites besitzt. Also existiert $L_{\mathscr{A}}\colon\ Ens \to \mathscr{A}^b$ mit dem Adjunktions-Isomorphismus.

$$(11) \qquad \psi\colon\ [L_{\mathscr{A}}(?),\, ??]_{\mathscr{A}^b} \overset{\cong}{\Rightarrow} [?,\, U_{\mathscr{A}}(??)]_{Ens}.$$

Weil I eine Inklusion ist, läßt sich nach 16.6.6 erreichen, daß (8) gilt, also insbesondere

$$(12) \qquad L_{\mathscr{A}}(k) = [A^k,\, ?]_{\mathscr{A}} \qquad \text{für } k \in |\mathscr{N}^0|.$$

Anmerkung. Nach 16.5.1 gilt für $M \in |Ens|$, $T \in |\mathscr{A}^b|$ und $\eta\colon L_{\mathscr{A}}(M) \to T$

$$(13) \qquad \psi_{M,T}(\eta) = \eta_1 \Psi_M\colon\ M \to T_1 \quad \text{mit } \Psi_M\colon\ M \to U_{\mathscr{A}} L_{\mathscr{A}}(M).$$

18.2.5 Satz. *Gibt es eine $\mathscr{A}$-Algebra S, deren Träger mehr als ein Element besitzt, so ist die zu* (11) *gehörige Adjunktions-Transformation* $\Psi\colon\ 1_{Ens} \to U_{\mathscr{A}} L_{\mathscr{A}}$ *monomorph und* $L_{\mathscr{A}}$ *treu.*

Beweis. Sei M eine Menge. Da man zu einem geeigneten Produkt in $\mathscr{A}^b$ übergehen kann und $U_{\mathscr{A}}$ Produkte respektiert, läßt sich S so wählen, daß es eine injektive Abbildung $u\colon\ M \to S_1$ gibt. Nach (11) existiert $\eta\colon\ L_{\mathscr{A}}(M) \to S$ mit $\psi_{M,S}(\eta) = u$. Nach (13) ist $u = \eta_1 \Psi_M$. Daher ist Ψ_M stets injektiv und $L_{\mathscr{A}}$ treu nach dem Dualen von 16.5.3.

18.2.6 Bis auf Isomorphie gibt es nur zwei algebraische Theorien, für welche die Voraussetzung von 18.2.5 nicht erfüllt ist. Eine in $\mathfrak{T}$ *terminale* Theorie $\mathscr{P}$ liegt vor, wenn alle Morphismenmengen $[P^n, P^k]$ einelementig sind. Das ist genau dann der Fall, wenn es eine isomorphe (also zu p^1_0 inverse) nullstellige Operation gibt. (Wir hatten in 18.1.2 nicht gefordert, daß die Projektionen $p^k_j\colon\ A^k \to A^1$ verschieden sind.) Die Träger aller $\mathscr{P}$-Algebren besitzen genau je ein Element. Umgekehrt folgt hieraus, daß $\mathscr{P}$ terminal ist, weil dann $H^*_\pi(p^1_0)$ isomorph ist, also auch p^1_0.

Ist die leere Menge Träger einer $\mathscr{A}$-Algebra, so besitzt $\mathscr{A}$ keine nullstellige Operation. Sind die Träger der übrigen $\mathscr{A}$-Algebren alle einelementig, so zeigt (12), daß für $k \geq 1$ alle k-stelligen Operationen mit p^k_1 zusammenfallen, und es ist dann p^k_1 invers zum Diagonalmorphismus $A^1 \to A^k$.

Wir bezeichnen die algebraischen Theorien der soeben beschriebenen beiden Arten als *exzeptionell*.

18.2.7 Definition. Eine Teilmenge B des Trägers S_1 der $\mathscr{A}$-Algebra S heißt *Basis* für S, wenn gilt:

(*) Zu jeder Abbildung $u\colon B \to T_1$ von B in den Träger einer beliebigen $\mathscr{A}$-Algebra T gibt es genau einen $\mathscr{A}$-Homomorphismus $\eta\colon S \to T$ mit $\eta_1 \mid B = u$.

Eine *$\mathscr{A}$-Algebra* S heißt *frei*, wenn sie eine Basis besitzt, und *frei über B*, wenn B Basis von S ist.

18.2.8 Satz. *Eine $\mathscr{A}$-Algebra S ist genau dann frei über $B \subset S_1$, wenn es für eine geeignete Menge M einen Isomorphismus $\varrho\colon L_{\mathscr{A}}(M) \to S$ gibt mit $\varrho_1 \Psi_M(M) = B$. Insbesondere ist $L_{\mathscr{A}}(M)$ frei über $\Psi_M(M)$.*

Beweis. Es kann angenommen werden, daß $\mathscr{A}$ nicht exzeptionell ist, da sonst die Behauptungen trivial sind. Sei zunächst S frei über B und $j\colon B \to S_1$ die Inklusion. (*) besagt, daß (S, j) eine Darstellung von $[B, U_{\mathscr{A}}(?)]$ ist. Wegen (11) ist auch $(L_{\mathscr{A}}(B), \Psi_B)$ eine Darstellung. Nach 4.4.4 besteht ein Isomorphismus $\varrho\colon L_{\mathscr{A}}(B) \to S$ mit $\varrho_1 \Psi_B = j$.

Es liege nun der Isomorphismus $\varrho\colon L_{\mathscr{A}}(M) \to S$ mit $\varrho_1 \Psi_M(M) = B$ vor. Zu $v = u\varrho_1\Psi_M\colon M \to T_1$ gibt es nach (11) und (13) genau einen $\mathscr{A}$-Homomorphismus $\xi\colon L_{\mathscr{A}}(M) \to T$ mit

$$(14) \qquad \xi_1\Psi_M = U_{\mathscr{A}}(\xi)\Psi_M = v = u\varrho_1\Psi_M.$$

Weil Ψ_M injektiv ist (18.2.5), ist das gleichwertig mit $\xi_1 \mid \Psi_M(M) = u\varrho_1 \mid \Psi_M(M)$, und das ist gleichwertig mit $\xi_1\varrho_1^{-1} \mid B = u \mid B = u$, weil ϱ_1 bijektiv ist. Für $\eta = \xi\varrho^{-1}$ ist also $\eta_1 \mid B = u$, und η ist hierdurch eindeutig bestimmt, weil das für $\eta\varrho$ wegen (14) der Fall ist.

18.2.9 Weil $L_{\mathscr{A}}$ Colimites respektiert (16.4.6) und jede Menge Coprodukt ihrer einelementigen Teilmengen ist, ist nach 18.2.8 jede freie $\mathscr{A}$-Algebra Coprodukt von Cofaktoren $L_{\mathscr{A}}(\{\varnothing\}) = H_\pi^*((A^1)^0)$. (Man beachte, daß $\{\varnothing\}$ die natürliche Zahl 1 ist.) $L_{\mathscr{A}}(\varnothing)$ ist initial und frei über der leeren Menge. Die bezüglich des Generators $L_{\mathscr{A}}(\{\varnothing\})$ endlich erzeugten freien Algebren sind also gerade diejenigen, die isomorph zu einem $L_{\mathscr{A}}(k)$ mit $k \in |\mathscr{N}^0|$ sind.

Die freien Algebren brauchen nicht projektiv zu sein (10.4.7). Nach Definition 18.2.7 sind sie genau dann projektiv, wenn $U_{\mathscr{A}}$ Epimorphismen respektiert.

18.2.10 Satz. *Für $k \in |\mathscr{N}^0|$ ist der Träger von $L_{\mathscr{A}}(k)$ die Menge der k-stelligen Operationen von $\mathscr{A}$. Für $k \geq 1$ bilden die Elemente p_j^k eine Basis. Ergeben zwei k-stellige Operationen von $\mathscr{A}$ dieselbe Operation für die Algebra $L_{\mathscr{A}}(k)$, so sind sie identisch. Die in $\mathscr{A}$ bestehenden Gleichungen für Operationen sind also an den endlich erzeugten freien $\mathscr{A}$-Algebren zu erkennen. $\mathscr{A}^b$ besitzt genau dann ein Nullobjekt, wenn $\mathscr{A}$ genau eine nullstellige Operation besitzt.*

Beweis. Die erste Behauptung folgt unmittelbar aus (12). Nach (5) und
4.2.2 (4) ist $(L_{\mathscr{A}}(\{\emptyset\}), p_1^1)$ eine Darstellung von $U_{\mathscr{A}}$. Daher bildet das
Element p_1^1 eine Basis von $L_{\mathscr{A}}(\{\emptyset\})$. Weil $L_{\mathscr{A}}$ und H_π^* endliche Coprodukte respektieren, erhält man aus (8) und (12), daß $[p_j^k, ?]$:
$[A^1, ?] \to [A^k, ?]$ die Injektionen für eine Darstellung von $L_{\mathscr{A}}(k)$ als
Coprodukt sind. Wegen $[p_j^k, A^1](p_1^1) = p_j^k$ erhält man die zweite
Behauptung aus den Definitionen für Basen und für Coprodukte.

Sei $t\colon A^k \to A^1$ eine k-stellige Operation. 1_{A^k} ist ein Element von
$[A^k, ?]_k = [A^k, A^k]$. Es geht bei der zu t gehörigen Operation $[A^k, t]$ für
$L_{\mathscr{A}}(k)$ in das Element t des Trägers über. Daraus folgt die dritte
Behauptung.

Eine $\mathscr{A}$-Algebra ist genau dann terminal in $\mathscr{A}^b$, wenn ihr Träger
einelementig ist (11.2.4). Weil $[A^0, A^1]$ Träger der initialen Algebra
$L_{\mathscr{A}}(\emptyset)$ ist, folgt die letzte Behauptung.

18.3 Unteralgebren und Covollständigkeit

18.3.1 Wir nennen eine $\mathscr{A}$-Algebra T *kanonisch*, wenn T_k für $k \neq 1$
bezüglich der Projektionen $T(p_j^k)$ natürlich ausgewähltes k-faches Produkt des Trägers T_1 ist. Insbesondere ist $T_0 = \{\emptyset\}$. Die volle Unterkategorie von $\mathscr{A}^b$, deren Objekte die kanonischen Algebren sind, bezeichnen wir als *reduzierte algebraische Kategorie* ${}_0\mathscr{A}^b$. Für jede $\mathscr{A}$-
Algebra S besteht eine Isomorphie $\eta\colon S \to T$ in eine kanonische und
sogar so, daß η_1 die identische Abbildung des Trägers ist. Das folgt
unmittelbar aus 18.2.1. Damit liegt eine Äquivalenz $K_{\mathscr{A}}\colon \mathscr{A}^b \to {}_0\mathscr{A}^b$
vor, wobei gilt

$$({}_1) \qquad\qquad {}_0U_{\mathscr{A}} K_{\mathscr{A}} = U_{\mathscr{A}} \qquad \text{mit } {}_0U_{\mathscr{A}} = U_{\mathscr{A}} \mid {}_0\mathscr{A}^b.$$

Der Übergang von $\mathscr{A}^b$ zu ${}_0\mathscr{A}^b$ entspricht der üblichen Auffassung,
wonach eine $\mathscr{A}$-Algebra T eine „Menge T_1 mit Struktur" ist und die
Produkte T_k für $k \neq 1$ nur eine Hilfsrolle spielen. Der Übergang von
$\mathscr{A}^b$ zu ${}_0\mathscr{A}^b$ wird jedoch erst in 18.5 und 18.6 benötigt.

Für die initiale Theorie $\mathscr{N}$ ist ${}_0U_{\mathscr{N}}$ offenbar ein Isomorphismus
mit Inversem $K_{\mathscr{N}}L_{\mathscr{N}}$, und vermöge $U_{\mathscr{N}}, L_{\mathscr{N}}$ sind $\mathscr{N}^b$ und *Ens* äquivalent.

18.3.2 Satz. *Es seien S und T $\mathscr{A}$-Algebren und $\eta\colon S \to T$ ein $\mathscr{A}$-
Homomorphismus. Nach* 10.1.6 *existiert in* $[\mathscr{A}, \text{Ens}]$ *die kanonische Zerlegung* $\eta = \iota\pi$ *mit* $\pi\colon S \to R$, $\iota\colon R \to T$, *wobei π bzw. ι an jeder Stelle
A^k surjektiv bzw. eine Inklusion ist. R ist eine $\mathscr{A}$-Algebra, und es sind π
und ι $\mathscr{A}$-Homomorphismen. (R, ι) heißt Bild von η.*

Beweis. Zur Vereinfachung nehmen wir an, daß S und T kanonisch
sind. Der allgemeine Fall läßt sich offenbar darauf zurückführen. Für
$k > 1$ ist η_k k-faches Produkt von η_1. Weil in *Ens* Produkte von Epimorphismen wieder epimorph sind, ergibt sich unmittelbar, daß $R(A^k)$
bzw. π_k, ι_k Produkt von k Faktoren $R(A^1)$ bzw. π_1, ι_1 ist. η_0, ι_0, π_0 sind
identische Abbildungen. Damit folgt die Behauptung.

18.3.3 Definition. Eine *Unteralgebra* (S, σ) der $\mathscr{A}$-Algebra T ist ein $\mathscr{A}$-Homomorphismus $\sigma\colon\ S \to T$, bei dem alle σ_k Inklusionen in *Ens* sind. Eine *Inklusion* für Unteralgebren von T ist ein Morphismus in der Kategorie der $\mathscr{A}^b$-Monomorphismen mit Ziel T.

Die Unteralgebren von T sind durch Inklusion geordnet. 18.3.2 zeigt, daß in $\mathscr{A}^b$ jeder Monomorphismus äquivalent zu einer Unteralgebra ist und daß jede algebraische Kategorie lokal klein ist.

18.3.4 Satz. *Sei M eine Teilmenge des Trägers T_1 der $\mathscr{A}$-Algebra T und $u\colon M \to T_1$ die Inklusion. Es gibt eine kleinste Unteralgebra (S, σ) von T, deren Träger M umfaßt. Sie heißt die von M erzeugte Unteralgebra von T. Sie ist Bild bei dem Homomorphismus $\eta\colon L_{\mathscr{A}}(M) \to T$ mit $\psi_{M,T}(\eta) = u$ gemäß 18.2.4 (11).*

Beweis. Nach 18.2.4 (13) ist $M = u(M) = \eta_1\big(\Psi_M(M)\big)$. Daher ist M im Träger des Bildes von η enthalten. Ist (R, ϱ) eine Unteralgebra von T, deren Träger M umfaßt, so besteht eine Faktorisierung $u = \varrho_1 u'$. Zu u' gehört ein Homomorphismus $\eta'\colon L_{\mathscr{A}}(M) \to R$ mit $\psi_{M,R}(\eta') = u'$. Nun ist $\varrho\eta' = \eta$ wegen $\psi_{M,T}(\varrho\eta') = \varrho_1\eta_1'\Psi_M = \varrho_1 u' = u$. Also faktorisiert η_1 über die Inklusion ϱ_1, und das Bild von η ist in (R, ϱ) enthalten.

18.3.5 Hilfssatz. *Es sei $X\colon \mathscr{A} \to Ens$ ein beliebiger Funktor, $T\colon \mathscr{A} \to Ens$ eine $\mathscr{A}$-Algebra und $\xi\colon X \to T$ eine natürliche Transformation. In $[\mathscr{A}, Ens]$ faktorisiert ξ über die von $M = \xi_1(X(A^1))$ erzeugte Unteralgebra (S, σ).*

Beweis. Zur Vereinfachung kann angenommen werden, daß T und damit S kanonisch ist. Für $k \geqq 1$ gilt $T(p_j^k)\xi_k = \xi_1 X(p_j^k)$. Für das Produkt T_k ist $T(p_j^k) = pr_j$. Wegen $M \subset S_1$ folgt, daß eine Faktorisierung $\xi_k = \sigma_k \xi_k'$ besteht, trivialerweise auch für $k = 0$. Für $t\colon A^n \to A^k$ in $\mathscr{A}$ folgt $\sigma_k\xi_k'X(t) = T(t)\sigma_n\xi_n' = \sigma_k S(t)\xi_n'$. Weil σ_k monomorph ist, ist ξ' eine natürliche Transformation.

18.3.6 Theorem. *Sei $\mathscr{A}$ eine algebraische Theorie. Die Inklusion $J\colon \mathscr{A}^b \to [\mathscr{A}, Ens]$ besitzt einen Linksadjungierten. $\mathscr{A}^b$ ist vollständig und covollständig und als Unterkategorie von $[\mathscr{A}, Ens]$ gegenüber Limites und filtrierenden Colimites abgeschlossen. Filtrierende Colimites sind mit endlichen Limites vertauschbar.*

Beweis. Aus der Existenz eines Linksadjungierten von J folgt die Covollständigkeit von $\mathscr{A}^b$ aus 16.6.1. Die übrigen Eigenschaften von $\mathscr{A}^b$ sind bereits bekannt (18.2.1). Die Existenz eines Linksadjungierten folgt aus 16.4.5, wenn $[X, J(?)]$ für beliebiges $X\colon \mathscr{A} \to Ens$ darstellbar ist, was wir zeigen wollen.

$\mathscr{A}^b$ ist vollständig, J respektiert Limites und auch $[X, J(?)]$ nach 7.7.3. Wegen 10.3.9 genügt es zu zeigen, daß $[X, J(?)]$ eigentlich ist. Weil J die Inklusion einer vollen Unterkategorie ist, bedeutet die Definition 10.3.1 für den vorliegenden Fall: Es gibt eine Menge $\mathfrak{E}$ von

$\mathscr{A}$-Algebren derart, daß jede natürliche Transformation $\xi\colon X \to T$ in eine beliebige $\mathscr{A}$-Algebra T über eine natürliche Transformation $\eta'\colon X \to R$ mit $R \in \mathfrak{E}$ faktorisiert. Es ist dann $\{[X, R] \mid R \in \mathfrak{E}\}$ dominierende Menge für $[X, J(?)]$. Sei C der Träger von $L_{\mathscr{A}}(X_1)$. Es gehöre R genau dann zu $\mathfrak{E}$, wenn R kanonisch und R_1 Teilmenge von C ist. $\mathfrak{E}$ ist eine Menge, weil es zu gegebenem Träger M nur eine Menge kanonischer $\mathscr{A}$-Algebren gibt. (Die Produkte M^k sind die Objekte einer kleinen vollen Unterkategorie von Ens, und $\mathscr{A}$ ist klein.) Zu $\xi_1\colon X_1 \to T_1$ gibt es nach 18.2.4 (11) und (13) einen $\mathscr{A}$-Homomorphismus

$\eta\colon L_{\mathscr{A}}(X_1) \to T$ mit

$$(2) \qquad\qquad \eta_1 \Psi_{X_1} = \xi_1.$$

Sei (S, σ) das Bild von η. Wegen (2) ist $\xi_1(X_1) \subset S_1$. Wegen 18.3.5 und 18.3.4 faktorisiert ξ über σ. Nun wird C durch η_1 surjektiv auf S_1 abgebildet. Daher ist S isomorph zu einer Algebra R aus $\mathfrak{E}$, und es faktorisiert ξ auch über R.

Bemerkung. Nachdem bekannt ist, daß $\mathscr{A}^b$ covollständig ist, läßt sich ein Linksadjungierter von J wegen 18.2.2 auch aus 17.3.3 erhalten.

18.3.7 (AB5)-Eigenschaften. Weil in $\mathscr{A}^b$ filtrierende Colimites mit Pullbacks vertauschbar sind, folgt aus 7.8.9 zunächst, daß filtrierende Colimites von Monomorphismen monomorph sind. Damit folgen dann 14.6 (1) und (2). Das Analogon zu 14.6.8 gilt im allgemeinen nicht, wie die Kategorie der Gruppen zeigt.

18.4 Differenzcokerne und Kernpaare

Wir stellen zunächst Hilfsmittel bereit, denen selbständige Bedeutung zukommt.

18.4.1 Definition. Für $f\colon B \to D$ in der Kategorie $\mathscr{C}$ sei

$$(1) \qquad \begin{array}{ccc} K & \xrightarrow{\ a\ } & B \\ {\scriptstyle b}\downarrow & & \downarrow{\scriptstyle f} \\ B & \xrightarrow{\ f\ } & D \end{array}$$

ein Pullback. Das Paar (a, b) heißt *Kernpaar* von f. Ein Paar von Morphismen $a, b\colon K \to B$ heißt Kernpaar, wenn es Kernpaar für ein geeignetes f ist. *Cokernpaare* sind in dualer Weise definiert.

Bemerkungen. Konstruiert man (1) gemäß 7.8.5, so erhält man für $\mathscr{C} = Ens$, daß K eine Teilmenge von $B \times B$ ist, die aus denjenigen Paaren (x, y) mit $x, y \in B$ besteht, für die $f(x) = f(y)$ ist. Entsprechendes gilt für Top, Ab und andere Kategorien, deren Objekte „Mengen mit Struktur" sind. An die Stelle der mit Elementen definierten „strukturverträglichen Äquivalenzrelationen" treten also Kernpaare bei beliebigen Kategorien mit Pullbacks.

18.4.2 Satz. *Sei* (a, b) *Kernpaar von* f.

(a) *a und b sind Retraktionen mit gemeinsamer Coretraktion s, also mit $as = bs = 1_B$. Hierbei ist s Differenzkern von a und b.*

(b) *Für Morphismen $u, v \colon B \to X$ folgt $u = v$ aus $ua = vb$.*

(c) *f ist genau dann monomorph, wenn $a = b$ ist. In diesem Falle ist a isomorph.*

Beweis. (a) Man betrachte den identischen Morphismus von B in beide Exemplare B von (1). Dann folgt die erste Behauptung aus der Definition von Pullbacks. Für $g \colon X \to K$ sei nun $ag = bg$. Für $u = ag$ ist $u = asu = bsu$. Betrachtet man $u \colon X \to B$ für beide Exemplare B in (1), so folgt $g = su$ wieder nach Definition von Pullbacks. Ist noch $g = sv$, so ist $u = v$, weil s monomorph ist. Also ist s Differenzkern von a und b.

(b) Aus $ua = vb$ und $as = bs = 1_B$ folgt $u = v$.

(c) ist 7.8.10.

18.4.3 Satz. *In der Kategorie $\mathscr{C}$ sei (a, b) ein Kernpaar, etwa von $f \colon B \to D$. Neben (1) betrachte man*

$$(2) \qquad \begin{array}{ccc} K & \xrightarrow{\ a\ } & B \\ {\scriptstyle b}\downarrow & & \downarrow{\scriptstyle c} \\ B & \xrightarrow{\ c\ } & C \end{array}$$

(a) *c ist genau dann Differenzcokern von a und b, wenn (2) ein Pushout ist. Ist das der Fall, so ist c unter den Differenzcokernen mit Quelle B ein größter (im Sinne von 6.5.4°), über den f faktorisiert.*

(b) *Besitzt $\mathscr{C}$ Differenzcokerne, so ist jedes Kernpaar auch Kernpaar seines Differenzcokernes.*

(c) *Besitzt $\mathscr{C}$ Kernpaare, so ist jeder Differenzcokern auch Differenzcokern seines Kernpaares.*

Beweis. Die erste Behauptung in (a) folgt wegen 18.4.2 (b) unmittelbar aus den Definitionen. Ist (2) ein Pushout, so gibt es $h \colon C \to D$ mit $f = hc$. Damit folgt (b) aus (1) und der Definition von Pullbacks. Sei nun $f = gf'$ und f' Differenzcokern für $a', b' \colon K' \to B$. Wegen $fa' = fb'$ und (1) gibt es $t \colon K' \to K$ mit $a' = at$, $b' = bt$. Es folgt $ca' = cb'$. Nach Definition für Differenzcokerne gibt es u mit $c = uf'$. Das ist die zweite Behauptung in (a). Aus ihr folgt (c).

18.4.4 In *Ens* ist jeder Monomorphismus Differenzkern, jeder Epimorphismus Differenzcokern.

Beweis. Man bestätigt leicht, daß jeder Monomorphismus Differenzkern seines Cokernpaares ist (vgl. 7.2.4, 8.8.3). Jeder Epimorphismus ist eine Retraktion und damit Differenzcokern (8.2.2).

18.4.5 Satz. *Ein $\mathscr{A}$-Homomorphismus $f\colon A \to B$ ist genau dann ein Differenzcokern in $\mathscr{A}^b$, wenn $U_{\mathscr{A}}(f)$ Differenzcokern in Ens ist. Ein Paar $a, b\colon K \to B$ von $\mathscr{A}$-Homomorphismen ist genau dann ein Kernpaar in $\mathscr{A}^b$, wenn $\bigl(U_{\mathscr{A}}(a),\, U_{\mathscr{A}}(b)\bigr)$ ein Kernpaar in Ens ist.*

Beweis. Wir betrachten

(3)
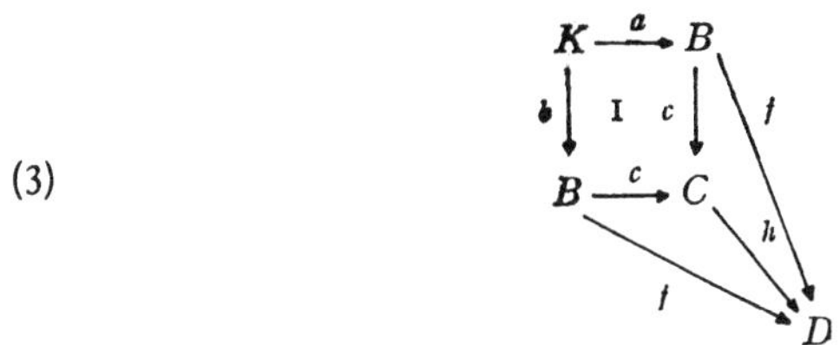

Sei zunächst f Differenzcokern in $\mathscr{A}^b$. Dann entstehe (3) dadurch, daß man das Pullback (1) bildet und für f die Zerlegung $f = hc$ gemäß 18.3.2 betrachtet (also c_1 epimorph, h_1 monomorph). Das Quadrat I ist kommutativ, weil h monomorph ist. Wegen 18.4.3 (c) und (a) ist (1) auch ein Pushout. Daher existiert $g\colon D \to C$ mit $c = gf$. Es folgt $f = hgf$ und damit $hg = 1_D$, weil f epimorph ist. Also ist h eine monomorphe Retraktion und damit isomorph. Es folgt, daß $U_{\mathscr{A}}(f) = f_1$ ebenso wie c_1 epimorph ist. Nach 18.4.4 ist f_1 Differenzcokern in *Ens*.

Sei nun f_1 Differenzcokern in *Ens*. Dann entstehe (3) dadurch, daß man zunächst das Pullback (1) und danach das bicartesische Quadrat (2) bildet. h existiert nach Konstruktion. Nach 18.4.3 (a) und dem eben Bewiesenen ist c_1 epimorph. Durch Anwendung von $U_{\mathscr{A}}$ entstehen aus (1) und (2) Pullbacks, weil $U_{\mathscr{A}}$ Limites respektiert. Nach Voraussetzung über f_1 und 18.4.3 (c) entsteht aus (1) ein bicartesisches Quadrat. Daher existiert $g_1\colon D_1 \to C_1$ mit $c_1 = g_1 f_1$. Außerdem gilt $f_1 = h_1 c_1$. Weil c_1 und f_1 epimorph sind, folgt, daß g_1 invers zu h_1 ist. Weil $U_{\mathscr{A}}$ Isomorphismen entdeckt, ist h isomorph und damit f ebenso wie c Differenzcokern von a und b.

Ist (a, b) Kernpaar in $\mathscr{A}^b$, etwa von f, so ist (1) ein Pullback und (a_1, b_1) Kernpaar von f_1, weil $U_{\mathscr{A}}$ Limites respektiert. Für das Paar (a, b) sci nun umgekehrt (a_1, b_1) Kernpaar. Sei $c_1\colon B_1 \to C_1$ Differenzcokern von a_1 und b_1. Dann ist

(4)
$$
\begin{array}{ccc}
K_1 & \xrightarrow{\;a_1\;} & B_1 \\
{\scriptstyle b_1}\big\downarrow & & \big\downarrow{\scriptstyle c_1} \\
B_1 & \xrightarrow{\;c_1\;} & C_1
\end{array}
$$

bicartesisch in *Ens*. Weil Pullbacks mit Produkten vertauschbar sind, ist für $k \geq 1$ das k-fache Produkt von (4) ein Pullback. Da K_k, B_k, a_k, b_k (nicht notwendig natürlich ausgewählte) k-fache Produkte von K_1, B_1,

a_1, b_1 sind, besteht in *Ens* das Pullback

$$
\begin{array}{ccc}
K_k & \xrightarrow{\ a_k\ } & B_k \\
{\scriptstyle b_k}\downarrow & & \downarrow{\scriptstyle c_k} \\
B_k & \xrightarrow{\ c_k\ } & (C_1)^k
\end{array}
\tag{5}
$$

wobei c_k ein k-faches Produkt von c_1 ist, d. h. es gilt $pr_j c_k = c_1 B\,(p_j^k)$ für $1 \leq j \leq k$. (5) besteht auch für $k = 0$, wobei a_0, b_0, c_0 Abbildungen zwischen einelementigen Mengen, also Isomorphismen sind. Weil in *Ens* Produkte von Epimorphismen epimorph sind, ist c_k epimorph und damit Differenzcokern. Nach 18.4.3 (c) und (a) sind die Pullbacks (5) für $k \geq 0$ auch Pushouts. Nach „punktweiser" Konstruktion von Pushouts in $[\mathscr{A}, Ens]$ entsteht aus den Diagrammen (5) ein Pushout (2) in $[\mathscr{A}, Ens]$. Nach Konstruktion liegt C in $\mathscr{A}^b$, ebenso c, weil $\mathscr{A}^b$ volle Unterkategorie von $[\mathscr{A}, Ens]$ ist. Also ist (2) kommutativ in $\mathscr{A}^b$ und ein Pullback, weil die Diagramme (5) Pullbacks sind. Daher ist (a, b) Kernpaar von c.

18.4.6 Korollar. *In $\mathscr{A}^b$ gilt:*

(a) *Komposita von Differenzcokernen sind Differenzcokerne. (Differenzcokerne sind kompositiv.)*

(b) *Ist*

$$
\begin{array}{ccc}
A & \xrightarrow{\ b\ } & B \\
{\scriptstyle a}\downarrow & & \downarrow{\scriptstyle d} \\
C & \xrightarrow{\ c\ } & D
\end{array}
\tag{6}
$$

ein Pullback und c Differenzcokern, so ist b Differenzcokern. (Differenzcokerne sind Pullback-abgeschlossen.)

(c) *Produkte von Differenzcokernen sind Differenzcokerne.*

Beweis. (a) folgt unmittelbar aus 18.4.5 und 18.4.4.

(b) Aus (6) entsteht durch Anwendung von $U_{\mathscr{A}}$ ein Pullback in *Ens*, und c_1 ist Differenzcokern, also epimorph nach 18.4.4. Nach 13.4.4 ist b_1 epimorph. Damit folgt (b) aus 18.4.5.

(c) gilt in *Ens* nach 18.4.4. Wegen 18.4.5 folgt die Behauptung für $\mathscr{A}^b$, weil $U_{\mathscr{A}}$ Limites respektiert und entdeckt.

Warnung. (c) besagt nicht, daß Differenzcokerne mit Produkten vertauschbar sind. Das gilt schon in *Ens* nicht.

18.4.7 Satz. *Die Kategorie $\mathscr{C}$ sei endlich covollständig.*

(a) *Differenzcokerne sind Pushout-abgeschlossen. Besitzt ein Morphismus eine Zerlegung in einen Differenzcokern und einen anschließenden Monomorphismus, so ist die Zerlegung bis auf Isomorphie eindeutig.*

(b) *Ist diese Zerlegung für jeden Morphismus vorhanden und sind Differenzcokerne kompositiv, so ist die Zerlegung natürlich (im Sinne von 12.4.10). Ferner gelten die Analoga von 14.2.5 und 14.2.6.*

Beweis. (a) Sei (6) ein Pushout und b Differenzcokern von $u, v\colon X \to A$. Mit 1_X und $au, av\colon X \to C$ erhält man c als Differenzcokern von au und av aus dem Dualen von 12.3.5. Sei nun

$$(7)$$

kommutativ, p, q Differenzcokerne, m, n monomorph. Bildet man zu p, q das Pushout, so entstehen Differenzcokerne. Sie sind monomorph, weil m und n sich entsprechend faktorisieren. Nach 8.2.2 sind sie isomorph, und man erhält einen Isomorphismus $M \to N$, der (7) kommutativ ergänzt.

(b) Es sei

$$(8)$$

kommutativ, p, q Differenzcokerne, m, n monomorph und I ein Pushout. Dann existiert $w\colon P \to D$ mit $wu = nq$. Zerlegt man w in Differenzcokern und Monomorphismus, so erhält man aus (a) und der Voraussetzung für (b), daß ein Morphismus $P \to N$ existiert, der (8) kommutativ ergänzt. Die letzte Behauptung ist leicht nachzuprüfen.

18.4.8 Bemerkungen. Wegen 18.3.2, 18.3.6 und 18.4.6 gelten 18.4.7 (a), (b) für algebraische Kategorien. 18.3.2, 18.4.3 (c) und 18.4.7 (a) ergeben zusammen die als Homomorphiesatz bekannte Aussage (siehe etwa BOURBAKI, Algèbre I.4.4).

Unter den Voraussetzungen von 18.4.7 (b) sind Differenzcokerne extremale Epimorphismen im Sinne von ISBELL. 18.4.7 (b) ist Spezialfall eines allgemeineren Sachverhalts. Wir verweisen auf ISBELL [34] und HERRLICH [16].

Unter den Voraussetzungen von 18.4.7 definiert man Bilder von Monomorphismen entsprechend 14.4.2 (4) mit Zerlegung in Differenzcokern und Monomorphismus. 14.4.3, 14.4.4, 14.4.7 gelten dann entsprechend. 14.4.6 gilt in algebraischen Kategorien für einen Differenzcokern $f\colon A \to B$ wegen 18.4.6 (b).

18.4.9 Für Kernpaare mit festem Ziel besteht eine Vorordnung wie für Monomorphismen. Sei $a, b\colon K \to B$ Kernpaar von $f\colon B \to D$ und

$a', b'\colon K' \to B$ Kernpaar von $f'\colon B \to D'$. Es ist $(a, b) \leqq (a', b')$, wenn es einen Morphismus $h\colon K \to K'$ mit $a'h = a$ und $b'h = b$ gibt. Hierbei ist h monomorph. Ist nämlich $hg_1 = hg_2$ für $g_1, g_2\colon A \to K$, so folgt $ag_1 = a'hg_1 = a'hg_2 = ag_2$ und $bg_1 = bg_2$. Weil (1) ein Pullback ist, folgt $g_1 = g_2$.

In endlich vollständigen und endlich covollständigen Kategorien gilt wegen 18.4.3 (b) ein Analogon zu 12.4.4. Wir betrachten dazu

(9)

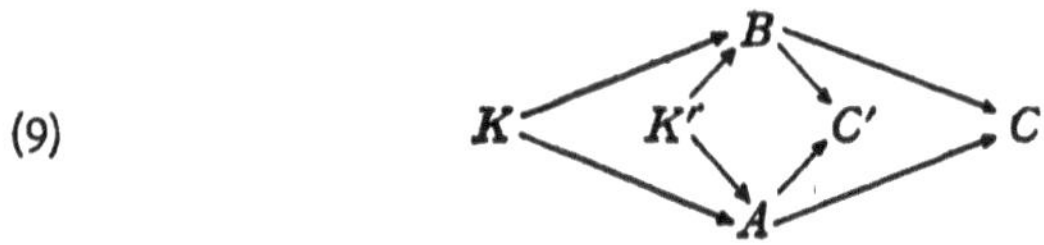

Äußere Kontur und innere Kontur seien kommutativ. Ist die äußere Kontur ein Pushout und $K \to K'$ eine kommutative Ergänzung, so existiert genau eine kommutative Ergänzung $C \to C'$. Das Umgekehrte gilt, wenn die innere Kontur ein Pullback ist. Damit lassen sich Durchschnitte und Vereinigungen von Kernpaaren auf Covereinigungen und Codurchschnitte von Differenzcokernen zurückführen. Ferner gilt ein Analogon zu 14.5.1:

18.4.10 Satz. *Die Kategorie $\mathscr{C}$ sei (endlich) vollständig und endlich covollständig. In $\mathscr{C}$ sei $\{(a_j, b_j)\}$ eine (endliche) Familie von Kernpaaren $K_j \to B$ mit festem Ziel und $c_j\colon B \to C_j$ Differenzcokern von (a_j, b_j). Für $c\colon B \to \prod C_j$ mit $pr_j c = c_j$ ist das Kernpaar (a, b) von c Durchschnitt der Familie $\{(a_j, b_j)\}$.*

Beweis. Sei K die Quelle von a und b. Mit $A = B$, $C = \prod C_j$, $K' = K_j$, $C' = C_j$ und $pr_j\colon C \to C_j$ in (9) erhält man, daß (a, b) untere Schranke für alle (a_j, b_j) ist. Ist das Kernpaar (u, v) eine untere Schranke und d Differenzcokern von u und v, so ist $d \leqq c_j$ für alle j nach dem in 18.4.9 Gesagten. Es existiert also w_j mit $w_j d = c_j$. Daher existiert w mit $w_j = pr_j w$ und entsprechend (9) ergibt sich $(u, v) \leqq (a, b)$.

18.4.11 Urbilder von Kernpaaren. Wir betrachten

(10)
$$
\begin{array}{ccccccc}
B & \xrightarrow{\,s'\,} & K' & \overset{a'}{\underset{b'}{\rightrightarrows}} & B' & \xrightarrow{\,f'\,} & D' \\
\downarrow & \text{III}\ g'' & \downarrow & \text{II} & \downarrow{g'} & \text{I} & \downarrow{g} \\
B & \xrightarrow{\,s\,} & K & \overset{a}{\underset{b}{\rightrightarrows}} & B & \xrightarrow{\,f\,} & D
\end{array}
$$

Hierbei sei I ein Pullback, (a, b) Kernpaar von f und s gemeinsame Coretraktion für (a, b). (a', b') und s' haben die entsprechende Bedeutung für f'.

(a) g'' existiert mit $g'a' = ag''$ und $g'b' = bg''$ wegen $fg'a' = gf'a' = fg'b'$.

(b) I *und* II *bilden zusammen ein Pullback.*
   Zum Nachweis liege $u\colon X \to K$ und $v\colon X \to D'$ vor mit $gv =$

$= fau \ (= fbu)$. Dann existiert eindeutig $x\colon X \to B'$ mit $f'x = v$ und $g'x = au$, ebenso $y\colon X \to B'$ mit $f'y = v$ und $g'y = bv$. Nun existiert eindeutig $z\colon X \to K'$ mit $a'z = x$ und $b'z = y$. Ferner ist $ag''z = g'a'z = g'x = au$ und $bg''z = bu$, woraus $g''z = u$ folgt.

(c) a, g', a', g'' bilden ein Pullback, ebenso $b, g, b'g''$. Das folgt unmittelbar aus 7.8.4.

(d) III *ist ein Pullback*.

Das folgt aus (b) und 7.8.4, weil I, II, III zusammen wieder I ergeben.

18.5 Algebraische Funktoren und Linksadjungierte

18.5.1 Definition. Es sei $F\colon \mathscr{A} \to \mathscr{B}$ ein Theorie-Morphismus. Weil F endliche Produkte respektiert, entsteht aus dem Funktor $[F, Ens]\colon [\mathscr{B}, Ens] \to [\mathscr{A}, Ens]$, vgl. 16.1.3, durch Restriktion der Funktor $F^b\colon \mathscr{B}^b \to \mathscr{A}^b$. Funktoren dieser Art heißen *algebraische Funktoren*.

18.5.2 Für die $\mathscr{B}$-Algebra T ist $F^b(T) = TF$, und wegen 18.1.2 (1) gilt

$$(1) \qquad F^b(T)_k = F^b(T)(A^k) = TF(A^k) = T(B^k) = T_k,$$

$$F^b(T)(p_j^k) = T(p_j^k).$$

Für den $\mathscr{B}$-Homomorphismus $\eta\colon S \to T$ ist $F^b(\eta) = \eta * F$. Aus (1) folgt damit

$$(2) \qquad F^b(\eta)_k = \eta_k,$$

$$(3) \qquad U_{\mathscr{A}} F^b = U_{\mathscr{B}}.$$

Der Vergiß-Funktor $U_{\mathscr{A}}$ kann als algebraischer Funktor im allgemeineren Sinn angesehen werden. Für $I_{\mathscr{A}}\colon \mathscr{N} \to \mathscr{A}$ gilt nämlich $U_{\mathscr{N}} I_{\mathscr{A}}^b = U_{\mathscr{A}}$ nach (3), und es ist $U_{\mathscr{N}}$ eine Äquivalenz (18.3.1).

18.5.3 Theorem. *Jeder algebraische Funktor $F^b\colon \mathscr{B}^b \to \mathscr{A}^b$ ist treu. Er respektiert und entdeckt Isomorphismen, Limites, Monomorphismen und filtrierende Colimites. Für F^b (statt $U_{\mathscr{A}}$) gilt 18.4.5 analog. F^b besitzt einen Linksadjungierten $F_*\colon \mathscr{A}^b \to \mathscr{B}^b$, der so fixiert werden kann, daß*

$$(4) \qquad \begin{array}{ccc} \mathscr{A}^o & \xrightarrow{\ F^o\ } & \mathscr{B}^o \\ {\scriptstyle H_\pi^*}\Big\downarrow & & \Big\downarrow{\scriptstyle H_\pi^*} \\ \mathscr{A}^b & \xrightarrow{\ F_*\ } & \mathscr{B}^b \end{array}$$

kommutativ ist. Insbesondere führt F_* den nach 18.2.2 ausgezeichneten Generator von $\mathscr{A}^b$ in den von $\mathscr{B}^b$ über. Ferner gilt

$$(5) \qquad F_* L_{\mathscr{A}} \cong L_{\mathscr{B}}\colon Ens \to \mathscr{B}^b.$$

Beweis. Die erste Behauptung folgt unmittelbar aus (2). Die zweite gilt für $U_{\mathscr{A}}$ und $U_{\mathscr{B}}$ (18.2.1). Hieraus und aus (3) folgt sie für F^b, z. B. wird ein filtrierender Colimes in $\mathscr{B}^b$ von $U_{\mathscr{B}}$ respektiert und von $U_{\mathscr{A}}$ in $\mathscr{A}^b$ entdeckt, wegen (3) also von F^b respektiert. Die zu 18.4.5 analoge Aussage für F^b ergibt sich ebenso aus (3).

Es seien $J_{\mathscr{A}}\colon \mathscr{A}^b \to [\mathscr{A}, Ens]$, $J_{\mathscr{B}}\colon \mathscr{B}^b \to (\mathscr{B}, Ens]$ die Inklusionen. $C_{\mathscr{B}}\colon [\mathscr{B}, Ens] \to \mathscr{B}^b$ sei linksadjungiert zu $J_{\mathscr{B}}$ gemäß 18.3.6. Wegen 16.6.5 kann angenommen werden, daß $C_{\mathscr{B}}J_{\mathscr{B}} = 1_{\mathscr{B}^b}$ ist. Nach 17.1.8 besitzt $\tilde{F} = [F, Ens]$ einen Linksadjungierten K, für den $KH^* = H^*F^o$ gilt. Für $S \in |\mathscr{A}^b|$, $T \in |\mathscr{B}^b|$ erhält man

$$(6) \qquad [S, F^bT] = [J_{\mathscr{A}}(S), J_{\mathscr{A}}F^b(T)] = [J_{\mathscr{A}}(S), \tilde{F}J_{\mathscr{B}}(T)] \cong$$

$$\cong [KJ_{\mathscr{A}}(S), J_{\mathscr{B}}(T)] \cong [C_{\mathscr{B}}KJ_{\mathscr{A}}(S), T].$$

Hierbei besteht die erste Gleichung, weil $J_{\mathscr{A}}$ eine volle Einbettung ist, die zweite, weil F^b aus $[F, Ens]$ durch Restriktion entsteht. Die beiden folgenden Isomorphien bestehen, weil adjungierte Funktorpaare vorliegen, und es ist (6) eine Isomorphie für kontra-ko-variante Funktoren. Daher ist $F_* = C_{\mathscr{B}}KJ_{\mathscr{A}}$ zu F^b linksadjungiert. Wegen $H^* = J_{\mathscr{A}}H^*_\pi\colon$ $\mathscr{A}^o \to [\mathscr{A}, Ens]$, der entsprechenden Beziehung für $\mathscr{B}$ (18.2.2) und $KH^* = H^*F^o$ ist

$$(7)$$

$$\begin{array}{ccc}
\mathscr{A}^o & \xrightarrow{\;F^o\;} & \mathscr{B}^o \\
{\scriptstyle H^*_\pi}\downarrow & & \downarrow{\scriptstyle H^*} \quad\searrow{\scriptstyle H^*_\pi} \\
\mathscr{A}^b & \xrightarrow[KJ_{\mathscr{A}}]{} [\mathscr{B}, Ens] \xleftarrow[J_{\mathscr{B}}]{} & \mathscr{B}^b
\end{array}$$

kommutativ. Wegen $C_{\mathscr{B}}J_{\mathscr{B}} = 1_{\mathscr{B}^b}$ gilt (4). Aus (3) und Definition von $L_{\mathscr{A}}$, $L_{\mathscr{B}}$ (18.2.4) folgt (5) wegen 16.4.4 und

$$[L_{\mathscr{B}}(M), T] \cong [M, U_{\mathscr{B}}(T)] = [M, U_{\mathscr{A}}F^b(T)] \cong [F_*L_{\mathscr{A}}(M), T].$$

18.5.4 Bemerkungen. F_* läßt sich tatsächlich als Einschränkung von K erhalten. In der Situation von 17.1.6 mit $\mathscr{D} = Ens$ gilt nämlich (mit den Bezeichnungen dort): Besitzt $\mathscr{B}$ endliche Produkte und werden diese von U respektiert, so führt V Funktoren $\mathscr{B} \to Ens$, die endliche Produkte respektieren, in solche von $\mathscr{C}$ nach Ens über. Ein Analogon für unendliche Produkte besteht nur unter zusätzlichen Voraussetzungen, z. B. wenn 17.1.5 (e) gilt.

Da der Übergang $K_{\mathscr{A}}\colon \mathscr{A}^b \to {}_0\mathscr{A}^b$ zu kanonischen Algebren (18.3.1) eine Äquivalenz mit der Inklusion als Äquivalenz-Inversem ist, erhält man aus dem Vorangehenden von 18.2 an entsprechende Resultate für reduzierte algebraische Kategorien. Mit

$${}_0H^*_\pi = K_{\mathscr{A}}H^*_\pi\colon \mathscr{A}^o \to {}_0\mathscr{A}^b, \qquad {}_0U_{\mathscr{A}}K_{\mathscr{A}} = U_{\mathscr{A}}, \qquad {}_0L_{\mathscr{A}} = K_{\mathscr{A}}L_{\mathscr{A}}$$

erhält man, daß $_0L_\mathscr{A}$ zu $_0U_\mathscr{A}$ linksadjungiert ist, wobei nach 18.2.4

$$(8) \qquad _0L_\mathscr{A}J = {}_0H_\pi^* J: \quad \mathscr{N}^0 \to {}_0\mathscr{A}^b$$

gilt. $_0F^b: {}_0\mathscr{B}^b \to {}_0\mathscr{A}^b$ entsteht wegen (1), (2) durch Einschränkung, und aus (3) folgt

$$(9) \qquad _0U_\mathscr{B} {}_0F^b = {}_0U_\mathscr{B}.$$

Mit $K_\mathscr{B}$ und der Inklusion $_0\mathscr{A}^b \subset \mathscr{A}^b$ entsteht aus F_* der Linksadjungierte $_0F_*$ zu $_0F^b$. An die Stelle von (5) tritt

$$(10) \qquad _0F_* {}_0L_\mathscr{A} \cong {}_0L_\mathscr{B}.$$

Im Sinne dieser Reduktion sind die Beispiele unten zu verstehen (vgl. 18.3.1). Man beachte dabei, daß es nach 18.1.10, 18.1.11 genügt, $\mathscr{A}$ und $\mathscr{B}$ durch erzeugende Operationen und definierende Gleichungen anzugeben und für $F: \mathscr{A} \to \mathscr{B}$ das Bild der erzeugenden Operationen von $\mathscr{A}$ als (möglicherweise aus den Erzeugenden zusammengesetzte) Operationen in $\mathscr{B}$, wobei die Verträglichkeit mit den Gleichungen, die aus den gegebenen folgen, gesichert sein muß.

Beispiele

18.5.5 Es sei $_0\mathscr{A}^b$ die Kategorie der Gruppen, $_0\mathscr{B}^b$ die Kategorie der abelschen Gruppen, $_0F^b$ der offensichtliche Vergiß-Funktor. $_0F_*$ ist der Übergang zur Kommutatorfaktorgruppe.

18.5.6 Es sei $_0\mathscr{A}^b$ die Kategorie der Algebren (im üblichen Sinn) über einem festen kommutativen Ring R, $_0\mathscr{B}^b$ Kategorie der R-Algebren mit einer reicheren Struktur, etwa antikommutative (für jedes Element x ist $x^2 = 0$), *Lie*-Algebren (antikommutativ mit Jacobi-Identität), assoziative Algebren, kommutative assoziative Algebren mit 1 usw. $_0F^b$ ist jedesmal ein Funktor, der die Bereicherung der Struktur vergißt. $_0F_*$ ist dann der Übergang zu „universellen Einhüllenden" in der reicheren Struktur. Das gilt auch, wenn $_0\mathscr{A}^b$ selbst schon gewisse zusätzliche Struktur besitzt. Hierunter fällt insbesondere: $_0\mathscr{A}^b$ assoziative R-Algebren, $_0\mathscr{B}^b$ assoziative R-Algebren mit 1, $_0F_*$ Adjunktion einer 1.

Ein klassisches Beispiel ist: $_0\mathscr{A}^b$ *Lie*-Algebren über R, $_0\mathscr{B}^b$ assoziative R-Algebren mit 1. $F: \mathscr{A} \to \mathscr{B}$ bildet die zweistellige Operation von $\mathscr{A}$, die dem *Lie*-Produkt $(x, y) \mapsto [x, y]$ entspricht, in diejenige von $\mathscr{B}$ ab, die zu $(x, y) \mapsto xy - yx$ gehört, die anderen Operationen in evidenter Weise. $_0F^b$ ist der Übergang von einer assoziativen Algebra zur assoziierten *Lie*-Algebra, $_0F_*$ der Übergang von der *Lie*-Algebra zur universellen assoziativen Einhüllenden.

18.5.7 Es sei $_0\mathscr{A}^b$ die Kategorie der Moduln über einem festen kommutativen Ring R, $_0\mathscr{B}^b$ eine Kategorie von R-Algebren. $_0F^b$ ist der evidente

Vergißfunktor, $_0F_*$ der Übergang vom Modul zur Tensoralgebra entsprechenden Typs. Assoziative Tensoralgebren mit 1, symmetrische Tensoralgebren mit 1 und äußere Algebren sind Spezialfälle (bei Verzicht auf Graduierung).

18.5.8 Es seien R und S Ringe, $_0\mathscr{A}^b = {_R}Mod$, $_0\mathscr{B}^b = {_S}Mod$ und $\varphi\colon R \to S$ ein Ring-Homomorphismus. Vermöge $(r, x) \mapsto \varphi(r)\, x$ wird jeder S-Linksmodul zum R-Linksmodul. $_0F^b$ ist Ringwechsel vermöge φ, $_0F_*$ heißt üblicherweise Koeffizientenerweiterung (vermöge φ). $_0F_*$ ist übrigens als Tensorprodukt darstellbar, $_0F_*(M) = {_S}S_R \otimes {_R}M$, wobei die Rechtsmodulstruktur für S von φ herrührt. Ein entsprechender Sachverhalt besteht für Algebren über kommutativen Ringen.

18.5.9 Der Übergang von einer Gruppe zum Gruppenring ist nicht linksadjungiert zu einem algebraischen Funktor. Wird jedoch für $_0\mathscr{A}^b$ die Kategorie der Halbgruppen (assoziative Multiplikation mit 1) und für $_0\mathscr{B}^b$ die Kategorie der Ringe genommen, so besteht der Vergißfunktor $_0F^b$, der Addition und 0 vergißt. $_0F_*$ ist dann der Übergang zum Halbgruppenring. Der Übergang von Gruppe zum Gruppenring ist Kompositum dieses $_0F_*$ mit einem Vergißfunktor Gruppen $\to$ Halbgruppen.

Die Liste der Beispiele könnte verlängert werden.

18.6 Semantik und Struktur

18.6.1 Vorbemerkungen. (a) Die Definition 18.1.2 und die Bedingungen 18.1.2 (1) lassen eine andere Interpretation zu. Eine algebraische Theorie kann aufgefaßt werden als ein Funktor $I_{\mathscr{A}}\colon \mathscr{N} \to \mathscr{A}$, der endliche Produkte respektiert und für Objekte bijektiv ist. Damit ist die Numerierung der Projektionen p_j^k in 18.1.1 (ii) erfaßt. Ein Theorie-Morphismus ist dann ein Funktor $F\colon \mathscr{A} \to \mathscr{B}$, für den $I_{\mathscr{B}} = FI_{\mathscr{A}}$ ist, womit 18.1.2 (1) erfaßt ist.

(b) Es sei $\mathscr{D}$ eine $\mathfrak{B}$-Kategorie mit endlichen Produkten, z. B. $\mathscr{D} = [\mathscr{C}, Ens]$. Für $X \in |\mathscr{D}|$ gibt es bis auf Isomorphie genau einen Funktor $P_X\colon \mathscr{N} \to \mathscr{D}$, der endliche Produkte respektiert und für den $P_X(N^1) = X$ ist. P_X braucht nicht injektiv für Objekte zu sein. Nimmt man als A^k das Paar $\big(k, P_X(N^k)\big)$ und als Morphismen $A^n \to A^k$ Tripel (n, k, t) mit $t\colon P_X(N^n) \to P_X(N^k)$ mit Komposition $(k, j, t')\,(n, k, t) = (n, j, t't)$, so entstehen eine $\mathfrak{B}$-Kategorie $\mathfrak{S}(X)$ mit endlichen Produkten und ein Funktor $I_{\mathfrak{S}(X)}\colon \mathscr{N} \to \mathfrak{S}(X)$ mit $I_{\mathfrak{S}(X)}(N^k) = (k, P_X(N^k)) = A^k$ und $I_{\mathfrak{S}(X)}(p_j^k) = (k, 1, P_X(p_j^k))$. $I_{\mathfrak{S}(X)}$ respektiert endliche Produkte und ist für Objekte bijektiv. Damit liegt $\mathfrak{S}(X)$ *als algebraische Theorie* bezüglich des Universums $\mathfrak{B}$ vor.

$\mathfrak{S}(X)$ kann zu einer $\mathfrak{U}$-Kategorie isomorph sein, wobei jedoch keine spezielle Isomorphie ausgezeichnet ist. Das ist der Grund für etwas umständlich erscheinende Formulierungen im folgenden.

(c) Sind $P_X, P_Y\colon \mathscr{N} \to \mathscr{D}$ Funktoren, die endliche Produkte respektieren, mit $P_X(N^1) = X$, $P_Y(N^1) = Y$ und ist $\xi\colon X \to Y$ ein Isomorphismus in $\mathscr{D}$, so besteht ein Isomorphismus $\chi_\xi\colon \mathfrak{S}(X) \to \mathfrak{S}(Y)$ mit

$$\text{(1)} \qquad I_{\mathfrak{S}(Y)} = \chi_\xi I_{\mathfrak{S}(X)}\colon \quad \mathscr{N} \to \mathfrak{S}(Y).$$

Man erhält also isomorphe algebraische Theorien bezüglich $\mathfrak{B}$.

χ_ξ entsteht in naheliegender Weise. Für $k \geq 1$ definiere man $\xi^k\colon P_X(N^k) \to P_Y(N^k)$ durch $P_Y(p_j^k)\xi^k = \xi P_X(p_j^k)$. Die Definition von ξ^0 ist evident, und es ist $\xi^1 = \xi$ und ξ^k isomorph für $k \geq 0$. Für $t\colon P_X(N^n) \to P_X(N^k)$ setze man nun

$$\text{(2)} \qquad \chi_\xi(n,\, k,\, t) = \big(n,\, k,\, \xi^k\, t\, (\xi^n)^{-1}\big).$$

(d) Wir beschränken uns von jetzt an auf den Spezialfall, daß $\mathscr{D}$ die Gestalt $[\mathscr{C},\, Ens]$ hat, wobei $\mathscr{C}$ eine zu einer $\mathfrak{U}$-Kategorie isomorphe $\mathfrak{B}$-Kategorie ist. Für $X\colon \mathscr{C} \to Ens$ sei P_X stets so fixiert, daß $P_X(N^k)$ für $k \neq 1$ das natürlich ausgewählte Produkt X^k von k Faktoren X mit Projektion $P_X(p_j^k)$ für $k > 1$ ist, also

$$P_X(N^1) = X$$

$$\text{(3)} \qquad P_X(N^k)(?) = [k,\, X(?)]_{Ens} = X^k(?) \qquad \text{für } k \neq 1$$

$$P_X(p_j^k) = \varrho\,[i_j^k,\, X(?)] = pr_j^k\colon\; X^k \to X \qquad \text{für } k > 1,$$

wobei ϱ an der Stelle $M \in |Ens|$ der evidente Isomorphismus $[\{\emptyset\},\, M] \to M$ ist. Morphismen $t\colon X^n \to X^k$ sind natürliche Transformationen von Funktoren $\mathscr{C} \to Ens$. Sie sind nur dann Elemente von $\mathfrak{U}$, wenn $\mathscr{C}$ eine kleine $\mathfrak{U}$-Kategorie ist (3.4.3, 3.6.3).

18.6.2 Definition. Der Funktor $X\colon \mathscr{C} \to Ens$ heiße *zulässig* (tractable), wenn $\mathscr{C}$ eine zu einer $\mathfrak{U}$-Kategorie isomorphe $\mathfrak{B}$-Kategorie ist und wenn $\mathfrak{S}(X)$ isomorph zu einer (notwendig kleinen) $\mathfrak{U}$-Kategorie ist. Dabei heiße $\mathfrak{S}(X)$ die *Struktur* von X.

18.6.3 Satz. *Es sei $\mathscr{C}$ eine zu einer $\mathfrak{U}$-Kategorie isomorphe $\mathfrak{B}$-Kategorie und $X\colon \mathscr{C} \to Ens$ ein Funktor.*

(a) *X ist genau dann zulässig, wenn $[X^n,\, X^k]_{[\mathscr{C},\, Ens]}$ für alle nicht negativen ganzen Zahlen n, k isomorph zu einer $\mathfrak{U}$-Menge ist, und offenbar schon dann, wenn das stets für $[X^n,\, X]$ der Fall ist.*

(b) *Wenn zu X ein Funktor $G\colon \mathscr{N}^0 \to \mathscr{C}$ existiert mit einer Isomorphie*

$$\text{(4)} \qquad \psi\colon\; [G(?),\, ??]_{\mathscr{C}} \;\xrightarrow{\;\approx\;}\; [I(?),\, X(??)]_{Ens},$$

so ist X zulässig. Hierbei ist $I\colon \mathscr{N}^0 \to Ens$ die Inklusion.

(c) *Ist $\mathscr{C}$ eine kleine $\mathfrak{U}$-Kategorie, so ist X zulässig und $\mathfrak{S}(X)$ eine $\mathfrak{U}$-Kategorie.*

Beweis. (a) und (c) sind evident nach 18.6.1.

(c) Aus (4) und (3) folgt

$$(5) \qquad\qquad H^{G(k)} \cong X^k$$

und damit $[X^k, X] \cong [H^{G(k)}, X] \cong X(G(k))$ nach Voraussetzung über $\mathscr{C}$ und dem Yoneda-Lemma.

Bemerkung. Besitzt X einen Linksadjungierten $F\colon Ens \to \mathscr{C}$, so gilt (4) für $G = FI$. Umgekehrt entsteht aus G ein zu X Linksadjungierter nach 18.2.3 und 17.2.9, wenn $\mathscr{C}$ filtrierende Colimites bezüglich $\mathfrak{U}$ besitzt.

18.6.4 Definition. Die *Kategorie $\mathscr{K}$ der zulässigen Funktoren* sei die volle Unterkategorie von $\mathscr{CAT}/_{Ens}$, deren Objekte die zulässigen Funktoren sind. Morphismen in $\mathscr{K}$ sind also kommutative Dreiecke von Funktoren

$$(6) \qquad \begin{array}{c}\mathscr{C}\\[-2pt] f\Big\downarrow \;\searrow^{X}\\[-2pt] \quad\;\; {\to}\; Ens\\[-2pt] \mathscr{D} \;\nearrow_{Y}\end{array} \qquad X,\, Y \text{ zulässig.}$$

Die Kategorie $\mathscr{T}$ besitze als Objekte die algebraischen Theorien bezüglich $\mathfrak{B}$, die zu einer Theorie bezüglich $\mathfrak{U}$ isomorph sind, und als Morphismen Theorie-Morphismen. 18.1 bis 18.5 übertragen sich in evidenter Weise, wobei weiterhin $_0\mathscr{A}^b$ Unterkategorie von $[\mathscr{A}, Ens]$ ist.

Nach 18.5.4 und 18.6.3 (c) wird durch $\mathscr{A} \mapsto {_0}U_{\mathscr{A}}$, $F \mapsto {_0}F^b$ ein kontravarianter Funktor *Semantik $\mathscr{M}\colon \mathscr{T} \to \mathscr{K}$* definiert.

18.6.5 Satz. (a) *Die Zuordnung $X \mapsto \mathfrak{S}(X)$ setzt sich zu einem kontravarianten Funktor Struktur $\mathfrak{S}\colon \mathscr{K} \to \mathscr{T}$ fort.*

(b) *Der zulässige Funktor $X\colon \mathscr{C} \to Ens$ besitzt eine Zerlegung*

$$(7) \qquad \begin{array}{c}\mathscr{C}\\[-2pt] X'\Big\downarrow \;\searrow^{X}\\[-2pt] \quad\;\; {\to}\; Ens\\[-2pt] {_0}\mathfrak{S}(X)^b \;\nearrow_{{_0}U_{\mathfrak{S}(X)}}\end{array}$$

wobei $X'(C)$ für $C \in |\mathscr{C}|$ dadurch entsteht, daß $\mathfrak{S}(X)$ an der Stelle $X(C)$ betrachtet wird.

(c) *Die Zuordnung $X \mapsto X'$ ist eine natürliche Transformation $\Psi\colon$ $1_{\mathscr{K}} \to \mathfrak{M}\mathfrak{S}$.*

Beweis. Wir können annehmen, daß $\mathscr{C}$ nicht leer ist, da sonst alle Schlüsse trivial sind. (a) Nach (3) und (6) gilt

$$P_X(N^k)(C) = X^k(C) = (X(C))^k = (Yf(C))^k = Y^k(f(C)) = P_Y(N^k)(f(C)).$$

74

Entsprechendes gilt für die Projektionen und damit

(8) $\qquad P_X = [f, Ens] P_Y: \; \mathcal{N} \to [\mathscr{C}, Ens] \quad$ und $\quad Y^k f = X^k.$

Für $u: \; Y^n \to Y^k$ setze man

(9) $\qquad\qquad\qquad \mathfrak{S}(f)(n, k, u) = (n, k, u * f).$

Damit liegt der Theorie-Morphismus $\mathfrak{S}(f): \; \mathfrak{S}(Y) \to \mathfrak{S}(X)$ vor $\big(16.1.1$ (4)$\big)$, und aus (8), (9) folgt, daß $\mathfrak{S}$ ein kontravarianter Funktor ist $\big(16.1.1$ (2)$\big)$.

(b) Es ist $X'(C)$ die durch $(n, k, t) \mapsto t_C$ beschriebene $\mathfrak{S}(X)$-Algebra mit Träger $X(C)$. Für $g: \; C \to C'$ in $\mathscr{C}$ ist $X'(g)$ der $\mathfrak{S}(X)$-Homomorphismus, der die Abbildung $X(g)$ für die Träger bewirkt. Daß $X'(g)$ homomorph ist, ist gerade die Aussage, daß die Morphismen von $\mathfrak{S}(X)$ (bis auf Indizierung) natürliche Transformationen zwischen den Potenzen von X sind.

(c) Es muß gezeigt werden, daß für (6) folgendes kommutative Diagramm besteht

(10)
$$
\begin{array}{ccc}
\mathscr{C} & \xrightarrow{\;X'\;} & {}_0\mathfrak{S}(X)^b \\
f \downarrow & & \downarrow {}_0\mathfrak{S}(f)^b \\
\mathscr{D} & \xrightarrow{\;Y'\;} & {}_0\mathfrak{S}(Y)^b
\end{array}
$$

Vergleich von (b), (8), (9) mit 18.5.2 zeigt, daß ${}_0\mathfrak{S}(f)^b$ auf $X'(C)$ so wirkt, daß von den Abbildungen zwischen den Potenzen von $X(\mathscr{C}) = Yf(C)$, die von $\mathfrak{S}(X)$ herrühren, diejenigen betrachtet werden, welche die Form $u * f$ haben. Daher ist (10) für Objekte kommutativ. Damit folgt die Behauptung für Morphismen durch Anfügen des treuen Funktors ${}_0 U_{\mathfrak{S}(Y)}$ wegen (6), (7) und 18.5.4 (9).

18.6.6 Satz. *Sei $\mathscr{A} \in |\mathscr{T}|$. Für $t_k^n: \; A^n \to A^k$ in $\mathscr{A}$ ist*

(11) $\qquad\qquad t_k^n \mapsto (n, k, \{S(t_k^n) \mid S \in |{}_0\mathscr{A}^b|\})$

ein Isomorphismus $\Phi_{\mathscr{A}}: \; \mathscr{A} \to \mathfrak{S}({}_0 U_{\mathscr{A}})$. Hierbei gilt

(12) $\qquad\qquad {}_0(\Phi_{\mathscr{A}}^{-1})^b = ({}_0 U_{\mathscr{A}})' \quad$ *im Sinne von (7).*

Ferner ist $\Phi = \{\Phi_{\mathscr{A}}\}: \; 1_{\mathscr{T}} \to \mathfrak{S}\mathfrak{M}$ eine natürliche Isomorphie.

Beweis. Weil jeder $\mathscr{A}$-Homomorphismus η in ${}_0\mathscr{A}^b$ aus den Potenzen von $\eta_1 = {}_0 U_{\mathscr{A}}(\eta)$ besteht, ist (11) jedenfalls ein Theorie-Morphismus $\Phi_{\mathscr{A}}$. Sobald $\Phi_{\mathscr{A}}$ als Isomorphismus erkannt ist, folgt (12) durch Vergleich des Beweises von 18.6.5 (b) mit 18.5.2. Ferner ist Φ natürliche

Transformation, wenn für $F\colon \mathscr{A} \to \mathscr{B}$ stets gilt

$$
(13) \qquad
\begin{array}{ccc}
t_k^n & \overset{\Phi_{\mathscr{A}}}{\longmapsto} & (n, k, \{S(t_k^n) \mid S \in |{}_0\mathscr{A}^b|\}) \\[4pt]
F \downarrow & & \downarrow \; \mathfrak{S}({}_0F^b) = \mathfrak{S}\mathfrak{M}(F) \\[4pt]
F(t_k^n) & \overset{\Phi_{\mathscr{B}}}{\longmapsto} & (n, k, \{T(F(t_k^n)) \mid T \in |{}_0\mathscr{B}^b|\})
\end{array}
$$

T ist vermöge der Abbildungen $F(t_k^n)$ gerade die $\mathscr{A}$-Algebra ${}_0F^b(T)$. Für $\mathfrak{S}({}_0F^b)$ ist nach (9) $t_k^n * {}_0F^b$ zu betrachten, d. h. der $\mathfrak{S}({}_0U_{\mathscr{A}})$-Morphismus oben rechts in (13) an allen Stellen ${}_0F^b(T) = TF$. Die Zuordnung rechts in (13) ist also tatsächlich durch $\mathfrak{S}\mathfrak{M}(F)$ gegeben.

Es bleibt zu zeigen, daß $\Phi_{\mathscr{A}}$ bijektiv ist. Weil $\Phi_{\mathscr{A}}$ jedenfalls ein Theorie-Morphismus ist, genügt der Nachweis für n-stellige Operationen. Nun ist $\Phi_{\mathscr{A}}$ injektiv, weil verschiedene n-stellige Operationen von $\mathscr{A}$ verschiedene Operationen für die freie Algebra ${}_0L_{\mathscr{A}}(n)$ ergeben (18.2.10, 18.3.1). Ist $\mathscr{A}$ nicht exzeptionell, so betrachte man umgekehrt zunächst für $n \geq 1$ eine n-stellige Operation τ von $\mathfrak{S}({}_0U_{\mathscr{A}})$ an der Stelle ${}_0L_{\mathscr{A}}(n)$ und dabei die Wirkung auf dasjenige Element x der n-ten Potenz des Trägers, das bei $K_{\mathscr{A}}$ aus 1_{A^k} entsteht, das also bei der Projektion pr_j in das Basiselement p_j^n von ${}_0L_{\mathscr{A}}(n)$ für $j = 1, 2, \ldots, n$ übergeht (18.2.10). $\tau(x)$ ist eine wohlbestimmte n-stellige Operation von $\mathscr{A}$. Ist $T \in |{}_0\mathscr{A}^b|$ und $T_1 \neq \emptyset$, so gibt es genau einen $\mathscr{A}$-Homomorphismus η, der die Basis von ${}_0L_{\mathscr{A}}(n)$ in ein vorgegebenes n-tupel des Trägers T_1 von T überführt. Daher gibt es zu vorgegebenem Element y von $T(A^n)$ ein $\eta\colon {}_0L_{\mathscr{A}}(n) \to T$ mit $\eta_n(x) = y$. Damit folgt, daß τ und $\Phi_{\mathscr{A}}(\tau(x))$ dieselbe Wirkung auf y haben, denn es muß

$$
\tau_T(y) = \eta_1 \tau_{{}_0L_{\mathscr{A}}(n)}(x) = \eta_1({}_0L_{\mathscr{A}}(n)(\tau(x))(x)) = T(\tau(x))(y)
$$

sein. Für $n = 0$ bleibt der Schluß vereinfacht bestehen. Daher ist $\Phi_{\mathscr{A}}$ auch surjektiv. Ist schließlich $\mathscr{A}$ exzeptionell, so ist $\Phi_{\mathscr{A}}$ offenbar bijektiv, weil die Träger aller $\mathscr{A}$-Algebren höchstens ein Element besitzen.

Bemerkung. Sei $\mathscr{A}$ eine algebraische Theorie in $\mathfrak{U}$. Weil ${}_0H_{\pi}^*\colon \mathscr{A}^\circ \to {}_0\mathscr{A}^b$ endliche Coprodukte respektiert (18.2.2) und $H^*\colon {}_0\mathscr{A}^{b\circ} \to [{}_0\mathscr{A}^b, Ens]$ Produkte, ist $H^* {}_0H_{\pi}^*{}^\circ\colon \mathscr{A} \to [{}_0\mathscr{A}^b, Ens]$ eine volle Einbettung, die endliche Produkte respektiert. Damit ist $H^* {}_0H_{\pi}^*{}^\circ(A^1)$ ein Funktor $X\colon {}_0\mathscr{A}^b \to Ens$ und $\mathfrak{S}(X) \cong \mathscr{A}$. Nun ist aber $X = [{}_0H_{\pi}^*((A^1)^\circ), ??]_{{}_0\mathscr{A}^b} = [{}_0L_{\mathscr{A}}(1), ??]$ nach 18.2.4 (12), und das ist eine Darstellung von ${}_0U_{\mathscr{A}}$ nach 18.2.2. Also ist $\mathfrak{S}({}_0U_{\mathscr{A}}) \cong \mathfrak{S}(X) \cong \mathscr{A}$. Diese Isomorphie haben wir explizit beschrieben, was man aus 18.6.1 (c) und 18.6.3 erhalten kann.

18.6.7 Theorem. Op $\mathfrak{S}\colon \mathscr{X} \to \mathscr{T}^\circ$ *ist linksadjungiert zu* $\mathfrak{M}$Op: $\mathscr{T}^\circ \to \mathscr{X}$, *und es ist* $\mathfrak{M}$ Op *völlig treu.*

Bemerkung. Die letzte Aussage besagt, daß jeder Funktor $f\colon {}_0\mathscr{B}^b \to {}_0\mathscr{A}^b$ mit ${}_0U_{\mathscr{A}}f = {}_0U_{\mathscr{B}}$, der also die von Homomorphismen induzierten

Abbildungen der Träger erhält und damit Träger punktweise festläßt, algebraisch ist und daß zu verschiedenen Theorie-Morphismen verschiedene algebraische Funktoren gehören. Das erste gilt nicht mehr, wenn $\mathscr{A}^b, \mathscr{B}^b$ statt $_0\mathscr{A}^b, _0\mathscr{B}^b$ betrachtet werden, sofern nicht die Definition für algebraische Funktoren modifiziert wird.

Beweis. Nach 16.5.7 bestätigen wir die Gleichungen 16.5.5 (4), (4°), die hier folgende Gestalt annehmen:

$$(14) \qquad (\mathfrak{M} * \varPhi)(\varPsi * \mathfrak{M}) = 1_\mathfrak{M} \quad \text{in } \mathscr{K},$$

$$(14^\circ) \qquad (\mathfrak{S} * \varPsi)(\varPhi * \mathfrak{S}) = 1_\mathfrak{S} \quad \text{in } \mathscr{T},$$

weil sich die hilfsweise zu benutzenden Funktoren Op wieder kürzen lassen und der Übergang von $\mathscr{T}^\circ$ zu $\mathscr{T}$ die Reihenfolge in der Komposition umkehrt. Für $\mathscr{A} \in |\mathscr{T}|$ ist nun

$$(\varPsi * \mathfrak{M})_\mathscr{A} = \varPsi_{_0U_\mathscr{A}} = (_0U_A)' = {}_0(\varPhi_\mathscr{A}^{-1})^b$$

nach 18.6.5 und 18.6.6 Also gilt (14). Ferner erhält man bei (14°) an der Stelle X

$$\mathfrak{S}(\varPsi_X)\varPhi_{\mathfrak{S}(X)} = \mathfrak{S}(X')\varPhi_{\mathfrak{S}(X)}.$$

Nach (11) ordnet $\varPhi_{\mathfrak{S}(X)}$ der natürlichen Transformation $t_k^n\colon X^n \to X^k$ die natürliche Transformation $r_k^n = \{S(t_k^n) \mid S \in |_0\mathfrak{S}(X)^b|\}$ zu, die von $(_0U_{\mathfrak{S}(X)})^n$ nach $(_0U_{\mathfrak{S}(X)})^k$ führt. Wegen $X = {}_0U_{\mathfrak{S}(X)}X'$ ergibt dann $\mathfrak{S}(X')$ nach (9) diejenige natürliche Transformation $X^n \to X^k$, die an jeder Stelle C von r_k^n bewirkt wird. Das ist aber gerade t_k^n nach · Definition von r_k^n.

Die letzte Behauptung folgt aus 16.5.4.

18.6.8 Korollar. *Es sei $\mathscr{F}_n$ die freie algebraische Theorie, die von einer n-stelligen Operation erzeugt wird. Für zulässiges $X\colon \mathscr{C} \to Ens$ besteht eine Bijektion zwischen den n-stelligen Operationen von $\mathfrak{S}(X)$ und den $\mathscr{K}$-Morphismen $X \to {}_0U_{\mathscr{F}_n}$.*

Beweis. In (10) setze man $\mathscr{D} = {}_0\mathscr{F}_n^b$ und $Y = {}_0U_{\mathscr{F}_n}$. Dann folgt die Behauptung aus (12) und der Tatsache, daß $\mathfrak{M}$ völlig treu ist.

18.6.9 Bemerkungen. (a) Der Nutzen von 18.6.7 wird dadurch gemindert, daß die Objekte von $\mathscr{K}$ zulässige Funktoren sind, wofür als Kriterium nur 18.6.3 zur Verfügung steht. Diese Bedingung kann nicht dadurch umgangen werden, daß man als algebraische Theorien kleine $\mathfrak{B}$-Kategorien zuläßt und algebraische Kategorien weiterhin über *Ens* betrachtet. 18.2.10 zeigt, daß dann endlich erzeugte freie Algebren nicht zu existieren brauchen. Damit würden 18.6.6, 18.6.7 in der angegebenen Form hinfällig.

(b) Mit Benutzung des Auswahlaxioms in $\mathfrak{B}$ erhält man nach 16.3.6, daß die Kategorie $\mathscr{K}$ äquivalent ist zur vollen Unterkategorie $\mathfrak{K}$, deren Objekte diejenigen zulässigen Funktoren X: $\mathscr{C} \to Ens$ sind, bei denen $\mathscr{C}$ eine $\mathfrak{U}$-Kategorie ist. Entsprechend ist $\mathscr{T}$ äquivalent zur Kategorie $\mathfrak{T}$ der algebraischen Theorien in $\mathfrak{U}$. Entsprechend 18.6.7 besteht eine adjungierte Situation für $\mathfrak{T}^0$ und $\mathfrak{R}$. Man kann noch $\mathfrak{T}$ durch ein Skelett ersetzen. Wenn man von „der" Theorie der Gruppen bzw. Ringe usw. spricht, so bezieht man sich auf ein Skelett von $\mathfrak{T}$.

18.6.10 Satz. *Die Kategorie $\mathfrak{T}$ der algebraischen Theorien in $\mathfrak{U}$ ist vollständig und covollständig. Die freien Theorien $\mathscr{F}_n$, die von je einer n-stelligen Operation ($n \geq 0$) erzeugt werden, bilden eine Generatormenge.*

Beweis. Für die erste Behauptung genügt es wegen 18.1.9, 7.4.2 und 8.4.2 zu zeigen, daß Produkte und Coprodukte vorhanden sind. Leere Indexmengen sind dabei bereits durch 18.2.6 und 18.1.5 erfaßt. Sei $\{\mathscr{A}_e\}$ eine nicht-leere Familie von algebraischen Theorien. Die Theorie $\mathscr{A}$ besitze als Erzeugende alle Operationen der Theorien $\mathscr{A}_e$, als zugehörige Gleichungen alle diejenigen, die von allen $\mathscr{A}_e$ für die entsprechenden Operationen für $\mathscr{A}$ herrühren, und außerdem diejenigen, welche die Projektion p_j^k von $\mathscr{A}_e$ jeweils mit p_j^k von $\mathscr{A}$ gleichsetzen. 18.1.10 zeigt, daß Theorie-Morphismen i_e: $\mathscr{A}_e \to \mathscr{A}$ existieren. Erneute Anwendung von 18.1.10 ergibt, daß es zu einer Familie F_e: $\{\mathscr{A}_e \to \mathscr{B}\}$ von Theorie-Morphismen genau einen F: $\mathscr{A} \to \mathscr{B}$ mit $Fi_e = F_e$ gibt. Damit ist $(\mathscr{A}, \{i_e\})$ Coprodukt von $\{\mathscr{A}_e\}$ in $\mathfrak{T}$.

Für das Produktobjekt $\prod \mathscr{A}_e$ in *cat* betrachte man die volle Unterkategorie $\mathscr{A}$, deren Objekte Familien $A^k = \{A_e^k \mid A_e^k \in |\mathscr{A}_e|\}$ sind. Aus den Projektionen von $\prod \mathscr{A}_e$ entstehen Projektionen pr_e: $\mathscr{A} \to \mathscr{A}_e$. $\mathscr{A}$ besitzt die Morphismen $p_j^k = \{p_{ej}^k \mid p_{ej}^k: A_e^k \to A_e^1\}$. Mit ihnen ist A^k für $k \geq 1$ Produkt von k Faktoren A^1 in $\mathscr{A}$, und es ist A^0 terminal. $(\mathscr{A}, \{pr_e\})$ ist Produkt der Familie $\{\mathscr{A}_e\}$ in $\mathfrak{T}$. Die letzte Behauptung des Satzes ist evident.

18.7 Kronecker-Produkt

18.7.1 Vorbemerkung. Es seien M ein Objekt einer Kategorie mit endlichen Produkten und n, r natürliche Zahlen ≥ 1. Die iterierten Potenzen $(M^n)^r$ und $(M^r)^n$ sind isomorph aber nicht identisch, auch nicht wenn die zugehörigen Objekte identisch sind. Es seien pr_j: $M^{nr} \to M$, pr_h': $(M^n)^r \to M^n$, pr_i'': $M^n \to M$ die Projektionen. Wir definieren den Isomorphismus $\sigma_{n,r}$: $(M^n)^r \to M^{nr}$ durch

(1)
$$pr_{r(i-1)+h}\, \sigma_{n,r} = pr_i''\, pr_h'.$$

Der Automorphismus $\tau_{n,r}$: $M^{nr} \to M^{nr}$ sei durch

(2)
$$pr_{n(h-1)+i}\, \tau_{n,r} = pr_{r(i-1)+h}$$

definiert. Entsprechend (1) besteht $\sigma_{r,n}$: $(M^r)^n \to M^{nr}$ und damit $\varrho_{n,r} = \sigma_{r,n}^{-1} \tau_{n,r} \sigma_{n,r}$: $(M^n)^r \to (M^r)^n$, also

(3)
$$q_h''\, q_i'\varrho_{n,r} = pr_i''\, pr_h',$$

wenn $q'_i\colon (M^r)^n \to M^r$, $q''_h\colon M^r \to M$ wieder Projektionen bezeichnen. $\varrho_{n,r}$ ist eine Vertauschung von Produkten mit Produkten, auch für $n = r$. Hierbei ist $\varrho_{r,n}\varrho_{n,r}$ stets ein identischer Morphismus, wie (3) zeigt. Wir vereinbaren, daß unter M^1 stets M mit 1_M als Projektion zu verstehen ist.

18.7.2 Ein natürlich ausgewähltes Produkt in $_0\mathscr{B}^b$ sei ein Produkt, bei dem natürliche Auswahl für das Produkt der Träger vorliegt.

Sei C eine kanonische $\mathscr{B}$-Algebra mit Träger M, D natürlich ausgewähltes Produkt von $n > 0$ Faktoren C in $_0\mathscr{B}^b$ und $\eta\colon D \to C$ ein $\mathscr{B}$-Homomorphismus. Für $u_1^r\colon B^r \to B^1$ in $\mathscr{B}$ besteht folgendes kommutative Diagramm

$$
(4) \qquad
\begin{array}{ccc}
(M^n)^r & \xrightarrow{\;\eta_r\;} & M^r \\
\big\downarrow{\scriptstyle D(u_1^r)} & & \big\downarrow{\scriptstyle C(u_1^r)} \\
M^n & \xrightarrow{\;\eta_1\;} & M
\end{array}
$$

Für $r \geqq 1$ ist $\eta_r = (\eta_1)^r = \eta_1 \sqcap \eta_1 \sqcap \ldots \sqcap \eta_1$ (r-mal), dagegen

$$
(5) \qquad D(u_1^r) = [C(u_1^r)]^n \varrho_{n,r},
$$

wie man erkennt, wenn man als η die Projektionen $D \to C$ nimmt. Für $u_s^r\colon B^r \to B^s$, $r, s \geqq 1$, erhält man entsprechend

$$
(6) \qquad D(u_s^r) = \varrho_{s,n}[C(u_s^r)]^n \varrho_{n,r}.
$$

Ist D ein Produkt von n Faktoren C in $\mathscr{B}^b$, so gelten (4), (5), (6) entsprechend, weil (1), (2), (3) hier ebenfalls gelten, $(\eta_1)^r$ und $[C(u_1^r)]^n$ sind mit Hilfe der Projektionen als Morphismen zwischen r- bzw. n-fachen Produkten zu definieren.

18.7.3 Es seien $\mathscr{A}$, $\mathscr{B}$ algebraische Theorien. $_{0\pi}[\mathscr{A}, \, _0\mathscr{B}^b]$ sei die volle Unterkategorie von $[\mathscr{A}, \, _0\mathscr{B}^b]$, deren Objekte diejenigen Funktoren $T\colon \mathscr{A} \to {}_0\mathscr{B}^b$ sind, für welche der Träger von $T(A^n)$ natürlich ausgewähltes n-faches Produkt des Trägers von $T(A^1)$ ist, genauer: Für $n > 1$ ist $U_{\mathscr{B}}(T(A^n)) = [n, U_{\mathscr{B}}(T(A^1))]$ mit Projektionen $\varrho[i_j^n, U_{\mathscr{B}}(T(A^1))]$ im Sinne von 18.6.1 (3).

Sei $M = (T_1)_1$. T_n ist eine kanonische $\mathscr{B}$-Algebra mit $(T_n)_r = (M^n)^r$. Für $t_k^n\colon A^n \to A^k$ in $\mathscr{A}$ ist $T(t_k^n)$ ein $\mathscr{B}$-Homomorphismus, d. h. für $u_s^r\colon B^r \to B^s$ in $\mathscr{B}$ ist

$$
(7) \qquad
\begin{array}{ccc}
(M^n)^r & \xrightarrow{\;T(t_k^n)_r\;} & (M^k)^r \\
\big\downarrow{\scriptstyle T_n(u_s^r)} & & \big\downarrow{\scriptstyle T_k(u_s^r)} \\
(M^n)^s & \xrightarrow{\;T(t_k^n)_s\;} & (M^k)^s
\end{array}
$$

kommutativ. Mit $D(u_s^r) = T_n(u_s^r)$, $C(u_s^r) = T_1(u_s^r)$ gilt (6) für $nrs \neq 1$, und es ist $T(t_k^n)_r = T(t_k^n)^r$. Man bemerkt: Vermöge (3) geht $T(?)_r$

bei festem r in eine kanonische $\mathscr{A}$-Algebra über, auch für $r = 0$, wobei aus $\{T_n(u_s^r) \mid n = 0, 1, 2, \ldots\}$ ein $\mathscr{A}$-Homomorphismus entsteht. Außerdem erhält man vermöge (1), (2) aus T eine kanonische Algebra zu einer durch $\mathscr{A}$ und $\mathscr{B}$ bestimmten algebraischen Theorie $\mathscr{C}$, die wir nun definieren.

18.7.4 Definition. Das *Kronecker-Produkt* $\mathscr{C} = \mathscr{A} \otimes \mathscr{B}$ der algebraischen Theorien $\mathscr{A}$ und $\mathscr{B}$ entstehe aus dem Coprodukt $\mathscr{A} \sqcup \mathscr{B}$ mit Injektionen $i_1\colon \mathscr{A} \to \mathscr{A} \sqcup \mathscr{B}$, $i_2\colon \mathscr{B} \to \mathscr{A} \sqcup \mathscr{B}$ in $\mathfrak{T}$ durch Hinzunahme folgender Gleichungen:

$$(8) \qquad i_1(t_1^n)\,[i_2(u_1^r)]^n \sigma_{r,n}^{-1} \tau_{n,r} = i_2(u_1^r)\,[i_1(t_1^n)]^r \sigma_{n,r}^{-1}\colon\ C^{nr} \to C^1$$

für alle Operationen t_1^n in $\mathscr{A}$ und u_1^r in $\mathscr{B}$. Ist $n = 0$, so sind unter $\sigma_{r,n}$, $\sigma_{n,r}$, $\tau_{n,r}$ und $[i_2(u_1^r)]^n$ der (als einziger Morphismus vorhandene) identische Morphismus von C^0 zu verstehen, entsprechend für $r = 0$.

In $\mathfrak{T}$ besteht also ein Epimorphismus $p\colon \mathscr{A} \sqcup \mathscr{B} \to \mathscr{A} \otimes \mathscr{B}$, womit $h_1 = p i_1\colon \mathscr{A} \to \mathscr{A} \otimes \mathscr{B}$ und $h_2 = p i_2\colon \mathscr{B} \to \mathscr{A} \otimes \mathscr{B}$ vorliegen, genauer: In $\mathscr{A} \otimes \mathscr{B}$ bestehen die Gleichungen, die aus (8) dadurch entstehen, daß i_1, i_2 durch h_1, h_2 ersetzt werden.

Es mögen noch $\mathscr{A}'$, $\mathscr{B}'$ mit entsprechend definierten Theorie-Morphismen $h_1'\colon \mathscr{A}' \to \mathscr{A}' \otimes \mathscr{B}'$, $h_2'\colon \mathscr{B}' \to \mathscr{A}' \otimes \mathscr{B}'$ vorliegen. Sind $F\colon \mathscr{A} \to \mathscr{A}'$ und $G\colon \mathscr{B} \to \mathscr{B}'$ Theorie-Morphismen, so besteht ein eindeutig bestimmter Theorie-Morphismus

$$(9) \qquad F \otimes G\colon\ \mathscr{A} \otimes \mathscr{B} \to \mathscr{A}' \otimes \mathscr{B}'$$

$$\text{mit} \quad h_1' F = (F \otimes G)\,h_1 \quad \text{und} \quad h_2' G = (F \otimes G)\,h_2.$$

Das folgt unmittelbar aus (8).

Es sei nun für jedes Paar $(\mathscr{A}, \mathscr{B})$ von algebraischen Theorien ein Coprodukt $\mathscr{A} \sqcup \mathscr{B}$ ausgewählt, und zwar so, daß stets gilt $\mathscr{N} \sqcup \mathscr{A} = \mathscr{A}$ mit $i_1 = I_{\mathscr{A}}$ und $i_2 = 1_{\mathscr{A}}$, entsprechend für $\mathscr{A} \sqcup \mathscr{N}$.

18.7.5 Theorem. *Das Kronecker-Produkt ist ein Bifunktor* $\otimes\colon$ $\mathfrak{T} \times \mathfrak{T} \to \mathfrak{T}$. *Hierbei ist*

$$(10) \qquad \mathscr{N} \otimes \mathscr{A} = \mathscr{A} = \mathscr{A} \otimes \mathscr{N}.$$

Es bestehen Isomorphismen

$$(11) \qquad \mathscr{A} \otimes \mathscr{B} \cong \mathscr{B} \otimes \mathscr{A},$$

$$(12) \qquad (\mathscr{A} \otimes \mathscr{B}) \otimes \mathscr{C} \cong \mathscr{A} \otimes (\mathscr{B} \otimes \mathscr{C})$$

als Isomorphismen von Bi- bzw. Trifunktoren. Ferner bestehen Isomorphismen

$$(13) \qquad {}_{0\pi}[\mathscr{A},\, {}_0\mathscr{B}^b] \cong {}_0(\mathscr{A} \otimes \mathscr{B})^b$$

als Isomorphismen kontravarianter Bifunktoren.

80

Beweis. Die erste Behauptung folgt leicht aus (8), (9), weil wir oben $\sqcup$ als Bifunktor fixiert haben. Bei (10) ergibt (8) keine zusätzlichen Bedingungen. (11), (12) folgen ebenfalls leicht aus (8), (9). Man beachte, daß für $\mathscr{A} = \mathscr{B}$ in (11) im allgemeinen nicht der identische Theorie-Morphismus für $\mathscr{A} \otimes \mathscr{A}$ vorliegt. Wegen (8), (9) folgt die letzte Behauptung aus 18.7.2 und 18.7.3, (8) wurde gerade durch (4), (6), (7) motiviert.

18.7.6 Bemerkungen. Das Kronecker-Produkt ist ein Tensorprodukt im Sinne von 16.7.3. Weil $\mathfrak{S}(_0U_{\mathscr{A}\otimes\mathscr{B}})$ isomorph zu $\mathscr{A} \otimes \mathscr{B}$ ist (18.6.6), überträgt sich 11.6.1 auf Kronecker-Produkte, was sich auch aus (8) unmittelbar erhalten läßt. Ist insbesondere $\mathscr{A}$ eine Theorie der Hopf-Objekte, $\mathscr{B}$ eine Theorie der Gruppen, so ist $\mathscr{A} \otimes \mathscr{B}$ eine Theorie der abelschen Gruppen. Man beachte dabei, daß es zu jeder algebraischen Theorie zahllose isomorphe in $\mathfrak{T}$ gibt, es sei denn, man ersetzt $\mathfrak{T}$ durch ein Skelett, d. h. man identifiziert isomorphe Theorien so, daß verschiedene Automorphismen verschieden bleiben.

Es besteht ein Vergiß-Funktor $V\colon {}_{0\pi}[\mathscr{A}, {}_0\mathscr{B}^b] \to {}_0\mathscr{B}^b$ mit $V(T) = T_1$. Vermöge (13) geht er in $_0h_2^b$ über. Man bemerkt, daß V alle Eigenschaften eines algebraischen Funktors hat, daß insbesondere ein Linksadjungierter vorhanden ist und daß $_0U_{\mathscr{B}}V$ zulässig ist. Wegen (13) ist $\mathscr{A} \otimes \mathscr{B} \cong \mathfrak{S}(_0U_{\mathscr{B}}V)$. Es hätte nahegelegen, $\mathscr{A} \otimes \mathscr{B}$ hierdurch zu definieren. Dabei hätte zuvor bestätigt werden müssen, daß $_0U_{\mathscr{B}}V$ zulässig ist, und danach, daß (13) besteht.

Es ist $_\pi[\mathscr{A}, \mathscr{B}^b]$ äquivalent zu $(\mathscr{A} \otimes \mathscr{B})^b$. Die Äquivalenz ergibt sich in natürlicher Weise aus (1), (2), (3) und 18.7.3. Sie ist nicht bijektiv für die Objektklassen. Es liegt keine Isomorphie vor. Diese Äquivalenz und (13) lehren jedoch, daß algebraische Kategorien über einer algebraischen Kategorie im wesentlichen solche über *Ens* sind (zu anderen Theorien). Vermöge 11.6.1 ergeben sich außerdem einige negative Resultate. Über *Ab* gibt es z. B. nur triviale Ringobjekte, über der Kategorie der Ringe nur triviale Hopf-Objekte.

18.8 Charakterisierung algebraischer Kategorien

Bei einer algebraischen Kategorie $\mathscr{A}^b$ läßt sich die zugehörige Theorie $\mathscr{A}$ bis auf Isomorphie in doppelter Weise wiederfinden, nämlich einerseits als Struktur des Vergiß-Funktors $U_{\mathscr{A}}$ (18.6.6), andererseits als Duale der vollen Unterkategorie von $\mathscr{A}^b$, deren Objekte sich durch Einschränkung des Linksadjungierten $L_{\mathscr{A}}$ von $U_{\mathscr{A}}$ auf die Unterkategorie $\mathscr{N}^o$ von *Ens* ergeben (18.2.2, 18.2.4). Dieser zweite Aspekt führt zu einer Charakterisierung algebraischer Kategorien bis auf Äquivalenz, wobei die Beziehung zu $\mathscr{N}^o$ darauf beruht, daß die hier behandelten algebraischen Theorien nur endlich-stellige Operationen besitzen.

18.8.1 Lemma. *Sei $G\colon Ens \to Ens$ ein Funktor. Die folgenden Aussagen sind gleichwertig:*

(a) *G wird von $|\mathcal{N}^o|$ dominiert (Menge der nicht-negativen ganzen Zahlen).*

(b) *Es ist $Q(GI) \cong G$, wenn $I: \mathcal{N}^o \subset Ens$ die Inklusion und Q der Linksadjungierte von $\tilde{I}: [Ens, Ens] \to [\mathcal{N}^o, Ens]$ gemäß 17.1.6 ist.*

Beweis. Nach 17.1.6 (4) ist $Q(GI)(m) = \operatorname{Colim} GIQ_m$ für $m \in |Ens|$. Nach 18.2.3 ist die zu m und I gehörige Kategorie Σ_m filtrierend und $m = \operatorname{Colim} IQ_m$. Nach 17.1.6 (5) besteht eine natürliche Transformation $\Phi: Q(GI) \to G$ mit $\Phi_m: \operatorname{Colim} GIQ_m \to G(m)$. Dabei entsteht Φ_m durch Faktorisierung der natürlichen Transformation $G * \gamma_m: GIQ_m \to G(m)_{\Sigma_m}$ von 17.1.3, die an der Stelle $f: n \to m$ für $n \in |\mathcal{N}^o|$ durch

$$(1) \qquad (G * \gamma_m)_{(n,f)} = G(f): \ G(n) \to G(m)$$

beschrieben wird. Nach 10.3.1 bedeutet (a), daß es zu $x \in G(m)$ ein $f: n \to m$ und ein $y \in G(n)$ gibt mit $x = G(f)(y)$. Wegen 9.3.2 ist das gleichwertig damit, daß Φ_m epimorph ist. Hieraus folgt die Behauptung, wenn noch gezeigt wird, daß Φ_m jedenfalls monomorph ist. Für $m = \emptyset$ ist das trivial, weil $\Sigma_\emptyset$ nur einen Morphismus besitzt, nämlich $(1_\emptyset, 1_\emptyset, 1_\emptyset)$. Sei nun $m \neq \emptyset$, und es seien $[y], [z]$ Elemente von $\operatorname{Colim} GIQ_m$ mit $\Phi_m([y]) = \Phi_m([z]) = x$. Nach 9.3.6 gibt es Repräsentanten y, z auf einem Objekt $GIQ_m(n,f) = G(n)$. Nach 18.2.3 kann angenommen werden, daß f monomorph und $n \neq 0$ ist. Dann ist f eine Coretraktion in Ens, daher auch $G(f)$, und wegen (1) und $G(f)(y) = G(f)(z) = x$ ist $y = z$. Also ist Φ_m monomorph.

18.8.2 Korollar. *Werden G und $F: Ens \to Ens$ von $|\mathcal{N}^o|$ dominiert, so gilt $G \cong F$ genau dann, wenn $GI \cong FI$ ist.*

Das folgt unmittelbar aus 18.8.1 (b).

18.8.3 Korollar. *Für jede algebraische Kategorie $\mathscr{A}^b$ wird $U_{\mathscr{A}} L_{\mathscr{A}}$ von $|\mathcal{N}^o|$ dominiert.*

Beweis. $U_{\mathscr{A}} L_{\mathscr{A}}$ erfüllt 18.8.1 (b), weil $L_{\mathscr{A}}$ und $U_{\mathscr{A}}$ filtrierende Colimites respektieren, ($L_{\mathscr{A}}$ als Linksadjungierter und $U_{\mathscr{A}}$ nach 18.2.1).

18.8.4 Lemma. *Es sei $X: \mathscr{C} \to Ens$ ein Funktor mit Linksadjungiertem K. Die folgenden Aussagen sind gleichwertig:*

(a) *XK wird von $|\mathcal{N}^o|$ dominiert.*

(b) *Jeder Morphismus $u: K(1) \to K(m)$ besitzt eine Zerlegung $u_2 u_1: K(1) \to K(n) \to K(m)$, wobei $n \in |\mathcal{N}^o|$ ist und u_2 die Form $K(f)$ hat.*

Beweis. Sei zunächst (a) erfüllt. Vermöge der Adjunktion $(\psi, K, X, \mathscr{C}, Ens)$ und 16.5.2 ist $\psi_{1, K(m)}(u) = X(u) \circ \Psi_1 \in [1, XK(m)] \cong \ \cong XK(m)$. Wegen (a) gilt $X(u) \circ \Psi_1 = XK(f) \circ y$ für geeignetes $y: 1 \to XK(n)$ und $f: n \to m$ mit $n \in |\mathcal{N}^o|$ (vgl. Beweis von 18.8.1). Hieraus und aus 16.5.2° folgt $u = \Phi_{K(m)} \circ KXK(f) \circ K(y) = K(f) \circ \ \circ \Phi_{K(n)} \circ K(y)$. Auf entsprechende Weise folgt (a) aus (b).

18.8.5 Bemerkung. Die Existenz eines Linksadjungierten K zu X: $\mathscr{C} \to Ens$ ist gleichwertig damit, daß X darstellbar ist und für ein darstellendes Objekt A beliebige Copotenzen (d. h. Coprodukte mit gleichen Cofaktoren) in $\mathscr{C}$ existieren. Existiert nämlich K, so ist $K(1)$ darstellendes Objekt für X, und die Behauptung folgt wegen 16.4.5, 8.1.3, 10.2.5 daraus, daß jede Menge Coprodukt ihrer einelementigen Teilmengen ist. Es liegt übrigens der nicht-additive Fall von 17.8.5 vor.

18.8.6 Der Funktor X: $\mathscr{C} \to Ens$ besitze den Linksadjungierten K. Es sei $\mathscr{C}_\omega$ die volle Unterkategorie von $\mathscr{C}$ mit den Objekten $K(n)$ für $n \in |\mathscr{N}^0|$. Mit den Inklusionen I: $\mathscr{N}^0 \to Ens$, J: $\mathscr{C}_\omega \to \mathscr{C}$ und der Restriktion K_ω: $\mathscr{N}^0 \to \mathscr{C}_\omega$ von K gilt

$$(2) \qquad JK_\omega = KI: \quad \mathscr{N}^0 \to \mathscr{C}.$$

K_ω und J respektieren endliche Coprodukte. Vermöge

$$(3) \qquad \operatorname{Op} K_\omega \operatorname{Op} = K_\omega^0: \quad \mathscr{N} \to \mathscr{C}_\omega^0$$

ist $\mathscr{C}_\omega^0$ eine algebraische Theorie $\mathscr{B}$, falls K_ω bijektiv für Objekte ist. Andernfalls entsteht $\mathscr{B}$ durch geeignete Indizierung entsprechend 18.6.1. Nach 18.6.3 (5) ist übrigens $\mathscr{B}$ isomorph zu $\mathfrak{S}(X)$. Der durch $A \mapsto [J(?), A]$, $f \mapsto [J(?), f]$ definierte Funktor $J^\vee$: $\mathscr{C} \to [\mathscr{C}_\omega^0, Ens]$ faktorisiert über $\mathscr{B}^b$ nach 8.7.3. Damit entsteht die sogenannte *Malcev-„Einbettung“*

$$(4) \qquad M: \mathscr{C} \to \mathscr{B}^b \quad \text{mit} \quad M(A) = [J(?), A]_{\mathscr{C}}.$$

M ist injektiv für Objekte, wie die Träger $[JK_\omega(1), A] = [K(1), A]$ zeigen, aber nur unter zusätzlichen Voraussetzungen treu.

18.8.7 Für die Malcev-Einbettung (3) gilt:

(a) M ist genau dann treu, wenn X es ist. Ferner gilt

$$(5) \qquad U_{\mathscr{B}} M \doteq X.$$

(b) MJ ist völlig treu.

(c) Wird XK von $|\mathscr{N}^0|$ dominiert, so ist

$$(6) \qquad L_{\mathscr{B}} \cong MK,$$

$$(7) \qquad M_{K(m),A}: \quad [K(m), A] \to [MK(m), M(A)]$$

$$\text{isomorph für alle } m \in |Ens| \text{ und } A \in |\mathscr{C}|.$$

Beweis. (5) folgt nach Definition von $U_{\mathscr{B}}$ aus

$$U_{\mathscr{B}} M(?) \cong [JK_\omega(1), ?] \cong [1, X(?)] \cong X(?).$$

Weil $U_{\mathscr{B}}$ treu ist, folgt (a) aus (5). (b) folgt daraus, daß die Yoneda-Einbettung H_*: $\mathscr{C}_\omega \to [\mathscr{C}_\omega^0, Ens]$ bis auf evidente Isomorphie und anschließende Inklusion mit MJ übereinstimmt. Hieraus, aus (2) und aus 18.2.4 folgt wegen $[J(?), JK_\omega(??)]_\mathscr{C} \cong [K_\omega^0(??), ?]_{\mathscr{C}_\omega^0}$

$$(8) \qquad\qquad MKI = MJK_\omega \cong L_\mathscr{B}I.$$

$L_\mathscr{B}$ respektiert Colimites. Wegen $m = \mathrm{Colim}\ IQ_m$ (vgl. 18.2.3, 18.8.1), 17.1.1 und (8) besteht eine natürliche Transformation $\eta\colon L_\mathscr{B} \to MK$ und damit $U_\mathscr{B} * \eta\colon U_\mathscr{B} L_\mathscr{B} \to U_\mathscr{B} MK \cong XK$. Hieraus folgt (6) wegen 18.8.2 und 18.8.3, weil (8) aus η durch Einschränkung entsteht (nach Konstruktion von η) und $U_\mathscr{B}$ Isomorphismen entdeckt.

Für $m \in |\mathscr{N}^0|$ ist (7) isomorph, weil dann $M_{K(m), A}$ wegen $MK(m) = MJK_\omega(m) \cong H_* K_\omega(m)$ durch den Yoneda-Isomorphismus 4.2.1 rückgängig gemacht wird, wie (4) zeigt. Insbesondere gilt das für $m = 1$. Weil eine beliebige Menge m vermöge der Injektionen $i_x\colon 1 \to m$ Coprodukt von Mengen 1 ist und MK nach (6) ebenso wie $L_\mathscr{B}$ und K Coprodukte respektiert, erhält man (7) allgemein aus 8.7.3:

$$
\begin{array}{ccc}
[K(m), A] & \xrightarrow{\ M_{K(m), A}\ } & [MK(m), M(A)] \\
{\scriptstyle [K(i_x), A]}\downarrow & & \downarrow{\scriptstyle [MK(i_x), M(A)]} \\
[K(1), A] & \xrightarrow{\ M_{K(1), A}\ } & [MK(1), M(A)]
\end{array}
$$

ist kommutativ, weil $M_{?, ??}\colon [?, ??] \to [M(?), M(??)]$ eine natürliche Transformation von kontra-ko-varianten Funktoren ist.

18.8.8 Satz. *Eine Kategorie $\mathscr{C}$ ist genau dann äquivalent zu einer algebraischen Kategorie, wenn sie Differenzcokerne besitzt und ein Funktor $X\colon \mathscr{C} \to Ens$ mit Linksadjungiertem K existiert, so daß gilt*

(i) *XK wird von $|\mathscr{N}^0|$ dominiert.*

(ii) *$f\colon B \to C$ in $\mathscr{C}$ ist genau dann Differenzcokern, wenn $X(f)$ epimorph ist.*

(iii) *Ein Paar von Morphismen $a, b\colon A \to B$ in $\mathscr{C}$ ist ein Kernpaar, wenn $(X(a), X(b))$ ein Kernpaar ist.*

Beweis. (a) Eine algebraische Kategorie $\mathscr{A}^b$ besitzt die genannten Eigenschaften mit $X = U_\mathscr{A}$, $K = L_\mathscr{A}$ wegen 18.8.3 und 18.4.5. Hieraus folgen sie offenbar für jede zu $\mathscr{A}^b$ äquivalente Kategorie. Zur Umkehrung benutzen wir 18.8.6 und 18.8.7.

(b) Wir beweisen zunächst, daß M völlig treu ist. Aus (ii) folgt, daß X Epimorphismen entdeckt. Nach 16.5.3 ist X treu, und wegen 18.8.7 ist M treu. Wegen (5) ist K linksadjungiert zu $U_\mathscr{B} M$. Mit quasi-inversen Adjunktions-Transformationen Φ'', Ψ'' mit $\Phi''\colon KU_\mathscr{B} M \to 1_\mathscr{C}$ gilt nach 16.5.5

$$(U_\mathscr{B} M * \Phi'')(\Psi'' * U_\mathscr{B} M) = 1_{U_\mathscr{B} M}.$$

Für $A \in |\mathscr{C}|$ ist $U_\mathscr{B} M(\Phi_A'')$ als Retraktion epimorph. Weil (ii) für $U_\mathscr{B}$ und $U_\mathscr{B} M \cong X$ entsprechend gilt, sind $M(\Phi_A'')$ und Φ_A'' Differenzcokerne in $\mathscr{B}^b$ bzw. $\mathscr{C}$. Für $\eta\colon M(A) \to M(B)$ in $\mathscr{B}^b$ betrachten wir

$$(9) \qquad \eta \circ M(\Phi''_A)\colon \quad MKU_{\mathscr{B}} M(A) \to M(A) \to M(B).$$

Nach (7) gibt es genau ein $f\colon KU_{\mathscr{B}} M(A) \to B$ in $\mathscr{C}$ mit $M(f) = \eta \circ M(\Phi''_A)$. Sei Φ''_A Differenzcokern von $q_1, q_2\colon D \to KU_{\mathscr{B}}M(A)$. Nach Wahl von f folgt aus (9) $M(fq_1) = \eta \circ M(\Phi''_A q_1) = \eta \circ M(\Phi''_A q_2) = M(fq_2)$. Weil M treu ist, ist $fq_1 = fq_2$. Nach Definition für Differenzcokerne gibt es genau ein $g\colon A \to B$ mit $f = g\Phi''_A$. Wegen (9) folgt $\eta \circ M(\Phi''_A) = M(g) M(\Phi''_A)$. Weil $M(\Phi''_A)$ epimorph ist, gilt $\eta = M(g)$. Daher ist M voll.

(c) Wir zeigen nun, daß M einen Linksadjungierten G besitzt. Nach (6) ist MK linksadjungiert zu $U_{\mathscr{B}}$. Für die zugehörigen quasi-inversen Adjunktions-Transformationen Φ, Ψ gilt nach 16.5.5

$$(U_{\mathscr{B}} * \Phi)(\Psi * U_{\mathscr{B}}) = 1_{U_{\mathscr{B}}} \quad \text{mit} \quad \Phi\colon MKU_{\mathscr{B}} \to 1_{\mathscr{B}^b}.$$

Für $S \in |\mathscr{B}^b|$ ist also $U_{\mathscr{B}}(\Phi_S)$ eine Retraktion und damit Φ_S ein Differenzcokern, weil $U_{\mathscr{B}}$ (ii) erfüllt. Weil $\mathscr{B}^b$ vollständig ist, existiert in $[\mathscr{B}^b, \mathscr{B}^b]$ das Pullback

$$(10) \qquad \begin{array}{ccc} F & \xrightarrow{\;\pi_2\;} & MKU_{\mathscr{B}} \\ {\scriptstyle \pi_1}\big\downarrow & & \big\downarrow{\scriptstyle \Phi} \\ MKU_{\mathscr{B}} & \xrightarrow{\;\Phi\;} & 1_{\mathscr{B}^b} \end{array}$$

Das ist ein bicartesisches Quadrat, weil es nach 18.4.3 bicartesisch an jeder Stelle S in $\mathscr{B}^b$ ist. $\Phi * F\colon MKU_{\mathscr{B}} F \to F$ ist natürliche Transformation. Weil M völlig treu ist, gibt es natürliche Transformationen $\alpha_1, \alpha_2\colon KU_{\mathscr{B}} F \to KU_{\mathscr{B}}$ mit

$$(11) \qquad M * \alpha_i = \pi_i \circ (\Phi * F) \qquad i = 1, 2.$$

Weil $\mathscr{C}$ Differenzcokerne besitzt, existiert in $[\mathscr{B}^b, \mathscr{C}]$ der Differenzcokern $\beta\colon KU_{\mathscr{B}} \to G$ von α_1, α_2. Wegen (ii) ist $U_{\mathscr{B}} M * \beta \cong X * \beta$ epimorph, und wegen (ii) für $U_{\mathscr{B}}$ ist $M * \beta$ an jeder Stelle ein Differenzcokern. Weil $\Phi * F$ (an jeder Stelle) epimorph ist, folgt aus (11) $(M * \beta)\pi_1 = (M * \beta)\pi_2$. Weil (10) ein Pushout ist, existiert $\Psi'\colon 1_{\mathscr{B}^b} \to MG$ mit

$$(12) \qquad \Psi'\Phi = M * \beta\colon MKU_{\mathscr{B}} \to MG,$$

und es ist Ψ' an jeder Stelle Differenzcokern, wie wieder Anwendung von $U_{\mathscr{B}}$ zeigt. Zum Nachweis, daß G linksadjungiert zu M mit Adjunktions-Transformation Ψ' ist, genügt es wegen 16.5.1 zu zeigen, daß für $S \in |\mathscr{B}^b|$, $A \in |\mathscr{C}|$ und $\eta\colon S \to M(A)$ genau ein $f\colon G(S) \to A$ existiert mit $\eta = M(f)\Psi'_S$. Zunächst gibt es $h\colon KU_{\mathscr{B}}(S) \to A$ mit

$M(h) = \eta \Phi_S$, weil M voll ist.

$$
(13) \qquad
\begin{array}{ccc}
MKU_{\mathscr{B}}(S) & \xrightarrow{\Phi_S} & S \\
{\scriptstyle M(\beta_S)}\downarrow & \begin{array}{c} M(h) \\ \Psi'_S \end{array} & \downarrow{\scriptstyle \eta} \\
MG(S) & \xrightarrow[M(f)]{} & M(A)
\end{array}
$$

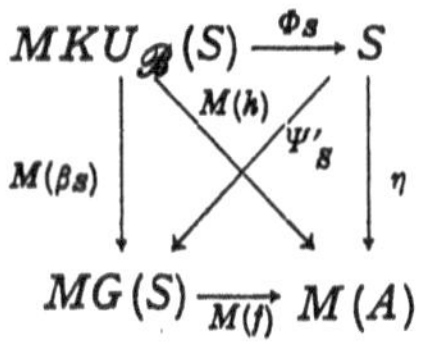

Nach (10) und (11) ist $\Phi(M * \alpha_1) = \Phi(M * \alpha_2)$. Damit folgt

$$M(h)\, M(\alpha_{1S}) = M(h)\, M(\alpha_{2S})$$

und damit $h\alpha_{1S} = h\alpha_{2S}$, weil M treu ist. Nach Definition von β gibt es $f\colon G(S) \to A$ mit $h = f\beta_S$. Damit ist die äußere Kontur in (13) kommutativ. Weil Φ_S epimorph ist, folgt aus (12) $\eta = M(f)\,\Psi'_S$. Weil Ψ'_S epimorph ist, ist $M(f)$ hierdurch eindeutig bestimmt und auch f, weil M treu ist. Also liegt tatsächlich eine Adjunktion vor.

(d) Nach 16.5.4 ist die zu Ψ' quasi-inverse Adjunktions-Transformation Φ' isomorph. Die Behauptung folgt, wenn auch Ψ' isomorph ist. Nach 16.6.1 ist $\mathscr{C}$ vollständig und covollständig, also auch $[\mathscr{B}^b, \mathscr{C}]$. Weil β Differenzcokern ist, existiert nun in $[\mathscr{B}^b, \mathscr{C}]$ das bicartesische Quadrat

$$
(14) \qquad
\begin{array}{ccc}
E & \xrightarrow{\gamma_1} & KU_{\mathscr{B}} \\
{\scriptstyle \gamma_2}\downarrow & & \downarrow{\scriptstyle \beta} \\
KU_{\mathscr{B}} & \xrightarrow{\beta} & G
\end{array}
$$

Wendet man M auf (14) an, so entsteht wieder ein bicartesisches Quadrat, weil $M * \beta$ an jeder Stelle ein Differenzcokern ist und M Pullbacks respektiert (als Rechtsadjungierter von G). Damit folgt aus (10) und (12), daß es $\mu\colon F \to ME$ gibt mit

$$
(15) \qquad \pi_i = (M * \gamma_i)\mu, \qquad i = 1, 2.
$$

Durch Vergleich von (10) als Pushout mit dem Pushout, das aus (14) durch Anwendung von M entsteht, folgt wegen (12) und (15), daß μ und Ψ' zusammen mit der identischen Transformation von $MKU_{\mathscr{B}}$ eine natürliche Transformation von Pushouts bilden. Also ist Ψ' genau dann isomorph, wenn μ es ist. Dabei genügt der Nachweis an beliebiger Stelle $S \in |\mathscr{B}^b|$. Wir betrachten

$$
(16) \qquad
\begin{array}{ccccccc}
MKU_{\mathscr{B}}F(S) & \xrightarrow{\Phi_{F(S)}} & F(S) & \underset{\pi_{2,S}}{\overset{\pi_{1,S}}{\rightrightarrows}} & MKU_{\mathscr{B}}(S) & \xrightarrow{\Phi_S} & S \\
\downarrow{\scriptstyle M(\beta_{F(S)})} & \begin{array}{c}\Psi'_{F(S)}\\ M(d)\end{array} & \Big\downarrow{\scriptstyle \mu_S} & \begin{array}{c}M(\gamma_{1,S})\\ M(\gamma_{2,S})\end{array} & & \downarrow{\scriptstyle M(\beta_N)} & \\
MGF(S) & \xrightarrow[M(e)]{} & ME(S) & & MG(S) & &
\end{array}
$$

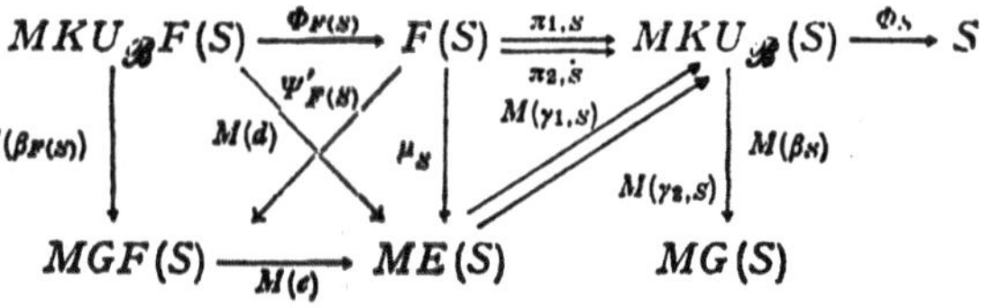

Hierbei besteht die linke Hälfte als kommutatives Diagramm nach (13) mit entsprechender Umbezeichnung. Nach 18.4.9 ist μ_S monomorph. Damit folgt, daß $\Psi'_{F(S)}$ ein monomorpher Differenzcokern, also isomorph ist (7.2.2). Daher ist $\big(M(\gamma_{1,S}e),\, M(\gamma_{2,S}e)\big)$ ebenfalls Kernpaar von Φ_S.

Weil nun Voraussetzung (iii) für $U_{\mathscr{B}}M \cong X$ gilt und $U_{\mathscr{B}}$ Kernpaare respektiert, ist $(\gamma_{1,S}e,\, \gamma_{2,S}e)$ Kernpaar in $\mathscr{C}$. Es hat den Differenzcokern β_S, denn nach Definition von β und nach (11), (15), (16) ist β_S Differenzcokern von $\gamma_{1,S}e\beta_{F(S)}$ und $\gamma_{2,S}e\beta_{F(S)}$, und es ist $\beta_{F(S)}$ epimorph. Nach (14) und 18.4.3 (b) ist e isomorph. Also ist $M(e)$ isomorph und auch μ_S, weil $\Psi'_{F(S)}$ isomorph ist. Damit ist der Satz schließlich bewiesen.

18.8.9 Verallgemeinerung. Eine *Kardinalzahl* r ist *regulär*, wenn für jede Familie $\{M_j\}_{j\in J}$ von Mengen, bei der alle M_j und die Indexmenge J eine Mächtigkeit $< r$ haben, auch die Mächtigkeit von $\bigcup M_j$ kleiner als r ist. Die kleinste reguläre Kardinalzahl ist 1, die nächste die Mächtigkeit ω der abzählbaren Mengen und deren nächste die kleinste nichtabzählbare Kardinalzahl Ω.

Sei $r > 1$ eine reguläre Kardinalzahl. Nimmt man statt $\mathscr{N}^0$ die volle Unterkategorie $\mathscr{R}^0$ von *Ens*, deren Objekte die Kardinalzahlen $< r$ sind, so lassen sich entsprechend 18.6.1 r-äre algebraische Theorien als Funktoren $I_{\mathscr{A}} : \mathscr{R} \to \mathscr{A}$ definieren, die bijektiv für die Objektklassen sind und diejenigen Produkte respektieren, für welche die Mächtigkeit der Indexmenge kleiner als r ist. Für solche r-ären algebraischen Theorien läßt sich alles von 18.1 an ohne Schwierigkeit übertragen. An die Stelle von filtrierenden Colimites treten solche, die ,,stark filtrierend unterhalb r" sind, d. h. bei denen 9.2.4 (i_S) gilt, wenn die Mächtigkeit der Indexmenge kleiner als r ist. Entsprechend 9.4.1, 9.4.2 folgt, daß solche Colimites mit den benötigten Produkten (Indexmenge von kleinerer Mächtigkeit als r) in *Ens* und auch in $\mathscr{A}^b$ vertauschbar sind (vgl. die Bemerkung in 10.1.2).

Eine derartige Verallgemeinerung ist beispielsweise für Verbände von Interesse. Die Theorie der Verbände ist eine algebraische Theorie, und durch Hinzunahme gewisser weiterer Axiome wie Existenz eines kleinsten Elementes 0, eines größten 1 und eindeutige Komplementbildung entstehen wieder algebraische Theorien. Mit Hilfe der Verallgemeinerung lassen sich Verbände erfassen, die vollständig unterhalb r sind, insbesondere σ-vollständige Verbände für $r = \Omega$.

Sind r und s reguläre Kardinalzahlen mit $1 < r < s$, so läßt sich jede r-äre Theorie $\mathscr{A}_r$ zu einer s-ären $\mathscr{A}_s$ erweitern mit einer Konstruktion entsprechend 18.1, indem man die Operationen von $\mathscr{A}_r$ als Erzeugende für $\mathscr{A}_s$ nimmt und die bestehenden Gleichungen in $\mathscr{A}_r$ berücksichtigt. Man kann dann in naheliegender Weise zeigen, daß $_0\mathscr{A}_r^b \cong {_0\mathscr{A}_s^b}$ ist und daß $\mathscr{A}_r^b$ und $\mathscr{A}_s^b$ äquivalent sind. Insbesondere erhält man so einen Vergiß-Funktor als algebraischen Funktor von der

Kategorie der σ-vollständigen Verbände in die Kategorie der Verbände mit 0,1 und eindeutigem Komplement.

Eine weitergehende Verallgemeinerung besteht darin, daß an Stelle von $\mathcal{N}^0$ ein Skelett von *Ens* (Objekte die Kardinalzahlen im Universum $\mathfrak{U}$) oder auch *Ens* tritt (LINTON [40]). Eine Theorie der vollständigen Verbände ist jedoch damit nicht zu erhalten.

19. Kalkül von Brüchen

19.1 Kategorien von Brüchen

19.1.1 Vorbemerkung. Ist $S\colon \mathscr{C} \to \mathscr{B}$ ein Funktor, so liegt es nahe, in $\mathscr{C}$ die Klasse Σ derjenigen Morphismen zu betrachten, die bei S in Isomorphismen übergehen (19.3). Umgekehrt entsteht bei gegebener Klasse $\Sigma \subset \mathrm{Mor}\,\mathscr{C}$ die Frage nach Funktoren, die alle Morphismen aus Σ in Isomorphismen überführen. In einem höheren Universum $\mathfrak{B}$ gibt es unter diesen Funktoren einen initialen (19.1.2). Unter geeigneten Bedingungen für Σ sind übersichtliche Beschreibungen möglich (19.2). Schärfere Bedingungen stehen in enger Beziehung zu adjungierten Situationen, bei denen einer der beiden Funktoren völlig treu und Wechsel des Universums entbehrlich ist.

19.1.2 Satz. *Es sei $\mathscr{C}$ eine Kategorie des Universums $\mathfrak{U}$ und Σ eine Teilklasse von $\mathrm{Mor}\,\mathscr{C}$. In einem höheren Universum $\mathfrak{B}$ gibt es eine kleine $\mathfrak{B}$-Kategorie $\mathscr{C}[\Sigma^{-1}]$ und einen Funktor $P\colon \mathscr{C} \to \mathscr{C}[\Sigma^{-1}]$ mit folgenden Eigenschaften:*

(i) *Für jedes $s \in \Sigma$ ist $P(s)$ isomorph.*

(ii) *Ist $F\colon \mathscr{C} \to \mathscr{D}$ ein Funktor, so daß $F(s)$ isomorph ist und für alle $s \in \Sigma$, so gibt es genau einen Funktor $G\colon \mathscr{C}[\Sigma^{-1}] \to \mathscr{D}$ mit $F = GP$. Hierbei ist $\mathscr{D}$ Kategorie eines beliebigen Universums.*

Beweis. $\mathscr{C}$ ist eine kleine $\mathfrak{B}$-Kategorie. Es sei $\mathscr{C}'$ das $\mathscr{C}$ unterliegende Diagrammschema (bezüglich $\mathfrak{B}$, vgl. 6.1.2). $\mathscr{C}''$ entstehe aus $\mathscr{C}'$ dadurch, daß zu jedem Pfeil s aus Σ je ein Pfeil s^- mit umgekehrter Richtung hinzugenommen wird, also $a(s^-) = z(s)$, $z(s^-) = a(s)$. Für $\mathscr{C}''$ betrachten wir die $\mathfrak{B}$-Menge K von Kommutativitätsbedingungen, die besteht aus allen von $\mathscr{C}$ herrührenden Kommutativitätsbedingungen (triviale Ergänzung von $\mathscr{C}''$ gemäß 6.2.2 ist nicht nötig) und allen Paaren $(s^-s, 1_{a(s)})$, $(ss^-, 1_{z(s)})$ mit $s \in \Sigma$. Wir setzen $\mathscr{C}[\Sigma^{-1}] = {} = \mathscr{W}(\mathscr{C}''/K)$ gemäß 6.3.1. $\mathscr{C}$ und $\mathscr{C}[\Sigma^{-1}]$ stimmen in den Objekten überein. Für $f \in \mathrm{Mor}\,\mathscr{C}$ ist f ein Weg der Länge 1 in $\mathscr{C}''$. Er geht bei Übergang von $\mathscr{C}''$ zu $\mathscr{C}[\Sigma^{-1}]$ in einen Morphismus $P(f)$ über. Offenbar ist damit P als Funktor definiert.

Ein Funktor $F\colon \mathscr{C} \to \mathscr{D}$ läßt sich als Diagramm $F'\colon \mathscr{C}' \to \mathscr{D}$ auffassen. Ist $F(s)$ isomorph für jedes $s \in \Sigma$, so setzt sich F' eindeutig zu einem Diagramm $F''\colon \mathscr{C}'' \to \mathscr{D}$ so fort, daß F'' den Kommutativitätsbedingungen aus K genügt. Damit ergibt sich die Behauptung aus der Konstruktion von P und aus 6.3.2.

19.1.3 Definition. Die soeben konstruierte Kategorie $\mathscr{C}[\Sigma^{-1}]$ heißt *Kategorie der Brüche* von $\mathscr{C}$ bezüglich Σ. Der Funktor $P\colon \mathscr{C} \to \mathscr{C}[\Sigma^{-1}]$ wird als *kanonischer Funktor* bezeichnet.

Die Klasse Ξ aller Morphismen, die durch $P\colon \mathscr{C} \to \mathscr{C}[\Sigma^{-1}]$ in Isomorphismen übergehen, heißt die *Saturation* von Σ. Σ heißt *saturiert*, wenn $\Sigma = \Xi$ ist.

19.1.4 Satz. *Es sei $\Sigma \subset \mathrm{Mor}\,\mathscr{C}$ und $P\colon \mathscr{C} \to \mathscr{C}[\Sigma^{-1}]$ der kanonische Funktor.*

(a) *Gelten für einen Funktor $P'\colon \mathscr{C} \to \mathscr{C}'$ die Bedingungen 19.1.2 (i), (ii) entsprechend, so gibt es genau einen Isomorphismus $R\colon \mathscr{C}[\Sigma^{-1}] \to \mathscr{C}'$ mit $P' = RP$.*

(b) *Ist Ξ die Saturation von Σ und $P'\colon \mathscr{C} \to \mathscr{C}[\Xi^{-1}]$ der kanonische Funktor, so existiert genau ein Isomorphismus R mit $P' = RP$.*

(c) *Ist $\Sigma' \subset \mathrm{Mor}\,\mathscr{C}$ und $P'\colon \mathscr{C} \to \mathscr{C}[\Sigma'^{-1}]$ der zugehörige kanonische Funktor, so gibt es einen Isomorphismus R mit $P' = RP$ genau dann, wenn Σ und Σ' dieselbe Saturation besitzen.*

(d) *Für eine beliebige Kategorie $\mathscr{D}$ ist (in einem geeigneten Universum) $[P, \mathscr{D}]\colon [\mathscr{C}[\Sigma^{-1}], \mathscr{D}] \to [\mathscr{C}, \mathscr{D}]$ eine volle Einbettung. Sie bewirkt eine Isomorphie von $[\mathscr{C}[\Sigma^{-1}], \mathscr{D}]$ mit derjenigen vollen Unterkategorie von $[\mathscr{C}, \mathscr{D}]$, deren Objekte die Funktoren sind, welche die Morphismen aus Σ in Isomorphismen überführen.*

Beweis. (a) Nach 19.1.2 erhält man Funktoren R und R' mit $P' = RP$ und $P = R'P'$. Hierbei sind $R'R$ und RR' identische Funktoren, wieder nach 19.1.2, und es sind R und R' eindeutig bestimmt.

(b) Jeder Funktor $F\colon \mathscr{C} \to \mathscr{D}$, der die Morphismen aus Σ in Isomorphismen überführt, führt nach 19.1.2 (ii) auch diejenigen aus Ξ in Isomorphismen über. In 19.1.2 (ii) kann daher Σ durch Ξ ersetzt werden, womit die Behauptung aus (a) folgt.

(c) Gibt es einen Isomorphismus R mit $P' = RP$, so besitzen Σ und Σ' dieselbe Saturation. Die Umkehrung folgt aus (b).

(d) P bildet die Objekte von $\mathscr{C}$ identisch ab. Natürliche Transformationen zwischen Funktoren $G, G'\colon \mathscr{C}[\Sigma^{-1}] \to \mathscr{D}$ sind daher auch solche zwischen GP und $G'P$. Die Konstruktion von $\mathscr{C}[\Sigma^{-1}]$ vermöge des Diagrammschemas $\mathscr{C}''$ zeigt, daß auch das Umgekehrte gilt. Damit folgt die Behauptung aus 19.1.2.

19.2 Kalkül von Linksbrüchen

19.2.1 Definition. Es sei $\mathscr{C}$ eine $\mathfrak{U}$-Kategorie und $\Sigma \subset \mathrm{Mor}\,\mathscr{C}$. Σ erlaubt einen *Kalkül von Linksbrüchen*, wenn gilt:

(i) Alle identischen Morphismen von $\mathscr{C}$ gehören zu Σ.

(ii) Jedes (in $\mathscr{C}$ vorhandene) Kompositum von Morphismen aus Σ gehört zu Σ (Σ ist kompositionsabgeschlossen).

(iii) Für jedes Diagramm $A' \xleftarrow{s} A \xrightarrow{g} D$ in $\mathscr{C}$ mit $s \in \Sigma$ existiert ein kommutatives Quadrat

$$
\begin{array}{ccc}
A & \xrightarrow{g} & D \\
{\scriptstyle s}\downarrow & & \downarrow{\scriptstyle s'} \\
A' & \xrightarrow{g'} & D'
\end{array}
\qquad \text{mit } s' \in \Sigma.
$$

(1)

(iv) Gibt es zu $f, g\colon A \to B$ in $\mathscr{C}$ ein $s \in \Sigma$ mit $fs = gs$, so existiert $t \in \Sigma$ mit $tf = tg$.

Σ erlaubt einen *starken Kalkül von Linksbrüchen*, wenn außerdem gilt:

(v) Zu jedem Pinsel $\{s_j\colon A \to B_j\}_{j \in J}$, für den J eine $\mathfrak{U}$-Menge und jedes $s_j \in \Sigma$ ist, existiert eine kommutative Ergänzung $\{f_j\colon B_j \to C\}$, derart, daß $f_j s_j \in \Sigma$ ist (vgl. 9.2.4).

Für $A \in |\mathscr{C}|$ sei A/Σ die volle Unterkategorie von $A/\mathscr{C}$ (vgl. 6.5.3 dual), deren Objekte die Morphismen aus Σ mit Quelle A sind. Σ erlaubt einen *terminalen Kalkül von Brüchen*, wenn (i), (ii), (iii), (iv) erfüllt sind und außerdem:

(vi) Für jedes $A \in |\mathscr{C}|$ besitzt A/Σ ein terminales Objekt.

Aus (vi) folgt offenbar (v).

Kalkül von Rechtsbrüchen, starker Kalkül von Rechtsbrüchen, initialer Kalkül von Brüchen ergeben sich durch Dualisierung.

19.2.2 Motivierung. Bei $P\colon \mathscr{C} \to \mathscr{C}[\Sigma^{-1}]$ erhält man in $\mathscr{C}[\Sigma^{-1}]$ einen Morphismus $P(A) \to P(B)$ jedenfalls dann, wenn in $\mathscr{C}$ eine der beiden folgenden Situationen vorliegt.

$$
A \xleftarrow{s} C \xrightarrow{g} B \qquad \text{oder} \qquad A \xrightarrow{g'} D \xleftarrow{s'} B \qquad \text{mit} \quad s, s' \in \Sigma.
$$

Vermöge (iii) läßt sich die erste Situation in die zweite so verwandeln, daß sich derselbe Morphismus in $\mathscr{C}[\Sigma^{-1}]$ ergibt. Aus (i), (ii), (iii) und der Konstruktion von $\mathscr{C}[\Sigma^{-1}]$ folgt leicht:

Jeder Morphismus in $\mathscr{C}[\Sigma^{-1}]$ läßt sich in der Form $P(s)^{-1}P(f)$ mit $s \in \Sigma$ darstellen. Wir setzen

$$
(2) \qquad\qquad [s|f] = P(s)^{-1}P(f)
$$

und nennen das Paar (s, f) einen *Repräsentanten* von $[s|f]$. Hierbei haben s und f dasselbe Ziel. Die Quelle von f bzw. s ist Quelle bzw. Ziel von $[s|f]$.

Die Morphismenkomposition in $\mathscr{C}[\Sigma^{-1}]$ läßt sich nun durch Repräsentanten beschreiben. Ist das Ziel von $[s|f]$ die Quelle von $[t|g]$, so folgt aus (1) wegen (ii):

(3)
$$[t\,|\,g]\,[s\,|\,f] = [s't\,|\,g'f],$$

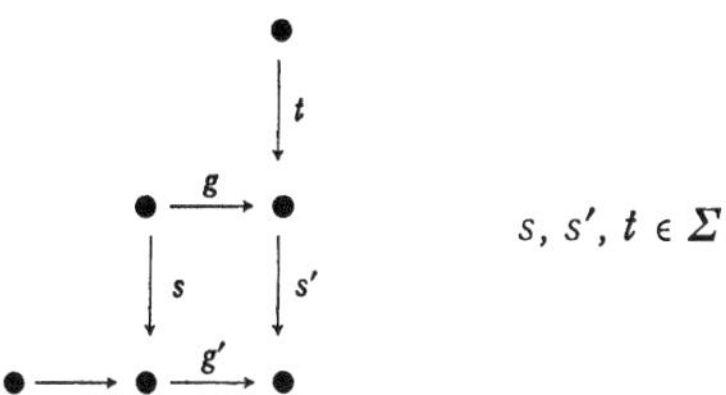

$$s,\,s',\,t \in \Sigma.$$

Es bleibt die Frage, wann Paare $(s,\,f)$ und $(r,\,h)$ mit $r,\,s \in \Sigma$ Repräsentanten desselben Morphismus von $\mathscr{C}\,[\Sigma^{-1}]$ sind. Wir betrachten:

(4)
$$r,\,s,\,u \in \Sigma.$$

Die linke Hälfte besagt, daß $[s\,|\,f]$ und $[r\,|\,h]$ in Quelle und Ziel übereinstimmen. Die rechte Hälfte läßt sich in kommutativer Weise mit $u \in \Sigma$ dadurch erhalten, daß man auf r und s (iii) anwendet, wodurch c und d entstehen und etwa $c \in \Sigma$ ist. Wegen (ii) ist $u = dr = cs \in \Sigma$. Aus (i), (ii), (iii) folgt nun allgemein:

Liegt ein Diagramm (4) mit kommutativer rechter Hälfte vor, also $u = dr = cs$, so gilt:

(5)
$$[s\,|\,f] = [u\,|\,cf]; \qquad [r\,|\,h] = [u\,|\,dh].$$

In $\mathscr{C}\,[\Sigma^{-1}]$ ist nämlich $[u\,|\,u] = 1_{P(B)}$ und $[u\,|\,u]\,[s\,|\,f] = [u\,|\,cf]$, was sich entsprechend (3) aus $1_E u = cs$ ergibt. Die zweite Gleichung in (5) erhält man analog.

Wegen (5) gilt $[s\,|\,f] = [r\,|\,h]$ jedenfalls dann, wenn sich $u,\,c,\,d$ in (4) so wählen lassen, daß ein kommutatives Diagramm entsteht, also außer $u = dr = cs$ noch $cf = dh$ gilt. Wir werden zeigen (19.2.4), daß diese Bedingung auch notwendig ist, wenn Σ einen Kalkül von Linksbrüchen gestattet.

19.2.3 Lemma. (a) *Gestattet* $\Sigma \subset \mathrm{Mor}\,\mathscr{C}$ *einen Kalkül von Linksbrüchen, so ist* A/Σ *filtrierend für jedes* $A \in |\mathscr{C}|$.

(b) Σ *gestattet genau dann einen starken Kalkül von Linksbrüchen, wenn* Σ *einen Kalkül von Linksbrüchen erlaubt und außerdem* A/Σ *stark filtrierend ist für jedes* $A \in |\mathscr{C}|$.

Beweis. (a) Die Bedingungen 9.2.4 (ii), (iii) für A/Σ folgen aus 19.2.1 (iv), (ii) bzw. (iii), (ii). (b) folgt damit durch Vergleich von 9.2.4 (i_s) und 19.2.1 (v).

19.2.4 $\Sigma \subset \mathrm{Mor}\,\mathscr{C}$ gestatte einen Kalkül von Linksbrüchen. In 19.2.2 wurde von $\mathscr{C}[\Sigma^{-1}]$ und P zunächst nur 19.1.2 (i) benutzt, dagegen 19.1.2 (ii) noch nicht. Wir konstruieren eine neue Kategorie $\Sigma^{-1}\mathscr{C}$ mit Funktor $P'\colon \mathscr{C} \to \Sigma^{-1}\mathscr{C}$, so daß 19.1.2 (i), (ii) entsprechend gelten. Nach 19.1.4 besteht dann genau ein Isomorphismus

$$R\colon\ \mathscr{C}[\Sigma^{-1}] \to \Sigma^{-1}\mathscr{C} \quad \text{mit}\quad P' = RP.$$

Die Objekte von $\Sigma^{-1}\mathscr{C}$ seien diejenigen von $\mathscr{C}$. Für jedes (geordnete) Paar von Objekten aus $\mathscr{C}$ sei $F_{A,B}\colon B/\Sigma \to Ens$ der Funktor $H^A\varDelta^1$ (vgl. 6.5.2), also $s \mapsto [A, z(s)]_{\mathscr{C}}$ für $s \in |B/\Sigma|$ und Ziel $z(s)$ von s. Vermöge der Inklusion $Ens \subset \mathscr{ENS}$ besitzt $F_{A,B}$ einen Colimes in $\mathscr{ENS}$. Wir setzen $[A, B]_{\Sigma^{-1}\mathscr{C}} = \mathrm{Colim}\,F_{A,B}$, wobei dieses Colimes-Objekt als filtrierender Colimes (19.2.3) nach 9.3.2 konstruiert wird. Ein Element von $[A, B]_{\Sigma^{-1}\mathscr{C}}$ ist eine Äquivalenzklasse von Paaren (s, f), wobei $s \in B/\Sigma$ ist und f die Quelle A und dasselbe Ziel wie s hat. Zwei Paare (s, f) und (r, h) sind nach 9.3.2 genau dann äquivalent, wenn ein kommutatives Diagramm (4) existiert. Sei jetzt $[s|f]$ die Äquivalenzklasse von (s, f). Ist das Ziel von $[s|f]$ die Quelle von $[t|g]$, so werde nun $[t|g]\,[s|f]$ entsprechend (3) mit Hilfe von Repräsentanten $(t, g), (s, f)$ unter Benutzung von (iii) definiert. Mit (i), (ii), (iii) und (iv) bestätigt man ohne Schwierigkeiten, daß das Kompositum (als Äquivalenzklasse) wohldefiniert ist, daß es also bei festen Repräsentanten (t, g) und (s, f) nicht von der Wahl des benutzten Diagramms der Gestalt (1) abhängt und daß es außerdem nicht von der Wahl der Repräsentanten von $[t|g]$ und $[s|f]$ abhängt. Entsprechend bestätigt man, daß damit $\Sigma^{-1}\mathscr{C}$ eine Kategorie ist, also die Komposition von Morphismen assoziativ und $[1_A|1_A]$ identischer Morphismus für A ist.

Für $f\colon A \to B$ in $\mathscr{C}$ setze man $P'(f) = [1_B|f]$ und $P'(A) = A$. Damit liegt $P'\colon \mathscr{C} \to \Sigma^{-1}\mathscr{C}$ als Funktor vor. Für $s\colon A \to B$ aus Σ ist $P'(s)$ isomorph mit Inversem $[s|1_A]$. Hat $F\colon \mathscr{C} \to \mathscr{D}$ die Eigenschaft, daß $F(s)$ isomorph ist für alle $s \in \Sigma$, so ergibt sich vermöge (4), daß durch $[s|f] \mapsto F(s)^{-1}F(f)$ ein Funktor $G\colon \Sigma^{-1}\mathscr{C} \to \mathscr{D}$ mit $F = GP'$ definiert wird, und es ist G hierdurch eindeutig bestimmt wegen

$$[s|f] = P'(s)^{-1}P'(f).$$

19.2.5 Bemerkungen. (a) Die Morphismen von $\mathscr{C}[\Sigma^{-1}]$ sind Äquivalenzklassen von Wegen des Diagrammschemas $\mathscr{C}''$ in 19.1.2. Wenn Σ einen Kalkül von Linksbrüchen gestattet, so entsteht $\Sigma^{-1}\mathscr{C}$ aus $\mathscr{C}[\Sigma^{-1}]$ dadurch, daß diese Klassen reduziert werden, indem man nur noch Wege der speziellen Gestalt s^-f in $\mathscr{C}''$ betrachtet. Der Isomorphismus $R\colon \mathscr{C}[\Sigma^{-1}] \to \Sigma^{-1}\mathscr{C}$ mit $RP = P'$ ist einfach die Einschränkung für Äquivalenzklassen von Wegen.

(b) Gestattet Σ einen terminalen Kalkül von Brüchen und ist in B/Σ ein terminales Objekt Ψ_B fixiert, so besitzt jeder Morphismus

$P(A) \to P(B)$ in $\mathscr{C}[\Sigma^{-1}]$ einen ausgezeichneten Repräsentanten (Ψ_B, f'), wobei f' eindeutig bestimmt ist. Nach dem Dualen von 7.1.8 ist nämlich auch $[A, z(\Psi_B)]$ Colimes-Objekt von $F_{A,B}$ in 19.2.4. Ein direkter Nachweis ergibt sich aus (4), indem man zunächst $u = \Psi_B$ setzt und danach den Fall $r = s = \Psi_B$ betrachtet.

19.2.6 Lemma. *Sei* $\Sigma \subset \mathrm{Mor}\,\mathscr{C}$ *und* $P\colon \mathscr{C} \to \mathscr{C}[\Sigma^{-1}]$ *der kanonische Funktor.*

(a) *Ist P treu, so besteht Σ aus Bimorphismen.*

(b) *Besteht Σ aus Monomorphismen und gestattet Σ einen Kalkül von Linksbrüchen, so ist P treu.*

Beweis. (a) Aus $fs = gs$ mit $s \in \Sigma$ folgt $P(f) = P(g)$ und damit $f = g$. Daher ist s epimorph. Entsprechend folgt, daß s monomorph ist.

(b) Für $f, g\colon A \to B$ in $\mathscr{C}$ sei $P(f) = P(g)$, also $[1_B|f] = [1_B|g]$. Nach 19.2.2 (4) und 19.2.4 gibt es $u \in \Sigma$ mit $uf = ug$. Damit folgt $f = g$.

Bemerkung. Ist P voll, so ist $\mathscr{C}[\Sigma^{-1}]$ eine Quotientenkategorie von $\mathscr{C}$, vgl. 6.4.2.

19.2.7 Satz. *Für die $\mathfrak{U}$-Kategorie $\mathscr{C}$ gestatte $\Sigma \subset \mathrm{Mor}\,\mathscr{C}$ einen Kalkül von Linksbrüchen. Besitzt A/Σ für jedes $A \in |\mathscr{C}|$ eine finale $\mathfrak{U}$-Menge (9.1.3), so ist $\mathscr{C}[\Sigma^{-1}]$ isomorph zu einer $\mathfrak{U}$-Kategorie. Insbesondere ist das der Fall, wenn Σ einen terminalen Kalkül von Brüchen gestattet.*

Die Colimites der Funktoren $F_{A,B}$ von 19.2.4 existieren hier nämlich bereits in *Ens* wegen 9.1.2 (vgl. auch 10.1.8).

19.2.8 Theorem. *Es sei $\mathscr{C}$ eine $\mathfrak{U}$-Kategorie, $\Sigma \subset \mathrm{Mor}\,\mathscr{C}$ und $F\colon \mathscr{C} \to \mathscr{C}[\Sigma^{-1}]$ der kanonische Funktor.*

(a) *Gestattet Σ einen Kalkül von Linksbrüchen, so respektiert P endliche Colimites und terminale Objekte (soweit vorhanden). Besitzt $\mathscr{C}$ endliche Coprodukte bzw. Differenzcokerne, endliche Colimites, so gilt das Entsprechende für $\mathscr{C}[\Sigma^{-1}]$.*

(b) *Gestattet Σ einen starken Kalkül von Linksbrüchen, so respektiert P Colimites (bezüglich $\mathfrak{U}$). Ist außerdem $\mathscr{C}$ covollständig, so ist auch $\mathscr{C}[\Sigma^{-1}]$ covollständig bezüglich $\mathfrak{U}$.*

(c) *Gestattet Σ einen terminalen Kalkül von Brüchen, so besitzt P einen völlig treuen Rechtsadjungierten $T\colon \mathscr{C}[\Sigma^1] \to \mathscr{C}$.*

Beweis. (a) ergibt sich analog zu (b).

(b) Sei zunächst B terminal in $\mathscr{C}$. Dann folgt aus (4) mit $u = 1_B$, daß $[P(A), P(B)]$ nur ein Element besitzt und damit $P(B)$ terminal in $\mathscr{C}[\Sigma^{-1}]$ ist. Ist A initial in $\mathscr{C}$, so folgt aus (4), daß $P(A)$ initial in $\mathscr{C}[\Sigma^{-1}]$ ist.

Sei $R\colon \mathscr{X} \to \mathscr{C}$ ein $\mathfrak{U}$-Diagramm mit Colimes (L, λ) in $\mathscr{C}$. Nach dem eben Gesagten kann angenommen werden, daß $\mathscr{X}$ nicht leer ist. Wegen

8.7.3 genügt es zu zeigen, daß $([P(L), D]), \{[P(\lambda_0), D]\}$ Limes von $[PR(?), D]_{\mathscr{C}[\Sigma^{-1}]}$ für jedes $D \in |\mathscr{C}|$ ist.

Für beliebiges $B \in |\mathscr{C}|$ ist $([L, B]_{\mathscr{C}}, H_B\lambda)$ Limes von $H_B R = [R(?), B]_{\mathscr{C}}$ nach 8.7.3. Ferner ist $[B, D]_{\mathscr{C}[\Sigma^{-1}]}$ Colimes-Objekt für $F_{B,D}: D/\Sigma \to \mathscr{ENS}$, insbesondere für $B = R(e)$ mit $e \in |\mathscr{X}|$ und für $B = L$. Die erste Behauptung unter (b) folgt damit durch Vertauschung von Limites mit stark filtrierenden Colimites in $\mathscr{ENS}$ (9.4.2), was mit $z(s)$ als Ziel von s vereinfacht durch

$$[P(L), D]_{\mathscr{C}[\Sigma^{-1}]} = \operatorname*{Colim}_{s \in |D/\Sigma|} [L, z(s)]_{\mathscr{C}} = \operatorname*{Colim}_{s \in |D/\Sigma|} [\operatorname*{Colim}_{e \in |\mathscr{X}|} R(e), z(s)]_{\mathscr{C}} \cong$$

$$\cong \operatorname*{Colim}_{s \in |D/\Sigma|} \operatorname*{Lim}_{e \in |\mathscr{X}|} [R(e), z(s)]_{\mathscr{C}} \cong \operatorname*{Lim}_{e \in |\mathscr{X}|} \operatorname*{Colim}_{s \in |D/\Sigma|} [R(e), z(s)]_{\mathscr{C}} =$$

$$= \operatorname*{Lim}_{e \in |\mathscr{X}|} [PR(e), D]_{\mathscr{C}[\Sigma^{-1}]}$$

beschrieben wird.

Besitzt $\mathscr{C}$ Coprodukte bezüglich $\mathfrak{U}$, so ist das nach dem eben Bewiesenen auch für $\mathscr{C}[\Sigma^{-1}]$ der Fall, weil beide Kategorien dieselben Objekte besitzen und diese durch P identisch abgebildet werden.

Es besitze nun $\mathscr{C}$ Differenzcokerne. Seien $[s|f], [r|h]: P(A) \to P(B)$ Morphismen in $\mathscr{C}[\Sigma^{-1}]$ mit Repräsentanten $(s|f)$ bzw. (r, h). Wegen (5) kann angenommen werden, daß $r = s$ ist. Sei dann q Differenzcokern von f und g. Nach dem zuvor Bewiesenen ist $P(q)$ Differenzcokern von $P(f)$ und $P(h)$. Weil $P(s) = P(r)$ isomorph ist, ist $P(q)P(s)$ Differenzcokern von $[s|f] = P(s^{-1})P(f)$ und $[s|h] = P(s)^{-1}P(h)$.

(c) Für jedes $B \in |\mathscr{C}|$ sei ein terminales Objekt $\Psi_B: B \to T(B)$ in B/Σ ausgewählt. Sei $\Phi_B = [\Psi_B | 1_{T(B)}]$. Wegen $B = P(B)$, $T(B) = TP(B) = PT(B)$, 16.5.4 (d) und dem Dualen von 16.4.5 genügt es zu zeigen, daß $(T(B), \Phi_B)$ eine Darstellung des kontravarianten Funktors $[P(?), B]_{\mathscr{C}[\Sigma^{-1}]}: \mathscr{C} \to Ens$ ist, wobei wegen 19.2.7 tatsächlich Ens benutzt werden kann. Nach dem Dualen von 16.4.5 muß gezeigt werden: Zu beliebigem Morphismus $[s|f]: A \to B$ in $\mathscr{C}[\Sigma^{-1}]$ mit Ziel B gibt es genau einen $h: A \to T(B)$ in $\mathscr{C}$ mit $[s|f] = \Phi_B P(h)$. Nach 19.2.5 (b) kann $s = \Psi_B$ angenommen werden. Nun ist aber $[\Psi_B|f] = [\Psi_B|1_{T(B)}][1_{T(B)}|f] = \Phi_B P(f)$. Damit folgt die Behauptung aus 19.2.5 (b).

19.3 Zerlegung von Funktoren und Saturation

19.3.1 Theorem. *Es sei $\mathscr{C}$ eine $\mathfrak{U}$-Kategorie, $S: \mathscr{C} \to \mathscr{B}$ ein Funktor. Σ die Klasse derjenigen $\mathscr{C}$-Morphismen, die bei S in Isomorphismen übergehen, $P: \mathscr{C} \to \mathscr{C}[\Sigma^{-1}]$ der kanonische Funktor und $S': \mathscr{C}[\Sigma^{-1}] \to \mathscr{B}$ der gemäß 19.1.2 eindeutig bestimmte Funktor mit $S'P = S$.*

(a) *Wenn Σ einen Kalkül von Linksbrüchen gestattet, so entdeckt S' Isomorphismen.*

(b) *Σ gestatte einen Kalkül von Linksbrüchen, $\mathscr{C}$ besitze Differenzcokerne und S respektiere sie. Dann respektiert S' Differenzcokerne. Ferner ist S' treu, und es ist $\mathscr{C}[\Sigma^{-1}]$ isomorph zu einer $\mathfrak{U}$-Kategorie, wenn auch $\mathscr{B}$ eine $\mathfrak{U}$-Kategorie ist.*

(c) *$\mathscr{C}$ besitze Differenzcokerne, S respektiere sie und sei voll. Dann gestattet Σ einen Kalkül von Linksbrüchen. $\mathscr{C}[\Sigma^{-1}]$ ist isomorph zu einer $\mathfrak{U}$-Kategorie. S' ist völlig treu und P voll.*

(d) *Ist $\mathscr{C}$ endlich covollständig und respektiert S endliche Colimites, so gestattet Σ einen Kalkül von Linksbrüchen, und S' respektiert endliche Colimites.*

(e) *Ist $\mathscr{C}$ covollständig und respektiert S Colimites, so gestattet Σ einen starken Kalkül von Linksbrüchen, und S' respektiert Colimites bezüglich $\mathfrak{U}$.*

(f) *Besitzt S einen Rechtsadjungierten $T: \mathscr{B} \to \mathscr{C}$ und ist S oder T voll, so gestattet Σ einen terminalen Kalkül von Brüchen. $\mathscr{C}[\Sigma^{-1}]$ ist isomorph zu einer $\mathfrak{U}$-Kategorie, und P besitzt einen völlig treuen Rechtsadjungierten.*

(g) *Ist $T: \mathscr{B} \to \mathscr{C}$ rechtsadjungiert zu S, so ist T genau dann völlig treu, wenn S' eine Äquivalenz ist. In diesem Falle ist PT äquivalenz-invers zu S'.*

Beweis. (a) Ist $S'([s\,|\,f])$ isomorph, so ergibt sich aus $[s\,|\,f] = P(s)^{-1}P(f)$, daß auch $S'P(f) = S(f)$ isomorph ist. Nach Definition von Σ ist $P(f)$ isomorph, also auch $[s\,|\,f]$. Bei diesem Schluß wird übrigens 19.2.1 (iv) für Σ nicht benötigt.

(b) Die erste Behauptung folgt unmittelbar aus dem Beweis von 19.2.8 (b). Für $\alpha, \beta: A \to B$ in $\mathscr{C}[\Sigma^{-1}]$ sei γ Differenzcokern. Dann ist $S'(\gamma)$ Differenzcokern von $S'(\alpha)$ und $S'(\beta)$. Ist $\alpha \neq \beta$, so ist γ nicht isomorph, wegen (a) ist $S'(\gamma)$ nicht isomorph, also $S'(\alpha) \neq S'(\beta)$. Daher ist S' treu. Die letzte Behauptung unter (b) folgt hieraus unmittelbar.

(c) Die Bedingungen (i), (ii) von 19.2.1 sind evident. Gibt es zu $f, g: A \to B$ in $\mathscr{C}$ ein $s \in \Sigma$ mit $fs = gs$, so folgt $S(f) = S(g)$. Ist t ein Differenzcokern von f und g, so folgt weiter, daß $S(t)$ isomorph ist. Daher gilt 19.2.1 (iv). Es liege nun $A' \xleftarrow{s} A \xrightarrow{g} D$ in $\mathscr{C}$ mit $s \in \Sigma$ vor. Weil S voll ist, gibt es $t \in \Sigma$ mit $S(t) = S(s)^{-1}$. Sei $s': D \to D'$ Differenzcokern von g und gts. Weil S Differenzcokerne respektiert und $S(g) = S(gts)$ ist, ist $s' \in \Sigma$. Mit $g' = s'gt$ ergibt sich 19.2.1 (iii).

Weil es zu jedem $s \in |A/\Sigma|$ ein $t \in \Sigma$ gibt mit $S(t) = S(s)^{-1}$ und auch $ts \in \Sigma$ ist, bilden die zu Σ gehörigen Endomorphismen eine finale Menge in A/Σ. Damit folgt die zweite Behauptung unter (c) aus 19.2.7.

S' ist voll, weil $\mathscr{C}$ und $\mathscr{C}[\Sigma^{-1}]$ dieselben Objekte besitzen und S voll ist. Wegen (b) ist S' völlig treu. Hieraus folgt, daß P voll ist.

(d) ergibt sich analog zu (e).

(e) Die Bedingungen 19.2.1 (i), (ii), (iv) ergeben sich wie unter (c).

Bildet man zu $A' \xleftarrow{s} S \xrightarrow{g} D$ in $\mathscr{C}$ mit $s \in \Sigma$ das Diagramm 19.2.1 (1) als Pushout, so ergibt Anwendung von S ein Pushout in $\mathscr{B}$. Daher ist mit $S(s)$ auch $S(s')$ isomorph, also $s' \in \Sigma$. Es gilt also folgende Verschärfung von 19.2.1 (iii):

Σ *ist Pushout-abgeschlossen* (vgl. dazu 18.4.6 (b)).

19.2.1 (v) erhält man entsprechend dadurch, daß man zu dem Pinsel $\{s_j\colon A \to B_j\}$ in $\mathscr{C}$ mit $s_j \in \Sigma$ das verallgemeinerte Pushout bildet. Damit folgt die erste Behauptung unter (e).

Für die zweite Behauptung genügt es wegen 19.2.8 (b) zu zeigen, daß S' Differenzcokerne und Coprodukte bezüglich $\mathfrak{U}$ respektiert. Das erste ist nach (b) der Fall, das zweite folgt daraus, daß sich diese Coprodukte in $\mathscr{C}[\Sigma^{-1}]$ „wie in $\mathscr{C}$" bilden lassen (vgl. Beweis von 19.2.8 (b)).

(f) Für die Adjunktions-Transformation $\Psi\colon 1_{\mathscr{C}} \to TS$ sind $\Psi * T$ und $S * \Psi$ isomorph nach 16.5.5. Für jedes $A \in |\mathscr{C}|$ ist daher $\Psi_A \in \Sigma$.

19.2.1 (i), (ii) sind wieder evident. Für $f, g\colon A \to B$ in $\mathscr{C}$ sei $fs = gs$ mit $s \in \Sigma$. Es folgt $S(f) = S(g)$ und weiter $\Psi_B f = TS(f)\Psi_A = {} = TS(g)\Psi_A = \Psi_B g$. Wegen $\Psi_B \in \Sigma$ folgt 19.2.1 (iv). Für $A' \xleftarrow{s} A \xrightarrow{g} D$ in $\mathscr{C}$ mit $s \in \Sigma$ erhält man 19.2.1 (iii) mit $s' = \Psi_D$ und

$$g' = TS(g)\, T\big(S(s)^{-1}\big)\, \Psi_{A'}$$

wegen $\Psi_{A'} s = TS(s)\Psi_A$ und $\Psi_D g = TS(g)\Psi_A$.

Wir zeigen nun, daß Ψ_A terminal in A/Σ ist. Für $s\colon A \to D$ in Σ gibt es $u\colon D \to TS(A)$ mit $us = \Psi_A$, nämlich $T(S(s)^{-1})\Psi_D$. Ist auch $vs = \Psi_A$, so folgt $S(u) = S(v)$ und damit $\Psi_{TS(A)}\, u = TS(u)\Psi_D = \Psi_{TS(A)} v$ und weiter $u = v$. Also ist Ψ_A terminal in A/Σ.

Die restlichen Behauptungen unter (f) folgen aus 19.2.7 und 19.2.8 (c).

(g) Sei zunächst T völlig treu. Für die zu S und T gehörigen Adjunktions-Transformationen Φ, Ψ ist $\Phi\colon ST \to 1_{\mathscr{B}}$ isomorph nach 16.5.4 und $P * \Psi\colon P \to PTS$ isomorph, wie der Beweis von (f) zeigt. Nach 19.1.4 (d) ist $[P, \mathscr{C}[\Sigma^{-1}]]$ völlig treu. Weil P und $PTS = (PTS')P$ isomorphe Funktoren sind, ist folglich $1_{\mathscr{C}[\Sigma^{-1}]}$ isomorph zu PTS'. Zusammen mit $\Phi\colon S'PT \to 1_{\mathscr{B}}$ folgt, daß S' äquivalenz-invers zu PT ist.

Sei nun S' eine Äquivalenz. Dann ist $[S', \mathscr{B}]$ eine Äquivalenz, und wegen 19.1.4 (d) und $S = S'P$ ist auch $[S, \mathscr{B}]\colon [\mathscr{B}, \mathscr{B}] \to [\mathscr{C}, \mathscr{B}]$ völlig treu.

Für $S * \Psi\colon S \to STS$ erhält man, daß es genau eine natürliche Transformation $\Psi'\colon 1_{\mathscr{B}} \to ST$ gibt (vgl. 16.1.3) mit

(1) $$\Psi' * S = S * \Psi.$$

Wir wollen zeigen, daß ST linksadjungiert zu $1_{\mathscr{B}}$ ist mit quasi-inversen Adjunktions-Transformationen $\Phi\colon (ST)1_{\mathscr{B}} \to 1_{\mathscr{B}}$ und $\Psi'\colon 1_{\mathscr{B}} \to 1_{\mathscr{B}}(ST)$. Ist das erkannt, so ist Φ isomorph nach 16.5.4, weil $1_{\mathscr{B}}$ völlig treu ist, und T völlig treu wieder nach 16.5.4. Aus 16.5.5 (4) erhält man durch Anwendung von S wegen (1)

$$(2) \qquad 1_{ST} = (ST * \varPhi)(S * \varPsi * T) = (ST * \varPhi)(\varPsi' * ST).$$

Aus (1) und 16.5.5 (4°) erhält man

$$1_S = (\varPhi * S)(S * \varPsi) = (\varPhi * S)(\varPsi' * S) = (\varPhi \varPsi') * S.$$

Weil $[S, \mathscr{B}]$ völlig treu ist, folgt hieraus

$$(3) \qquad 1_{\mathscr{B}} = \varPhi \varPsi' = (\varPhi * 1_{\mathscr{B}})(1_{\mathscr{B}} * \varPsi').$$

Wegen (2), (3) und 16.5.5 ist ST linksadjungiert zu $1_{\mathscr{B}}$.

19.3.2 Korollar. *Besitzt* $S: \mathscr{C} \to \mathscr{B}$ *einen Rechtsadjungierten* $T: \mathscr{B} \to \mathscr{C}$, *so ist* T *genau dann völlig treu, wenn* $[S, \mathscr{B}]: [\mathscr{B}, \mathscr{B}] \to [\mathscr{C}, \mathscr{B}]$ *völlig treu ist. In diesem Falle ist auch* $[S, \mathscr{D}]$ *völlig treu für jede Kategorie* $\mathscr{D}$.

Man vergleiche mit dem Sachverhalt von 17.1.6 (c).

Beweis. Die erste Behauptung folgt unmittelbar aus dem vorangehenden Beweis, die zweite aus 19.1.4 (d), 19.3.1 (g) und $S = S'P$.

19.3.3 Satz. $\varGamma \subset \mathrm{Mor}\,\mathscr{C}$ *gestatte einen Kalkül von Linksbrüchen,* $S: \mathscr{C} \to \mathscr{C}[\varGamma^{-1}]$ *sei der kanonische Funktor und* $\varSigma$ *die Saturation von* $\varGamma$.

(a) *Ein* $\mathscr{C}$-*Morphismus* u *gehört genau dann zu* $\varSigma$, *wenn es Morphismen* v, w *gibt, so daß* vu *und* wv *existieren und zu* $\varGamma$ *gehören.*

(b) *Für* $u \in \varSigma$ *sei* $u = wv$ *mit epimorphem* v. *Dann gehören* v *und* w *zu* $\varSigma$.

(c) $\varSigma$ *gestattet einen Kalkül von Linksbrüchen.*

(d) *Gestattet* $\varGamma$ *einen starken Kalkül von Linksbrüchen, so auch* $\varSigma$.

(e) *Gestattet* $\varGamma$ *einen terminalen Kalkül von Brüchen, so auch* $\varSigma$.

Beweis. (a) Existieren v, w, so besteht folgendes kommutative Diagramm:

$$(4)$$

Weil $S(vu)$ und $S(wv)$ isomorph sind, ist $S(v)$ Retraktion und Coretraktion. Es folgt, daß $S(v)$, $S(u)$ und $S(w)$ isomorph sind.

Für $u: A \to B$ sei umgekehrt $S(u)$ isomorph und (s, v) Repräsentant von $S(u)^{-1} = [s \,|\, v]$. Dann ist $[s \,|\, vu]$ Repräsentant von $1_{S(A)}$. Nach 19.2.2 (4) kann $s = vu$ angenommen werden. Die Existenz von w folgt entsprechend aus $[1_B \,|\, u][s \,|\, v] = 1_{S(B)}$.

(b) Nach 19.2.8 (a) und dem Dualen von 7.8.9 ist $S(v)$ epimorph. $S(v)$ ist außerdem Coretraktion mit zugehöriger Retraktion $S(u)^{-1}S(w)$. Daher ist $v \in \varSigma$. Damit folgt $w \in \varSigma$.

(c) folgt analog zu (d).

(d) Bedingungen 19.2.1 (i), (ii) sind evident. Sei $fv = gv$ für $v \in \Sigma$. Dann ist $S(f) = S(g)$. Nach 19.2.2 (4) gibt es $u \in \Gamma$ mit $uf = ug$, und es ist $\Gamma \subset \Sigma$.

Es liege $A' \xleftarrow{u} A \xrightarrow{g} D$ mit $u \in \Sigma$ vor. Nach (a) gibt es v mit $vu \in \Gamma$. Damit folgt 19.2.1 (iii) für Σ aus der Bedingung für Γ. Liegt der Pinsel $\{u_j : A \to B_j\}$ vor mit $u_j \in \Sigma$ für alle j, so gibt es nach (a) für jedes j ein v_j mit $v_j u_j \in \Gamma$. Damit folgt 19.2.1 (v) für Σ aus der Bedingung für Γ.

(e) Mit dem kanonischen Funktor $P: \mathscr{C} \to \mathscr{C}[\Sigma^{-1}]$ liegt die Situation von 19.3.1 vor, wobei hier S' nach 19.1.4 isomorph ist. Damit folgt die Behauptung aus 19.2.8 (c) und 19.3.1 (f).

19.3.4 Korollar. *Sei $\Gamma \subset \operatorname{Mor} \mathscr{C}$ und $S: \mathscr{C} \to \mathscr{C}[\Gamma^{-1}]$ der kanonische Funktor. Dann sind gleichwertig:*

(a) *Die Saturation von Γ gestattet einen terminalen Kalkül von Brüchen.*

(b) *S besitzt einen Rechtsadjungierten T.*

Hierbei ist T völlig treu.

Beweis. Für die Saturation Σ von Γ liegt die Situation von 19.3.1 mit isomorphem S' vor. Gilt (a), so besitzt P einen Rechtsadjungierten T' nach 19.2.8 (c), woraus (b) mit $T = T'S'^{-1}$ folgt. Gilt (b), so ist T völlig treu nach 19.3.1 (g), und aus 19.3.1 (f) folgt (a).

19.3.5 Bemerkungen. (a) Beispiele für Kalküle von Brüchen, die nicht zu Adjunktionen zu gehören brauchen, ergeben sich durch Zerlegung von Funktoren gemäß 19.3.1. Man kann etwa in der Kategorie der punktierten topologischen Räume oder der entsprechenden Homotopiekategorie für Σ die Klasse derjenigen Abbildungen nehmen, die die Isomorphismen für die Homotopiegruppen bewirken, entsprechendes gilt für Kettenkomplexe (über Ab oder einer beliebigen abelschen Kategorie) und für Abbildungen, die Isomorphismen der Homologie bewirken. Wir verweisen auf Gabriel-Zisman [12], Hartshorne [14]. Von den weiteren Anwendungsbereichen erwähnen wir hier nur noch Untersuchungen von injektiven Objekten in abelschen Kategorien (Roos [45], Gabriel [30]).

(b) Ist $\mathscr{C}$ endlich covollständig, so ist $\Sigma \subset \operatorname{Mor} \mathscr{C}$ genau dann eine saturierte Klasse von Morphismen, die einen Kalkül von Linksbrüchen gestattet, wenn die folgenden Bedingungen gelten:

(i) Σ enthält alle Isomorphismen.

(ii) Ist $vu = w$ und gehören zwei der Morphismen u, v, w zu Σ, so auch der dritte.

Gehören vu und xv zu Σ, so gehört v zu Σ.

(iii) Σ ist Pushout-abgeschlossen.

(iv) Ist $fs = gs$ mit $s \in \Sigma$, so gehört der Differenzcokern von f und g zu Σ.

Daß die Bedingungen notwendig sind, ergibt sich aus dem Bisherigen (Beweise von 19.3.3 (a), 19.3.1 (e), (c)). Sie sind hinreichend nach 19.3.3 (a). Hieraus folgt ($\mathscr{C}$ endlich covollständig), daß der Durchschnitt von saturierten Morphismenklassen, die einen Kalkül von Linksbrüchen gestatten, wieder eine solche Klasse ist und daß es zu gegebener Klasse $\Gamma \subset \mathrm{Mor}\,\mathscr{C}$ stets eine kleinste umfassende gibt, die saturiert ist und einen Kalkül von Linksbrüchen gestattet.

Entsprechende Bemerkungen gelten für saturierte Klassen, die einen starken Kalkül von Linksbrüchen gestatten, wenn $\mathscr{C}$ covollständig ist. Ebenso für Kalkül von Links- und von Rechtsbrüchen, wenn $\mathscr{C}$ endlich vollständig und endlich covollständig ist.

Dagegen besteht keine entsprechende Schlußweise für terminalen Kalkül von Brüchen.

(c) Sei $(\psi, S, T, \mathscr{B}, \mathscr{C})$ eine adjungierte Situation, bei der S oder T voll ist, $\Psi\colon 1_{\mathscr{C}} \to TS$ zugehörige Adjunktions-Transformation und $\Gamma \subset \mathrm{Mor}\,\mathscr{C}$ eine Klasse von Morphismen, die bei S in Isomorphismen über gehen. Ferner sei $\Psi_A \in \Gamma$ für jedes $A \in |\mathscr{C}|$.

Die Saturation von Γ ist das Σ von 19.3.1, insbesondere gestattet sie einen terminalen Kalkül von Brüchen.

Zum Nachweis sei $P'\colon \mathscr{C} \to \mathscr{C}[\Gamma^{-1}]$ der kanonische Funktor. Nach 19.1.2 ist die Saturation von Γ in Σ enthalten. Gehört umgekehrt $f\colon A \to B$ zu Σ, so ist $S(f)$ und auch $TS(f)$ isomorph. Aus $\Psi_B f = TS(f)\Psi_A$ folgt, daß auch $P'(f)$ isomorph ist, was die Behauptung ergibt.

Ist insbesondere T völlig treu, so erhält man nach 19.3.1 (g) eine Äquivalenz $S''\colon \mathscr{C}[\Gamma^{-1}] \to \mathscr{B}$ mit $S = S''P'$. Hierbei ist $\Gamma = \{\Psi_A\}_{A \in |\mathscr{C}|}$ zugelassen.

(d) Aus 19.3.1 (g) und 19.3.4 folgt, daß für jede Kategorie $\mathscr{C}$ die adjungierten Situationen $(\psi, S, T, \mathscr{B}, \mathscr{C})$ mit völlig treuem T bis auf Äquivalenz diejenigen sind, die sich durch einen terminalen Kalkül von Brüchen mit einer geeigneten saturierten Morphismenklasse von $\mathscr{C}$ erhalten lassen. Insbesondere liegt diese Situation bei den Beispielen von 16.6.8 vor. Die duale Situation besteht bei den Beispielen in 16.6.9, wobei das zugehörige Σ aus Bimorphismen besteht (19.2.6).

Kriterien für 19.3.4 (a) ergeben sich aus 19.3.3 (a) und unten 19.4.5 (b).

19.3.6 Satz. *Die $\mathfrak{U}$-Kategorie $\mathscr{C}$ sei endlich vollständig, lokal klein und lokal coklein. Ferner besitze jeder Morphismus eine Zerlegung in Epi- und Monomorphismus. Gestattet $\Sigma \subset \mathrm{Mor}\,\mathscr{C}$ einen Kalkül von Links- und von Rechtsbrüchen, so ist $\mathscr{C}[\Sigma^{-1}]$ isomorph zu einer $\mathfrak{U}$-Kategorie.*

Beweis. Nach 19.3.3 (c) kann angenommen werden, daß Σ saturiert ist. Sei (s, f) Repräsentant von $\alpha\colon P(A) \to P(B)$ mit $s\colon B \to C$ in Σ. Man zerlege s in Epimorphismus s' und Monomorphismus s'' und bilde das Pullback zu s'' und f, wodurch s''' und f' mit $fs''' = s''f'$ entstehen. Wegen 19.3.3 (b) gehören s' und s'' zu Σ. Nach dem Dualen von 19.3.5 (b) gehört s''' zu Σ. Ferner ist s''' monomorph (7.8.2). Man erhält $\alpha =$

$= P(s')^{-1}P(f')P(s''')^{-1}$. Nun kann angenommen werden, daß s' bzw. s''' zu einem ausgewählten Repräsentantensystem der Äquivalenzklassen von Epimorphismen mit Quelle B bzw. Monomorphismen mit Ziel A gehört. Hieraus folgt, daß $[P(A), P(B)]$ zu einer $\mathfrak{U}$-Menge isomorph ist.

19.4 Beziehungen zu Unterkategorien

19.4.1 Definition. Eine Unterkategorie $\mathcal{N}$ von $\mathscr{C}$ heißt *strikt voll*, wenn jedes Objekt von $\mathscr{C}$, das zu einem von $\mathcal{N}$ isomorph ist, zu $\mathcal{N}$ gehört ($\mathcal{N}$ ist abgeschlossen gegen isomorphe Objekte).

19.4.2 Bemerkungen. (a) Sei $\mathscr{X}$ eine volle Unterkategorie von $\mathscr{C}$. Nach 16.3.6 ist $\mathscr{X}$ in einer strikt vollen Unterkategorie $\mathcal{N}$ von $\mathscr{C}$ enthalten, derart daß die Inklusion $\mathscr{X} \subset \mathcal{N}$ eine Äquivalenz ist. Die Inklusion $\mathscr{X} \subset \mathscr{C}$ besitzt genau dann einen Linksadjungierten, wenn das für $\mathcal{N} \subset \mathscr{C}$ der Fall ist (16.4.2, 16.5.9).

(b) Es sei $R\colon \mathscr{C} \to \mathscr{C}$ ein Funktor mit natürlicher Transformation $\Psi\colon 1_{\mathscr{C}} \to R$, und es sei $I\colon \mathscr{X} \to \mathscr{C}$ die Inklusion einer vollen Unterkategorie, so daß R über I faktorisiert, etwa $R = IS$. Es ist S genau dann linksadjungiert zu I mit Adjunktionstransformation Ψ, wenn gilt:

Ist $f\colon A \to Y$ irgendein $\mathscr{C}$-Morphismus mit Ziel in $\mathscr{X}$, so gibt es genau ein $g\colon R(A) \to Y$ mit $f = g\Psi_A$.

$$(1) \qquad \begin{array}{ccc} A & \xrightarrow{\ \Psi_A\ } & R(A) \\ & \searrow{\scriptstyle f} & \Big\Vert{\scriptstyle g} \\ & Y & \end{array} \qquad Y \in |\mathscr{X}|.$$

Das folgt unmittelbar aus 16.4.5, wobei hier nur zwischen $Y \in |\mathscr{X}|$ und $I(Y) \in |\mathscr{C}|$ und zwischen g und $I(g)$ nicht unterschieden ist.

Es liege eine solche adjungierte Situation vor. Weil $\Psi * I$ isomorph ist, ist $\Psi_Y\colon Y \to R(Y)$ isomorph, wenn $Y \in |\mathscr{X}|$ ist. Die Umkehrung gilt, wenn $\mathscr{X}$ strikt voll ist. Ferner ist $\Psi * R = \Psi * IS\colon R \to RR$ eine Isomorphie, und nach (1) für f und $\Psi_Y f$ ist $R(f) = \Psi_Y g$.

(c) Es liege $R\colon \mathscr{C} \to \mathscr{C}$ mit natürlicher Transformation $\Psi\colon 1_{\mathscr{C}} \to R$ vor, und es sei $\Psi * R\colon R \to RR$ isomorph. Die Objekte Y, für die Ψ_Y isomorph ist, sind die Objekte einer strikt vollen Unterkategorie $\mathscr{X}$ von $\mathscr{C}$. Die Inklusion $I\colon \mathscr{X} \to \mathscr{C}$ besitzt einen Linksadjungierten S mit $IS = R$ und Adjunktions-Transformation $\Psi\colon 1_{\mathscr{C}} \to IS$.

Nach Voraussetzung liegen nämlich die Objekte $R(A)$ in $\mathscr{X}$, $\mathscr{X}$ ist offenbar strikt voll, und es gilt (1) mit $g = \Psi_Y^{-1}R(f)$.

(d) Ist $\mathscr{X}$ volle Unterkategorie von $\mathscr{C}$ und besitzt die Inklusion $I\colon \mathscr{X} \to \mathscr{C}$ einen Linksadjungierten S, so läßt sich S nach 16.6.5 und 16.6.6 so wählen, daß $SI = 1_{\mathscr{X}}$ und $\Phi\colon SI \to 1_{\mathscr{X}}$ die identische Transformation von $1_{\mathscr{X}}$ ist.

Für $R = IS$ gilt dann

(2) $\quad RR = R$,

(3) $\quad R|\mathscr{X} = 1_{\mathscr{X}}$; $\quad \Phi_Y = 1_Y$ für $Y \in |\mathscr{X}|$,

(4) $\quad \Psi_Y = 1_Y$ für $Y \in |\mathscr{X}|$,

das letzte wegen (3), $Y = I(Y)$ und 16.5.5 (4).

(e) Es seien $\mathscr{N}, \mathscr{M}, \mathscr{C}$ beliebige Kategorien. Besitzen die Funktoren $T'': \mathscr{N} \to \mathscr{M}$, $T': \mathscr{M} \to \mathscr{C}$ Linksadjungierte $S'': \mathscr{M} \to \mathscr{N}$ und $S': \mathscr{C} \to \mathscr{M}$, so ist $S = S''S'$ linksadjungiert zu $T = T'T''$ (16.4.2). Mit evidenter Bedeutung von Ψ'', Ψ', Ψ und Φ'', Φ', Φ erhält man aus 16.5.1 und 16.5.1°

(5) $\quad \Psi = (T' * \Psi'' * S') \Psi'$,

$\qquad \Phi = \Phi''(S'' * \Phi' * T'')$.

(f) Es sei $T': \mathscr{M} \to \mathscr{C}$ völlig treu und $T'': \mathscr{N} \to \mathscr{M}$ gegeben. Besitzt $T = T'T''$ einen Linksadjungierten S, so ist $S'' = ST'$ linksadjungiert zu T'', wie die Isomorphismen

$$[ST'(M), N]_{\mathscr{N}} \cong [T'(M), T(N)]_{\mathscr{C}} \cong [M, T''(N)]_{\mathscr{M}}$$

zeigen.

19.4.3 Definition. Sei Σ eine Teilklasse von Mor $\mathscr{C}$. Ein Objekt N von $\mathscr{C}$ heißt *linksabgeschlossen* bezüglich Σ, wenn $[s, N]_{\mathscr{C}}$ bijektiv ist für jedes $s \in \Sigma$.

19.4.4 Lemma. *Sei $\Sigma \subset$ Mor $\mathscr{C}$ und $(\psi, S, T, \mathscr{B}, \mathscr{C})$ eine Adjunktion. Führt S alle Morphismen aus Σ in Isomorphismen über, so ist $T(X)$ linksabgeschlossen bezüglich Σ für jedes $X \in |\mathscr{B}|$.*

Beweis. Für $s \in \Sigma$ ist $[S(s), X]$ isomorph. Vermöge ψ erhält man, daß $[s, T(X)]$ isomorph ist.

19.4.5 Satz. *$\Sigma \subset$ Mor $\mathscr{C}$ gestatte einen Kalkül von Linksbrüchen. P: $\mathscr{C} \to \mathscr{C}[\Sigma^{-1}]$ sei der kanonische Funktor.*

(a) *Für $N \in |\mathscr{C}|$ sind gleichwertig:*

(i) *N ist linksabgeschlossen bezüglich der Saturation $\bar{\Sigma}$ von Σ.*

(ii) *N ist linksabgeschlossen bezüglich Σ.*

(iii) *$[s, N]_{\mathscr{C}}$ ist surjektiv für jedes $s \in \Sigma$ mit Quelle N.*

(iv) *Die Objekte von N/Σ sind Coretraktionen.*

(v) *$P_{A,N}$: $[A, N]_{\mathscr{C}} \to [P(A), P(N)]_{\mathscr{C}[\Sigma^{-1}]}$ ist bijektiv für jedes $A \in |\mathscr{C}|$.*

(b) *Σ gestattet genau dann einen terminalen Kalkül von Brüchen, wenn es zu jedem $B \in |\mathscr{C}|$ ein Ψ_B: $B \to T(B)$ gibt, so daß $\Psi_B \in \Sigma$ und $T(B)$ linksabgeschlossen bezüglich Σ ist.*

(c) *Σ gestatte einen terminalen Kalkül von Brüchen. Sei T rechtsadjungiert zu P und Ψ: $1_{\mathscr{C}} \to TP$ zugehörige Adjunktions-Transformation.*

$B \in |\mathscr{C}|$ ist genau dann linksabgeschlossen bezüglich Σ, wenn Ψ_B isomorph ist.

Sei ferner $\mathcal{N}$ die volle Unterkategorie von $\mathscr{C}$, deren Objekte die bezüglich Σ linksabgeschlossenen sind und $I\colon \mathcal{N} \to \mathscr{C}$ die Inklusion. Dann besitzt T eine Zerlegung $T = IT'$, wobei $T'\colon \mathscr{C}[\Sigma^{-1}] \to \mathcal{N}$ eine Äquivalenz ist. Außerdem ist $T'P$ linksadjungiert zu I und PI äquivalenz-invers zu T'.

Beweis. (a) Trivialerweise folgt (ii) aus (i) und (iii) aus (ii). Ist (iii) erfüllt und $s\colon N \to C$ aus Σ, so gibt es $p\colon C \to N$ mit $ps = 1_N$, und es gilt (iv).

Sei nun (iv) erfüllt. Für $f, g\colon A \to N$ in $\mathscr{C}$ sei $P(f) = P(g)$, also $[1_N|f] = [1_N|g]$. Wegen 19.2.2 (4) gibt es $t\colon N \to C$ in Σ mit $tf = tg$. Weil t Coretraktion und damit monomorph ist, folgt $f = g$ und $P_{A,N}$ ist injektiv. $P_{A,N}$ ist auch surjektiv: Für $[s|f]\colon P(A) \to P(N)$ sei p eine zu s gehörige Retraktion. Dann ist $[s|f] = [ps|pf] = [1_N|pf] = P(pf)$. Also gilt (v).

Sei (v) erfüllt und $s\colon A \to B$ aus Σ. Dann ist

(6)
$$\begin{array}{ccc}
[B, N]_{\mathscr{C}} & \xrightarrow{\ P_{B,N}\ } & [P(B), P(N)]_{\mathscr{C}[\Sigma^{-1}]} \\
{\scriptstyle [s,N]}\Big\downarrow & & \Big\downarrow{\scriptstyle [P(s), P(N)]} \\
[A, N]_{\mathscr{C}} & \xrightarrow{\ P_{A,N}\ } & [P(A), P(N)]_{\mathscr{C}[\Sigma^{-1}]}
\end{array}$$

kommutativ und $[s, N]$ isomorph, weil $P_{A,N}$, $P_{B,N}$ und $[P(s), P(N)]$ es sind. Also gilt (i).

(b) Sei zunächst die angegebene Bedingung erfüllt. Für s in B/Σ ist $[s, T(B)]$ bijektiv. Daher gibt es genau ein u mit $us = \Psi_B$. Also ist Ψ_B terminal in B/Σ.

Zur Umkehrung sei Ψ_B terminal in B/Σ für jedes $B \in |\mathscr{C}|$. Nach dem Beweis von 19.2.8 (c) setzt sich $T \mapsto T(B)$ zu einem Funktor T fort, der zu P rechtsadjungiert ist. Damit folgt die restliche Behauptung aus 19.4.4.

(c) Ist Ψ_B isomorph, so ist B linksabgeschlossen, weil $TP(B)$ es ist (19.4.4). Sei nun B linksabgeschlossen. Wegen (a) und 19.3.3 kann angenommen werden, daß Σ saturiert ist. Weil $P(\Psi_B)$ isomorph ist, ist dann $\Psi_B \in \Sigma$. Nach (iv) in (a) ist Ψ_B eine Coretraktion. Nach 16.5.4 (b) ist Ψ_B isomorph.

T besitzt die Zerlegung $T = IT'$ wegen 19.4.4. Mit T ist auch T' völlig treu. T' ist eine Äquivalenz nach dem bereits Bewiesenen und 16.3.6. Sei J äquivalenz-invers zu T'. Dann ist $T'P$ linksadjungiert zu $TJ = IT'J$ (16.4.2) und damit auch zu I. Ferner ist $(PI)T' = PT$ isomorph zum identischen Funktor von $\mathscr{C}[\Sigma^{-1}]$, weil T völlig treu ist. Wegen $PI \cong PIT'J \cong J$ ist PI äquivalenz-invers zu T'.

19.4.6 Bemerkungen. (a) Es sei $\mathfrak{N}$ eine Klasse von Objekten der Kategorie $\mathscr{C}$. Die Morphismenklasse Σ bestehe aus allen Morphismen s, derart daß $[s, N]_{\mathscr{C}}$ bijektiv ist für jedes $N \in \mathfrak{N}$.

Ist $\mathscr{C}$ endlich covollständig bzw. covollständig, so ist Σ eine saturierte Klasse, die einen Kalkül bzw. starken Kalkül von Linksbrüchen gestattet, wie man leicht nachprüft (8.7.4, 19.3.5 (b)).

(b) Sei $\Sigma \subset \mathrm{Mor}\,\mathscr{C}$ und $\mathscr{N}$ bzw. $\mathscr{L}$ die volle Unterkategorie von $\mathscr{C}$, deren Objekte die bezüglich Σ linksabgeschlossenen bzw. diejenigen Objekte L sind, für die $[s, L]_{\mathscr{C}}$ monomorph ist für alle $s \in \Sigma$. $\mathscr{N}$ und $\mathscr{L}$ sind offenbar strikt voll in $\mathscr{C}$. $\mathscr{N}$ ist in $\mathscr{C}$ abgeschlossen gegen Limites (soweit vorhanden), $\mathscr{L}$ ebenfalls, weil Limites von Monomorphismen monomorph sind (7.1.9). Ist ferner $m\colon A \to L$ monomorph in $\mathscr{C}$ und $L \in |\mathscr{L}|$, so ist $A \in |\mathscr{L}|$ ($\mathscr{L}$ ist gegen „Unterobjekte" abgeschlossen). Unter Zusatzbedingungen über $\mathscr{C}$ kann geschlossen werden, daß $\mathscr{L}$ epireflektiv in $\mathscr{C}$ ist (16.6.3 (b)).

(c) Vermöge (a) und (b) besteht eine Bijektion zwischen saturierten Morphismenklassen von $\mathscr{C}$, die einen terminalen Kalkül von Brüchen gestatten, und strikt vollen Unterkategorien, für welche die Inklusion in $\mathscr{C}$ einen Linksadjungierten besitzt. Nach 19.4.5 (c) und 19.3.1 (g) sind damit alle adjungierten Situationen $(\psi, S, T, \mathscr{B}, \mathscr{C})$ mit völlig treuem T bis auf Äquivalenz erfaßt.

19.4.7 Satz. *In der Kategorie $\mathscr{C}$ sei jeder Morphismus bis auf Isomorphie eindeutig in Epi- und Monomorphismus zerlegbar. $\mathscr{N}$ sei volle Unterkategorie von $\mathscr{C}$, die Inklusion $I\colon \mathscr{N} \to \mathscr{C}$ besitze den Linksadjungierten S, und es sei $\Psi\colon 1_{\mathscr{C}} \to IS$ zugehörige Adjunktions-Transformation.*

(a) *Die Objekte M, für die Ψ_M monomorph ist, sind die Objekte einer strikt vollen, epireflektiven Unterkategorie $\mathscr{M}$ von $\mathscr{C}$.*

(b) *Die Inklusion $I''\colon \mathscr{N} \to \mathscr{M}$ besitzt einen treuen Linksadjungierten S''.*

Beweis. (a) $\mathscr{M}$ ist offenbar strikt voll. Für $A \in |\mathscr{C}|$ zerlege man Ψ_A in einen Epimorphismus $\Psi_A'\colon A \twoheadrightarrow R(A)$ und einen Monomorphismus $\Psi_A''\colon R(A) \to IS(A)$, und zwar so, daß $\Psi_M' = 1_M$ ist für $M \in |\mathscr{M}|$. Da die Morphismenzerlegung natürlich ist (12.4.10), gibt es zu $f\colon A \to B$ genau einen Morphismus $R(f)\colon R(A) \to R(B)$ mit $R(f)\colon R(A) \to R(B)$ mit $\Psi_B' f = R(f) \Psi_A'$. Damit liegt R als Funktor vor, und wegen $R|\mathscr{M} = 1_{\mathscr{M}}$ besteht die Situation von 19.4.2 (c), (d).

(b) Offenbar gilt $\mathscr{N} \subset \mathscr{M}$. S'' existiert nach 19.4.2 (f), und es ist Ψ'' zugehörige Adjunktions-Transformation (genauer $\overline{\Psi}$ mit $I' * \overline{\Psi} = \Psi'' = \Psi * I'$ für $I'\colon \mathscr{M} \subset \mathscr{C}$). I' entdeckt Monomorphismen. Nach dem Dualen von 16.5.3 ist S'' treu, was auch direkt ersichtlich ist. Für S'' liegt übrigens der Sachverhalt von 19.2.6 vor.

19.4.8 Bemerkungen. (a) Es gelten offenbar entsprechende Aussagen, wenn $\mathscr{C}$ eine natürliche Zerlegung von Morphismen in Epimorphismus und Differenzkern oder Differenzcokern und Monomorphismus besitzt (oder ähnliche Sachverhalte).

(b) Sei Σ die Klasse der Morphismen, die durch S in Isomorphismen übergehen. Gestattet Σ auch einen Kalkül von Rechtsbrüchen, so fällt unter den Voraussetzungen von 19.4.7 die Kategorie $\mathscr{M}$ mit der Kategorie $\mathscr{L}$ von 19.4.6 (b) zusammen, wie man leicht bestätigt. (Man betrachte die Analoga von 19.4.5 (ii) bis (v).)

19.5 Additivität und Exaktheit

19.5.1 Satz. *$\Sigma \subset \operatorname{Mor}\mathscr{C}$ gestatte einen Kalkül von Linksbrüchen, P: $\mathscr{C} \to \mathscr{C}[\Sigma^{-1}]$ sei der kanonische Funktor.*

(a) *Besitzt $\mathscr{C}$ ein Nullobjekt, so wird es von P respektiert.*

(b) *Ist $\mathscr{C}$ additiv, so gibt es genau eine additive Struktur auf $\mathscr{C}[\Sigma^{-1}]$, so daß P additiv ist.*

(c) *Ist Σ die Klasse von Morphismen, die durch den additiven Funktor S: $\mathscr{C} \to \mathscr{B}$ (bei additiven $\mathscr{B}$ und $\mathscr{C}$) in Isomorphismen übergeführt werden, so ist vermöge (b) auch S': $\mathscr{C}[\Sigma^{-1}] \to \mathscr{B}$ mit $S'P = S$ additiv.*

Beweis. (a) folgt aus 19.2.8 (a).

(b) Die Eindeutigkeit der additiven Struktur folgt wegen 19.2.4 daraus, daß filtrierende Colimites in $\mathscr{A}\mathscr{B}$ wie in $\mathscr{E}\mathscr{N}\mathscr{S}$ gebildet werden (9.3.7). Sei $[P(A), P(B)]_{\mathscr{C}[\Sigma^{-1}]}$ für jedes Paar (A, B) von Objekten aus $\mathscr{C}$ mit der additiven Struktur versehen, die sich für den filtrierenden Colimes gemäß 19.2.4 in $\mathscr{A}\mathscr{B}$ ergibt. Es bleibt zu zeigen, daß diese Addition beiderseits distributiv ist (1.5.1 (4)), was mit Repräsentanten geschehen kann. Für $[s|f], [r|h]$: $P(A) \to P(B)$ in $C[\Sigma^{-1}]$ kann $s = r$ angenommen werden nach 19.2.2 (5). Damit folgt die Linksdistributivität $(\alpha + \beta)\gamma = \alpha\gamma + \beta\gamma$ für $\alpha = [s|f]$, $\beta = [s|h]$ und $\gamma = [t|g]$ unmittelbar aus 19.2.2 (3). Die Rechtsdistributivität folgt entsprechend, wenn man berücksichtigt, daß es für

$$D \xleftarrow{\;t\;} A \underset{h}{\overset{f}{\rightrightarrows}} B$$

mit $t \in \Sigma$ Morphismen f', h', t' mit $t' \in \Sigma$ und $f't = t'f$, $h't = t'h$ gibt. Das folgt aus 19.2.1 (iii) und (ii), weil B/Σ filtrierend ist. P ist additiv nach Konstruktion.

(c) Es ist $S'([s|f]) = S'(P(s)^{-1}P(f)) = S(s)^{-1}S(f)$. Hieraus und aus 19.2.2 (5) folgt die Behauptung durch einfache Rechnung.

19.5.2 Satz. *$\Sigma \subset \operatorname{Mor}\mathscr{C}$ gestatte einen Kalkül von Links- und von Rechtsbrüchen, P: $\mathscr{C} \to \mathscr{C}[\Sigma^{-1}]$ sei der kanonische Funktor.*

(a) *In $\mathscr{C}$ sei jeder Morphismus in einen Epimorphismus und einen anschließenden Differenzkern zerlegbar. $\alpha \in \operatorname{Mor}\mathscr{C}[\Sigma^{-1}]$ ist genau dann epimorph, wenn es einen Isomorphismus γ in $\mathscr{C}[\Sigma^{-1}]$ und einen Epimorphismus f' in $\mathscr{C}$ gibt mit $\alpha = \gamma P(f')$.*

(b) *Ist $\mathscr{C}$ eine exakte Kategorie, so ist auch $\mathscr{C}[\Sigma^{-1}]$ exakt und P exakt.*

(c) *Ist $\mathscr{C}$ abelsch, so ist $\mathscr{C}[\Sigma^{-1}]$ abelsch und P exakt und additiv.*

Beweis. (a) Sei (s, f) Repräsentant von α, α epimorph und $f = f''f'$ mit epimorphem f' und Differenzkern f''. Es gilt $P(s)\alpha = P(f'')P(f')$. Hierbei ist $P(s)\alpha$ epimorph, also auch $P(f'')$. Weil P Differenzkerne respektiert (19.2.8 (a) dual), ist $P(f'')$ ein epimorpher Differenzkern, also isomorph. Nun ist $\alpha = P(s)^{-1}P(f'')P(f')$, $P(s^{-1})P(f'')$ isomorph und $P(f')$ epimorph (19.2.8 (a) und 7.8.9 dual). Die Umkehrung ist evident.

(b) $\mathscr{C}[\Sigma^{-1}]$ besitzt ein Nullobjekt nach 19.5.1 (a). Der Beweis von 19.2.8 (a) zeigt, daß $\mathscr{C}[\Sigma^{-1}]$ Cokerne und dualerweise Kerne besitzt. Wegen (a) und 19.2.8 (a) ist jeder Epimorphismus in $\mathscr{C}[\Sigma^{-1}]$ ein Cokern, dualerweise jeder Monomorphismus ein Kern. Für $[s \mid f] = P(s)^{-1}P(f)$ erhält man eine Zerlegung in Epi- und Monomorphismus durch die entsprechende Zerlegung von f. P ist exakt nach 19.2.8 (a).

(c) folgt aus (b), 19.2.8 (a) und 13.3.2 (d).

19.5.3 Satz. *$\Sigma \subset \mathrm{Mor}\,\mathscr{C}$ gestatte einen Kalkül von Rechtsbrüchen und einen terminalen Kalkül von Brüchen. Ist $\mathscr{C}$ eine Grothendieck-Kategorie, so ist auch $\mathscr{C}[\Sigma^{-1}]$ eine. Besitzt $\mathscr{C}$ einen Generator G, so ist $P(G)$ Generator von $\mathscr{C}[\Sigma^{-1}]$.*

Beweis. Nach 19.2.8 (c) besitzt P einen völlig treuen Rechtsadjungierten T. Nach 19.5.2 ist P exakt. T ist additiv nach 16.5.10. Damit folgt die erste Behauptung aus 16.6.2. Die zweite folgt aus dem Dualen von 15.3.4 (a).

19.5.4 Definition. Es sei $\mathscr{C}$ eine abelsche Kategorie. Eine nichtleere volle *Unterkategorie* $\mathscr{X}$ von $\mathscr{C}$ heißt *dick*, wenn gilt: Ist

(1)
$$0 \longrightarrow K' \overset{u}{\longrightarrow} K \overset{p}{\longrightarrow} K'' \longrightarrow 0$$

eine kurze exakte Folge in $\mathscr{C}$, so gilt $K \in |\mathscr{X}|$ genau dann, wenn K', K'' zu $\mathscr{X}$ gehören.

Wegen $\mathscr{X} \neq \varnothing$ gehören alle Nullobjekte zu $\mathscr{X}$, und es ist $\mathscr{X}$ strikt voll in $\mathscr{C}$.

Die *zu $\mathscr{X}$ gehörige Morphismenklasse* $\Sigma(\mathscr{X})$ bestehe aus denjenigen Morphismen s, für welche die Quelle von ker s und das Ziel von coker s in $\mathscr{X}$ liegen. Statt $\mathscr{C}[\Sigma(\mathscr{X})^{-1}]$ schreiben wir $\mathscr{C}/\mathscr{X}$, was durch den folgenden Satz gerechtfertigt wird.

19.5.5 Satz. *Es sei $\mathscr{X}$ eine dicke Unterkategorie der abelschen Kategorie $\mathscr{C}$, $\Sigma(\mathscr{X})$ die zugehörige Morphismenklasse und $P\colon \mathscr{C} \to \mathscr{C}/\mathscr{X}$ der kanonische Funktor.*

(a) *$\Sigma(\mathscr{X})$ gestattet einen Kalkül von Links- und von Rechtsbrüchen. P ist exakt und additiv.*

(b) *$\Sigma(\mathscr{X})$ ist saturiert. Ein Objekt K von $\mathscr{C}$ gehört genau dann zu $\mathscr{X}$, wenn $P(K)$ ein Nullobjekt ist.*

(c) *Ist $\mathscr{D}$ eine exakte Kategorie und $F\colon \mathscr{C} \to \mathscr{D}$ ein exakter Funktor, so faktorisiert F genau dann über P, wenn F alle Objekte von $\mathscr{X}$*

in Nullobjekte überführt. Die Faktorisierung $F = GP$ ist hierbei eindeutig bestimmt.

(d) *Ein Funktor $G: \mathscr{C}/\mathscr{K} \to P$ in eine exakte Kategorie $\mathscr{D}$ ist genau dann exakt, wenn GP exakt ist. (Für Additivität beachte man 13.3.2 (d).)*

Beweis. (a) Wegen 19.5.2 (c) folgt die zweite Behauptung aus der ersten.

(i) $\Sigma(\mathscr{K})$ enthält alle identischen Morphismen wegen $\mathscr{K} \neq \emptyset$.

(ii) $\Sigma(\mathscr{K})$ ist kompositiv. Seien $s: A \to B$ und $t: B \to C$ aus $\Sigma(\mathscr{K})$. Ferner seien $k': K' \to A$, $m: M \to B$ und $k: K \to A$ die Kerne von s, t bzw. ts. Dann besteht folgendes kommutative Diagramm:

(2)

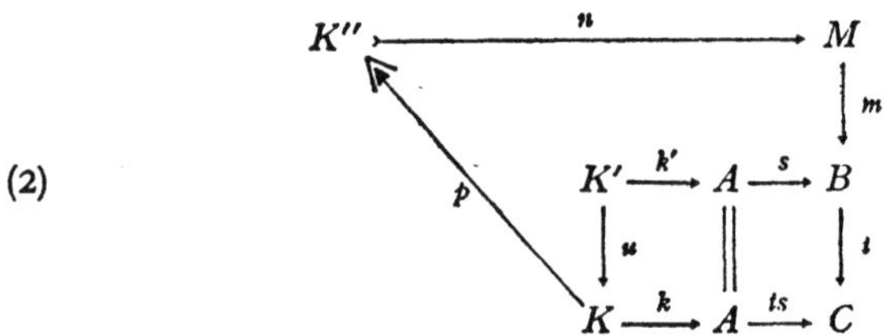

Hierbei existiert u nach Definition Kern, ebenso $v: K \to M$ mit $mv = sk$. p und n entstehen durch Zerlegung von v in Epi- und Monomorphismus.

Nach 13.1.4 (c) ist u Kern von $sk = mnp$. Weil mn monomorph ist, ist u Kern von p. Nach Annahme sind K' und M Objekte von $\mathscr{K}$. Damit erhält man K'' als Objekt von $\mathscr{K}$ vermöge n und K als Objekt von $\mathscr{K}$ vermöge u und p. Zusammen mit dem dualen Schluß für Cokerne folgt $ts \in \Sigma(\mathscr{K})$,

(iii) Sei $A' \xleftarrow{s} A \xrightarrow{g} D$ gegeben mit $s \in \Sigma(\mathscr{K})$. Bildet man 19.2.1 (1) als Pushout, so erhält man nach 13.4.8 isomorphe Cokernobjekte für s und s' und einen Epimorphismus $h: K \twoheadrightarrow L$, wenn K bzw. L Kernobjekt für s bzw. s' ist. Damit folgt $s' \in \Sigma(\mathscr{K})$.

(iv) Zu $f: A \to B$ liege ein $s \in \Sigma(\mathscr{K})$ vor mit $fs = 0$. Wir betrachten

(3)

$$\xrightarrow{s} A \xrightarrow{\text{coker } s} A'' \longrightarrow 0$$

Wegen $fs = 0$ ist $(\text{coim } f)s = 0$. Daher existiert u, und u ist epimorph. Aus $A'' \in |\mathscr{K}|$ folgt nun $D \in |\mathscr{K}|$. Wegen $\text{im } f = \ker(\text{coker } f)$ folgt $\text{coker } f \in \Sigma(\mathscr{K})$.

Weil $\mathscr{C}$ additiv ist, ergeben (i) bis (iv), daß $\Sigma(\mathscr{K})$ einen Kalkül von Linksbrüchen gestattet. Die Behauptung für Rechtsbrüche ist dazu dual.

(b) Es gehöre $s: A \to B$ zur Saturation von $\Sigma(\mathscr{K})$. Nach 19.3.3 (a) gibt es $t: B \to C$, so daß $ts \in \Sigma(\mathscr{K})$ ist. Mit den Bezeichnungen von (2) erhält man $K \in |\mathcal{K}|$ und weiter $K' \in |\mathcal{K}|$, weil k und u monomorph sind. Zusammen mit dem dualen Schluß erhält man $s \in \Sigma(\mathcal{K})$. Also ist $\Sigma(\mathcal{K})$ saturiert.

Für $K \in |\mathcal{K}|$ liegt $0: K \to K$ in $\Sigma(\mathcal{K})$. Weil P exakt ist, ist $P(K)$ ein Nullobjekt. Die Umkehrung folgt daraus, daß $\Sigma(\mathcal{K})$ saturiert ist: Ist $P(K)$ Nullobjekt, so liegt $0: K \to K$ in $\Sigma(\mathcal{K})$ und damit K in $\mathcal{K}$.

(c) Führt F alle Objekte von $\mathcal{K}$ in Nullobjekte über, so ist $F(s)$ isomorph für jedes $s \in \Sigma(\mathcal{K})$, weil F exakt ist. Nach 19.1.2 gibt es genau einen Funktor G mit $F = GP$. Die Umkehrung ist evident.

(d) Ist G exakt, so ist GP exakt nach (a). Sei nun $0 \to X \xrightarrow{\xi} Y \xrightarrow{\zeta} Z \to 0$ eine exakte Folge in $\mathscr{C}/\mathcal{K}$. Dann gibt es eine exakte Folge $0 \longrightarrow A \xrightarrow{a} Y \xrightarrow{c} C \longrightarrow 0$ in $\mathscr{C}$ und Isomorphismen α, γ in $\mathscr{C}/\mathcal{K}$, so daß

$$
(4) \qquad
\begin{array}{ccccccccc}
0 & \longrightarrow & A & \xrightarrow{\;P(a)\;} & Y & \xrightarrow{\;P(c)\;} & C & \longrightarrow & 0 \\
 & & \alpha \downarrow & & \| & & \downarrow \gamma & & \\
0 & \longrightarrow & X & \xrightarrow{\;\xi\;} & Y & \xrightarrow{\;\zeta\;} & Z & \longrightarrow & 0
\end{array}
$$

kommutativ ist: Nach 19.5.2 (a) existieren γ und der Epimorphismus c. Wegen (a) ist die obere Zeile in (4) exakt. Weil γ isomorph ist, sind $P(a)$ und ξ Kerne von ζ. Daher existiert α. Ist nun GP exakt, so zeigt (4), daß auch G exakt ist.

19.5.6 Bemerkungen. Sei $\mathscr{C}$ abelsch. Gestattet $\Gamma \subset \mathrm{Mor}\,\mathscr{C}$ einen Kalkül von Links- und Rechtsbrüchen, so gilt dasselbe für die Saturation Σ von Γ nach 19.3.3 (c) und seinem Dualen. Für $P: \mathscr{C} \to \mathscr{C}[\Sigma^{-1}]$ sind diejenigen Objekte, die bei P in Nullobjekte übergehen, die Objekte einer dicken Unterkategorie $\mathcal{K}$ von $\mathscr{C}$, wie 19.5.2 (c) zeigt. Wegen 19.5.5 (a), (b) besteht für jede abelsche Kategorie $\mathscr{C}$ eine Bijektion zwischen den dicken Unterkategorien und denjenigen saturierten Morphismenklassen, die einen Kalkül von Links- und von Rechtsbrüchen gestatten.

19.5.7 Satz. *Sei $\mathscr{C}$ abelsch und $\mathcal{K}$ eine dicke Unterkategorie. $I': \mathcal{M} \to \mathscr{C}$ sei die Inklusion der strikt vollen Unterkategorie $\mathcal{M}$ von $\mathscr{C}$, so daß $M \in |\mathcal{M}|$ genau dann gilt, wenn $[s, M]$ monomorph ist für alle $s \in \Sigma(\mathcal{K})$. $\mathcal{N}$ sei die strikt volle Unterkategorie, deren Objekte die bezüglich $\Sigma(\mathcal{K})$ linksabgeschlossenen sind.*

(a) *Die Objekte M von $\mathcal{M}$ sind auch dadurch charakterisiert, daß $[K, M] = 0$ ist für alle $K \in |\mathcal{K}|$.*

(b) *$\mathcal{M}$ ist in $\mathscr{C}$ abgeschlossen gegen Limites (soweit vorhanden), ,,Unterobjekte`` und wesentliche Erweiterungen. Ist*

$$
(5) \qquad 0 \longrightarrow M' \xrightarrow{\;m\;} M \xrightarrow{\;c\;} M'' \longrightarrow 0
$$

exakt und $M', M'' \in |\mathcal{M}|$, so ist $M \in |\mathcal{M}|$.

(c) *Ist (5) exakt, $M \in |\mathcal{M}|$ und $M' \in |\mathcal{N}|$, so ist $M'' \in |\mathcal{M}|$.*

(d) *Ist (5) exakt, $M \in |\mathcal{N}|$ und $M'' \in |\mathcal{M}|$, so ist $M' \in |\mathcal{N}|$.*

(e) *Ist $M \in |\mathcal{M}|$ und $q: M \to Q$ injektive Hülle von M in $\mathscr{C}$, so ist $Q \in |\mathcal{N}|$ und $P(q): P(M) \to P(Q)$ injektive Hülle in $\mathscr{C}/\mathscr{K}$, ($P: \mathscr{C} \to \mathscr{C}/\mathscr{K}$ kanonisch).*

(f) *Ist $\mathscr{C}$ vollständig und lokal klein, so ist $\mathcal{M}$ epireflektiv in $\mathscr{C}$.*

(g) *Gibt es zu jedem $B \in |\mathscr{C}|$ einen maximalen Monomorphismus $m_B: K_B \to B$ mit Quelle in $\mathscr{K}$, so ist $\mathcal{M}$ epireflektiv in $\mathscr{C}$.*

(h) *Sei $\mathscr{C}$ covollständig und lokal klein. Die Bedingung unter (g) ist genau dann erfüllt, wenn $\mathscr{K}$ in $\mathscr{C}$ gegen Coprodukte (und damit gegen Colimites) abgeschlossen ist.*

Beweis. (a) Weil H_M Cokerne in Kerne überführt, folgt die Behauptung aus der Definition von $\Sigma(\mathscr{K})$ in 19.5.4 und der Tatsache, daß für $K \in |\mathscr{K}|$ stets $0 \to K$ zu $\Sigma(\mathscr{K})$ gehört.

(b) Weil H^K Limites respektiert und damit linksexakt ist, folgt die zweite Behauptung unmittelbar aus (a), die erste aus (a) und aus 15.2.3 (b).

(c) Wir betrachten

$$
(6) \qquad
\begin{array}{ccccc}
 & & L & \xrightarrow{\ d\ } & K \longrightarrow 0 \\
 & \nearrow{\scriptstyle n} & \downarrow{\scriptstyle l} & \mathrm{I} & \downarrow{\scriptstyle k} \\
0 \longrightarrow & M' \xrightarrow[m]{} & M & \xrightarrow[c]{} & M'' \longrightarrow 0
\end{array}
$$

Hierbei sei k monomorph, $K \in |\mathscr{K}|$ und I ein Pullback. Nach 7.8.2 ist l monomorph, und nach 13.4.3 (c) ist d epimorph. n existiert und ist Kern von k nach 12.3.4 (d). Nun ist $n \in \Sigma(\mathscr{K})$. Wegen $M' \in |\mathcal{N}|$ und 19.4.5 (iv) ist n Coretraktion. Nach 13.2.4 dual ist d Projektion für L als Biprodukt von M' und K. Mit der zugehörigen Injektion folgt $K = 0$ wegen (a). Wieder wegen (a) folgt $M'' \in |\mathcal{M}|$.

(d) Wir betrachten

$$
(7) \qquad
\begin{array}{ccccc}
0 \longrightarrow & M' \xrightarrow{\ m\ } & M \xrightarrow{\ c\ } & M'' \longrightarrow 0 \\
 & \downarrow{\scriptstyle s} & \parallel & \downarrow{\scriptstyle h} \\
 & X \xrightarrow{\ u\ } & M \xrightarrow{\ v\ } & Y \longrightarrow 0
\end{array}
$$

Hierbei sei zunächst $s \in \Sigma(\mathscr{K})$ gegeben. u existiert wegen $M \in |\mathcal{N}|$ nach Definition von $\mathcal{N}$ (19.4.3). v sei Cokern von u. h existiert nach Definition von Cokernen. Anwendung von P zeigt $h \in \Sigma(\mathscr{K})$. Wegen $M'' \in |\mathcal{M}|$ ist h monomorph. Wegen $hc = v$ ist h isomorph. Nach Definition von Kernen faktorisiert nun u eindeutig über m, und s ist eine Coretraktion. Nach 19.4.5 (iv) ist $M' \in |\mathcal{N}|$.

(e) Wegen (b) ist $Q \in |\mathcal{M}|$. Liegt $s: Q \to A$ aus $\Sigma(\mathscr{K})$ vor, so ist s monomorph. Weil Q injektiv ist, erkennt man s vermöge 1_Q als Coretraktion. Nach 19.4.5 (iv) ist $Q \in |\mathcal{N}|$.

Wir zeigen nun, daß $P(q)$ wesentlich ist. Weil jeder Morphismus von $\mathscr{C}/\mathscr{K}$ die Gestalt $P(s)^{-1}P(f)$ hat, genügt es wegen 15.2.3 zu zeigen: Ist für

$$P(M) \xrightarrow{P(q)} P(Q) \xrightarrow{P(f)} P(N)$$

$P(fq)$ monomorph, so ist $P(f)$ monomorph. Sei $vu = fq$ eine Zerlegung von fq mit epimorphem u und monomorphem v. $P(u)$ ist epimorph (19.2.8 (a)) und auch monomorph nach Annahme über $P(fq)$. Daher liegt u in $\Sigma(\mathscr{K})$. Wegen $M \in |\mathscr{M}|$ ist u monomorph, also isomorph. Damit ist fq monomorph und auch f nach 15.2.3. Hieraus folgt, daß $P(f)$ monomorph ist.

Wir zeigen schließlich, daß $P(Q)$ injektiv ist. Sei $\mu\colon P(A) \to P(B)$ monomorph und liege $\alpha\colon P(A) \to P(Q)$ vor. Wegen des Dualen von 19.5.2 (a) kann angenommen werden, daß $\mu = P(m)$ mit monomorphem m ist. Wegen 19.4.5 (v) gibt es $f\colon A \to Q$ mit $P(f) = \alpha$. Weil Q injektiv ist, gibt es $v\colon B \to Q$ mit $vm = f$. Damit folgt, daß $P(Q)$ injektiv ist.

(f) folgt unmittelbar aus (b) und 16.6.3 (c). (Man beachte 12.4.4.)

(g) Auswahl von maximalen Monomorphismen mit Quelle in $\mathscr{K}$, so daß 1_K für $K \in |\mathscr{K}|$ gewählt wird, und von Cokernen dieser Monomorphismen, so daß 1_M für $M \in |\mathscr{M}|$ gewählt wird, gibt Funktoren $F\colon \mathscr{C} \to \mathscr{C}$ und $R\colon \mathscr{C} \to \mathscr{C}$ und die exakte Folge

$$8) \qquad\qquad 0 \longrightarrow F \xrightarrow{\varkappa} 1_{\mathscr{C}} \xrightarrow{\Psi'} R \longrightarrow 0.$$

Ferner ist $FF = F$ und $RR = R$ mit $F * \varkappa = 1_F$ und $\Psi' * R = 1_R$. Für $\mathscr{M}, R, \Psi'$ liegt wegen (a) die Situation 19.4.2 (c) vor. Für $\mathscr{K}, F, \varkappa$ besteht die duale Situation.

(h) Ist $\mathscr{K}$ gegen Coprodukte abgeschlossen, so erhält man die Bedingung in (g) aus 14.2.5, indem man für eine Repräsentantenmenge der Äquivalenzklassen von Monomorphismen mit Quelle in $\mathscr{K}$ und Ziel B das Coprodukt der Quellen bildet. Die Umkehrung folgt aus dem Dualen von 16.6.7 und dem Beweis von (g).

19.6 Lokalisation in abelschen Kategorien

19.6.1 Definition. Es sei $\mathscr{C}$ eine abelsche Kategorie. Eine dicke Unterkategorie $\mathscr{K}$ von $\mathscr{C}$ heißt *lokalisierend*, wenn der kanonische Funktor $P\colon \mathscr{C} \to \mathscr{C}/\mathscr{K}$ einen Rechtsadjungierten T besitzt.

19.6.2 Bemerkung. Sei $\mathscr{K}$ zunächst nur dick und $I\colon \mathscr{N} \to \mathscr{C}$ die Inklusion der strikt vollen Unterkategorie, deren Objekte die bezüglich $\Sigma(\mathscr{K})$ linksabgeschlossenen sind. Nach 19.4.5 (b), (c) ist $\mathscr{K}$ genau dann lokalisierend, wenn I einen Linksadjungierten $S\colon \mathscr{C} \to \mathscr{N}$ besitzt.

Sei dies der Fall. Nach 19.4.2 (d) können wir annehmen, daß S und die zugehörige Adjunktions-Transformation Ψ so gewählt sind, daß

$\Psi_N = 1_N$ ist für $N \in |\mathcal{N}|$. Wir bezeichnen dann S als *lokalisierenden Funktor*.

$\mathcal{N}$ ist abelsch nach 19.5.2 und 19.4.5, jedoch werden Cokerne im allgemeinen nicht wie in $\mathcal{C}$ gebildet, d. h. I braucht nicht exakt zu sein. Die Addition von $\mathcal{N}$ als abelscher Kategorie ist die von $\mathcal{C}$ herrührende nach 11.6.5. S ist exakt und additiv. Statt des kanonischen Funktors $P\colon \mathcal{C} \to \mathcal{C}/\mathcal{X}$ betrachten wir im folgenden stets $S\colon \mathcal{C} \to \mathcal{N}$. Die zugehörige Adjunktions-Transformation $\Psi\colon 1_{\mathcal{C}} \to IS$ zerlegt sich gemäß 19.4.7. Mit den dortigen Bezeichnungen besteht die exakte Folge

$$(1) \qquad 0 \longrightarrow K_B \xrightarrow{\ \ker \Psi_B\ } B \xrightarrow{\ \Psi'_B\ } I'S'(B) \xrightarrow{\ \Psi''_B\ } IS(B) \xrightarrow{\ \operatorname{coker} \Psi_B\ } C_B \to 0$$

mit $\Psi_B = \Psi''_B \Psi'_B$. Weil $S * \Psi$ isomorph ist, sind K_B und C_B Objekte von $\mathcal{X}$. Ist $m\colon A \to B$ irgendein Monomorphismus mit Quelle in $\mathcal{X}$, so ist $S(m) = 0$ nach 19.5.5, und aus $\Psi_B\, m = IS(m)\, \Psi_A = 0$ folgt daß m über $\ker \Psi_B$ faktorisiert.

Für $B \in |\mathcal{C}|$ ist also $\ker \Psi_B$ ein maximaler Monomorphismus mit Quelle in $\mathcal{X}$. Vergleich von (1) mit 19.5.7 zeigt, daß die Kategorien $\mathcal{M}$ von 19.4.7 und 19.5.7 hier identisch sind. Insbesondere stimmt Ψ' in (1) mit Ψ' in 19.5.7 (8) überein.

19.6.3 Lemma *Es sei $\mathcal{C}$ abelsch und $\mathcal{X}$ eine dicke Unterkategorie. Die beiden folgenden Aussagen sind gleichwertig:*

(a) *$\mathcal{X}$ ist lokalisierend.*

(b) *Für jedes Objekt B von $\mathcal{C}$ gilt: Unter den Monomorphismen mit Ziel B und Quelle in $\mathcal{X}$ gibt es einen maximalen. Ist dieser null, so gibt es außerdem einen Monomorphismus von B in ein bezüglich $\Sigma(\mathcal{X})$ linksabgeschlossenes Objekt.*

Beweis. Nach den vorangehenden Bemerkungen folgt (b) aus (a). Sei nun (b) erfüllt. Nach 19.5.7 (g) existiert ein Epireflektor $S'\colon \mathcal{C} \to \mathcal{M}$ mit zugehöriger Adjunktions-Transformation $\Psi'\colon 1_{\mathcal{C}} \to I'S'$. Für alle $B \in |\mathcal{C}|$ gehört $\Psi'_B\colon B \to I'S'(B)$ zu $\Sigma(\mathcal{X})$. Nach der zweiten Bedingung von (b) gibt es einen Monomorphismus $i\colon I'S'(B) \to N$, so daß N linksabgeschlossen ist. Wir betrachten

$$(2) \qquad
\begin{array}{ccccccccc}
 & & & & N' & \xrightarrow{\ c'\ } & K & & \\
 & & & \nearrow^{\Psi''_B} & \downarrow{\scriptstyle n} & {\scriptstyle I} & \downarrow{\scriptstyle m} & & \\
0 & \longrightarrow & I'S'(B) & \xrightarrow[\ i\ ]{} & N & \xrightarrow[\ c\ ]{} & C & \longrightarrow & 0
\end{array}$$

Hierbei ist c Cokern von i, m ein maximaler Monomorphismus mit Quelle in $\mathcal{X}$ und I ein Pullback. Wie bei 19.5.7 (6) folgt, daß Ψ''_B existiert und Kern von c' ist. $\Psi'_C\colon C \to I'S'(C)$ ist Cokern von m. Nach 13.4.3 (c) ist I bicartesisch, und nach dem Dualen von 12.3.4 (d) ist $\Psi'_C\, c$ Cokern von n. Wegen $I'S'(C) \in |\mathcal{M}|$ und 19.5.7 (d) ist N' linksabgeschlossen bezüglich $\Sigma(\mathcal{X})$. Wegen $I'S'(B) \in |\mathcal{M}|$ ist $\Psi''_B \in \Sigma(\mathcal{X})$, also auch $\Psi_B = \Psi''_B \Psi'_B$. Damit folgt (a) aus 19.4.5 (b).

19.6.4 Satz. *Es sei $\mathscr{C}$ eine abelsche Kategorie mit injektiven Hüllen und $\mathscr{K}$ eine dicke Unterkategorie.*

(a) *$\mathscr{K}$ ist dann und nur dann lokalisierend, wenn es zu jedem $B \in |\mathscr{C}|$ einen maximalen Monomorphismus mit Ziel B und Quelle in $\mathscr{K}$ gibt.*

(b) *Ist das der Fall, so besitzt auch $\mathscr{C}/\mathscr{K}$ injektive Hüllen. Der Rechtsadjungierte $T \colon \mathscr{C}/\mathscr{K} \to \mathscr{C}$ des kanonischen Funktors P respektiert injektive Objekte.*

(c) *Ist außerdem $\mathscr{K}$ abgeschlossen gegen injektive Hüllen, so respektiert P injektive Objekte.*

Beweis. (a) folgt unmittelbar aus 19.6.3 und 19.5.7 (e).

(b) Die erste Behauptung folgt aus 19.5.7 (e), denn wegen (1) und 19.3.3 (b) ist jedes Objekt von $\mathscr{C}/\mathscr{K}$ zu einem der Form $P(M)$ isomorph. Die zweite Behauptung gilt nach 15.3.4 (b).

(c) Sei Q injektiv, $k \colon K \to Q$ maximaler Monomorphismus mit Quelle in $\mathscr{K}$ und $h \colon K \to H$ injektive Hülle von K. Weil h wesentlich und Q injektiv ist, existiert ein Monomorphismus $i \colon H \to Q$ mit $k = ih$ (15.2.3). Nach dem Dualen von 10.4.6 und nach 12.6.3 besitzt Q eine Darstellung $H \oplus J$, wobei i eine Injektion ist. Hierbei ist auch J injektiv. Jeder Monomorphismus mit Ziel J und Quelle in $\mathscr{K}$ ist null nach Wahl von K. Die injektive Hülle von J ist 1_J, und nach 19.5.7 (e) ist $P(J)$ injektiv. Ist die Zusatzvoraussetzung für $\mathscr{K}$ erfüllt, so ist h isomorph und $P(H) = 0$.

Bemerkung. Ohne die Zusatzvoraussetzung für $\mathscr{K}$ ergibt sich, daß jedes injektive Objekt Q von $\mathscr{C}$ isomorph zu einem der Form $H \oplus T(J')$ ist, wobei H injektive Hülle eines Objektes von $\mathscr{K}$ und J' injektiv in $\mathscr{C}/\mathscr{K}$ ist. Im Vorangehenden ist nämlich J linksabgeschlossen bezüglich $\Sigma(\mathscr{K})$, und es ist $TP(J) \cong J$ nach 19.4.5 (c).

19.6.5 Theorem. *Es sei $\mathscr{C}$ eine Grothendieck-Kategorie mit Generator G und $\mathscr{K}$ eine dicke Unterkategorie. Dann sind gleichwertig:*

(a) *$\mathscr{K}$ ist lokalisierend.*

(b) *$\mathscr{K}$ ist abgeschlossen gegen Coprodukte (und damit gegen Colimites).*

Ist das der Fall, so ist $\mathscr{C}/\mathscr{K}$ eine Grothendieck-Kategorie mit Generator $P(G)$.

Beweis. Wegen 15.3.7 sind die Voraussetzungen von 19.6.4 erfüllt. Außerdem ist $\mathscr{C}$ lokal klein (10.6.3). Wegen 19.5.7 (h) und 19.6.4 (a) sind (a) und (b) gleichwertig. (b) folgt aus (a) übrigens einfacher nach 19.5.5 (b), weil $P \colon \mathscr{C} \to \mathscr{C}/\mathscr{K}$ Colimites respektiert. Die letzte Behauptung folgt aus 19.5.3.

Bemerkung. Wegen 10.5.3 ist die Existenz eines Generators gleichwertig mit der Existenz einer erzeugenden Menge.

19.6.6 Lemma. *Es sei $\mathscr{C}$ eine abelsche Kategorie. $\mathscr{M}$ sei eine strikt volle epireflektive Unterkategorie, die folgender Bedingung genügt:*

(∗) *Zu jedem $M \in |\mathcal{M}|$ gibt es einen Monomorphismus $m\colon M \to Q$, derart daß $Q \in |\mathcal{M}|$ und Q injektiv in $\mathcal{C}$ ist.*

Es sei $I'\colon \mathcal{M} \to \mathcal{C}$ die Inklusion, $S'\colon \mathcal{C} \to \mathcal{M}$ Epireflektor, $R = I'S'$ und Ψ' zugehörige epimorphe Adjunktions-Transformation. Ferner sei $\mathcal{K}$ die volle Unterkategorie von $\mathcal{C}$, so daß $K \in |\mathcal{K}|$ genau dann gilt, wenn $[K, M] = 0$ ist für alle $M \in |\mathcal{M}|$.

(a) *Ist $m\colon M' \to M$ monomorph in $\mathcal{C}$ und $M \in |\mathcal{M}|$, so ist $M' \in |\mathcal{M}|$. Ist*

$$(3) \qquad 0 \longrightarrow M' \xrightarrow{\ m\ } M \xrightarrow{\ p\ } M'' \longrightarrow 0$$

exakt in $\mathcal{C}$ und sind $M', M'' \in |\mathcal{M}|$, so ist $M \in |\mathcal{M}|$.

(b) *Für jedes $B \in |\mathcal{C}|$ ist $\ker \Psi'_B$ maximaler Monomorphismus mit Quelle in $\mathcal{K}$.*

(c) *$\mathcal{K}$ ist dick, und aus $\mathcal{K}$ entsteht nach 19.5.7 (a) wieder $\mathcal{M}$.*

Beweis. (a) Für die erste Behauptung ist Ψ'_M isomorph (16.6.5). Wegen $\Psi'_M m = R(m)\Psi'_{M'}$ ist $\Psi'_{M'}$ monomorph, außerdem epimorph nach Voraussetzung. Weil $\mathcal{M}$ strikt voll ist, ist $M' \in |\mathcal{M}|$.

Für die zweite Behauptung sei $m'\colon M' \to Q$ ein Monomorphismus gemäß (∗). Wir betrachten in $\mathcal{C}$

$$(4) \qquad \begin{array}{ccccccccc} 0 & \longrightarrow & M' & \xrightarrow{\ m\ } & M & \xrightarrow{\ p\ } & M'' & \longrightarrow & 0 \\ & & \downarrow{\scriptstyle m'} & & \downarrow{\scriptstyle \bar{m}'} & & \| & & \\ 0 & \longrightarrow & Q & \xrightarrow[\ \bar{m}\ ]{} & X & \xrightarrow[\ \bar{p}\ ]{} & M'' & \longrightarrow & 0 \end{array}$$

mit I in der Mitte.

Hierbei sei I ein Pushout, p und $\bar{p}$ seien Cokerne von m und $\bar{m}$ (12.3.4 (d) dual). $\bar{m}$ und $\bar{m}'$ sind monomorph nach dem Dualen von 13.4.3 (c). Weil Q injektiv ist, spaltet die untere Zeile von (4) auf (10.4.6 dual). Nach 13.2.4 ist $X \cong Q \oplus M''$. Damit folgt $X \in |\mathcal{M}|$, weil R additiv ist. Nach dem zuvor Bewiesenen ist $M \in |\mathcal{M}|$.

(b) Sei $k\colon K \to B$ Kern von $\Psi'_B\colon B \to R(B)$. Jeder Morphismus $f\colon A \to B$ mit $A \in |\mathcal{K}|$ faktorisiert über k wegen $\Psi'_B f = 0$ nach Definition von $\mathcal{K}$. Es bleibt $K \in |\mathcal{K}|$ zu zeigen. Sei $f\colon K \to M$ ein beliebiger Morphismus mit $M \in |\mathcal{M}|$. Das Diagramm

$$(5) \qquad \begin{array}{ccccccccc} 0 & \longrightarrow & K & \xrightarrow{\ k\ } & B & \xrightarrow{\ \Psi'_B\ } & R(B) & \longrightarrow & 0 \\ & & \downarrow{\scriptstyle f} & & \downarrow{\scriptstyle \bar{f}} & & \| & & \\ 0 & \longrightarrow & M & \xrightarrow[\ \bar{k}\ ]{} & X & \longrightarrow & R(B) & \longrightarrow & 0 \end{array}$$

mit I in der Mitte.

entstehe entsprechend (4) mit I als Pushout. Nach (a) ist $X \in |\mathcal{M}|$. Wegen 19.4.2 (1) gibt es $g\colon R(B) \to X$ mit $g\Psi'_B = \bar{f}$. Es folgt $0 = \bar{f}k = \bar{k}f$ und damit $f = 0$, weil $\bar{k}$ monomorph ist. Nach Definition von $\mathcal{K}$ ist $K \in |\mathcal{K}|$.

(c) Sei $0 \to K' \xrightarrow{k} K \xrightarrow{q} K'' \to 0$ exakt in $\mathscr{C}$. Sind $K', K'' \epsilon |\mathscr{K}|$, so zeigt Anwendung von $[?, M]$ mit $M \epsilon |\mathscr{M}|$, daß $K \epsilon |\mathscr{K}|$ ist. Sei umgekehrt $K \epsilon |\mathscr{K}|$. Wie soeben folgt $K'' \epsilon |\mathscr{K}|$. Liege $f': K' \to M$ vor mit $M \epsilon |\mathscr{M}|$ und sei $m: M \to Q$ ein Monomorphismus gemäß (*). Weil Q injektiv ist, gibt es $f: K \to Q$ mit $fk = mf'$. Wegen $Q \epsilon |\mathscr{M}|$, $K \epsilon |\mathscr{K}|$ ist $f = 0$. Weil m monomorph ist, folgt $f' = 0$ und damit $K' \epsilon |\mathscr{K}|$. Also ist $\mathscr{K}$ dick. Die letzte Behauptung folgt aus (b) und dem Beweis von 19.5.7 (g).

Bemerkung. Wegen 19.6.4 (a) und 19.5.7 (b) besteht für eine abelsche Kategorie mit injektiven Hüllen eine Bijektion zwischen lokalisierenden Unterkategorien und denjenigen strikt vollen epireflektiven Unterkategorien, die gegen injektive Hüllen abgeschlossen sind.

19.6.7 Beispiel. Sei $\mathscr{C} = Ab$ und $\mathscr{M}$ die Unterkategorie der torsionsfreien (additiven) Gruppen. Die Voraussetzungen von 19.6.6 und 19.6.4 sind erfüllt, denn wesentliche Erweiterungen torsionsfreier Gruppen sind offenbar torsionsfrei, insbesondere injektive Hüllen. $\mathscr{K}$ ist hier die Unterkategorie der Torsionsgruppen. Man zeigt leicht, daß die Objekte von $\mathscr{N}$ teilbar (Beweis von 15.3.2) und daher die torsionsfreien injektiven Gruppen sind. Dieses klassische Beispiel ist das Modell für 19.6.6 und 19.5.7.

Die Kategorie der torsionsfreien additiven Gruppen ist übrigens ein Beispiel für eine vollständige und covollständige additive Kategorie mit Generator, die nicht abelsch ist. Sie ist nicht ausgeglichen, z. B. ist die Inklusion $\mathbf{Z} \subset \mathbf{Q}$ in ihr bimorph.

Die Kategorie $\mathscr{C}'$ der endlich erzeugten abelschen Gruppen ist abelsch mit projektivem Generator. Sie ist nicht vollständig, nicht covollständig, und sie besitzt keine injektiven Objekte. $\mathscr{C}'$ ist äquivalent zu einer kleinen Kategorie. Die Unterkategorie $\mathscr{K}'$ der endlich erzeugten Torsionsgruppen ist lokalisierend in $\mathscr{C}'$. Die Inklusion $\mathscr{K}' \subset \mathscr{C}'$ besitzt einen vollen Rechtsadjungierten. $\mathscr{K}'$ ist also äquivalent zu einer Quotientenkategorie von $\mathscr{C}'$ (Bemerkung in 19.2.6). Es liegt übrigens eine adjungierte Situation vor, bei der einer der beiden Funktoren völlig treu, der andere voll ist.

19.6.8 Theorem. *Es sei $\mathscr{B}$ eine kleine abelsche Kategorie, $l(\mathscr{B}, Ab)$ die Kategorie der linksexakten Funktoren $\mathscr{B} \to Ab$. Die Inklusion $l(\mathscr{B}, Ab) \subset Add(\mathscr{B}, Ab)$ besitzt einen exakten Linksadjungierten. $l(\mathscr{B}, Ab)$ ist eine Grothendieck-Kategorie mit Generator.*

Bemerkung. Die Inklusion $l(\mathscr{B}, Ab) \subset Add(\mathscr{B}, Ab)$ besteht nach 13.3.2 (d). Wegen 12.2.7 sind die linksexakten Funktoren diejenigen, die endliche Limites respektieren.

Beweis. $\mathscr{C} = Add(\mathscr{B}, Ab)$ ist Grothendieck-Kategorie (14.6.9). Sie besitzt einen Generator, der sogar in $l(\mathscr{B}, Ab)$ liegt (15.4.1), und damit injektive Hüllen (15.3.7). Sei $\mathscr{M}$ die strikt volle Unterkategorie der additiven Monofunktoren (15.4.3). $\mathscr{M}$ ist abgeschlossen gegen Produkte.

Ist außerdem $m\colon M' \to M$ monomorph in $\mathscr{C}$ und $M \in |\mathscr{M}|$, so ist $M' \in |\mathscr{M}|$, was unmittelbar aus 10.1.4 folgt. Wegen 10.6.3, 16.6.3 (c) und 15.4.4 erfüllt $\mathscr{M}$ die Voraussetzungen 19.6.6. Die nach 19.5.7, 19.6.4 zugehörige Unterkategorie $\mathscr{N}$ von $\mathscr{C}$ ist eine Grothendieck-Kategorie mit Generator nach 19.6.5 und 19.6.2. Es folgt die Behauptung, wenn wir noch $\mathscr{N} = l(\mathscr{B}, Ab)$ zeigen.

Sei dazu (3) eine exakte Folge in $\mathscr{C}$ mit $M \in |\mathscr{M}|$ und M injektiv in $\mathscr{C}$. Für $M' \in |\mathscr{N}|$ bzw. $M' \in |l(\mathscr{B}, Ab)|$ ist ein Monomorphismus $M' \rightarrowtail M$ für ein geeignetes M stets vorhanden. Sei ferner

$$0 \longrightarrow X \xrightarrow{u} Y \xrightarrow{v} Z \longrightarrow 0$$

eine beliebige kurze exakte Folge in $\mathscr{B}$. Wir betrachten

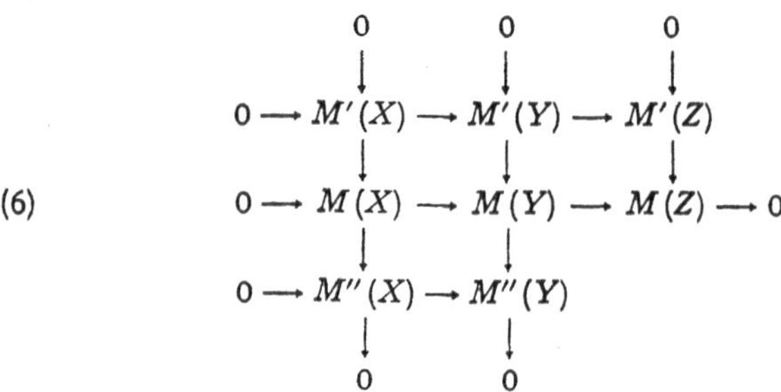

$$(6)$$

Hierbei sind die Spalten exakt. Die mittlere Zeile ist exakt, weil M injektiv ist (15.4.3). Nach 13.5.2 ist die erste Zeile genau dann exakt, wenn es die dritte ist. Ist nun $M' \in |\mathscr{N}|$, so ist $M'' \in |\mathscr{M}|$ nach 19.5.7 (c) und M' linksexakt nach (6). Ist umgekehrt M' linksexakt, so folgt $M'' \in |\mathscr{M}|$. Wegen 19.5.7 (e) ist $M \in |\mathscr{N}|$. Nach 19.5.7 (d) ist $M' \in |\mathscr{N}|$, womit die Behauptung folgt.

19.6.9 Theorem (MITCHELL). *Jede kleine abelsche Kategorie $\mathscr{B}$ besitzt eine exakte volle Einbettung in eine Modulkategorie.*

Beweis. Nach 10.3.4, 10.3.5 und 10.3.10 induziert die Yoneda-Einbettung $H^*\colon \mathscr{B}^\circ \to Add(\mathscr{B}, Ab)$ eine volle exakte Einbettung $\mathscr{B}^\circ \to l(\mathscr{B}, Ab)$. Sei $\mathscr{C}$ die zu $l(\mathscr{B}, Ab)$ duale Kategorie. Damit entsteht die volle exakte Einbettung $J\colon \mathscr{B} \to \mathscr{C}$. Nach 19.6.8 und 15.3.7 besitzt $l(\mathscr{B}, Ab)$ einen injektiven Cogenerator und damit $\mathscr{C}$ einen projektiven Generator G'. Weil $\mathscr{B}$ klein und $\mathscr{C}$ vollständig ist, ist $G = \coprod G'_e$ mit $G'_e = G'$ und $e \in \bigcup [G', J(B)]$ ebenfalls projektiver Generator. Die Vereinigung ist hierbei über alle $B \in |\mathscr{B}|$ zu bilden. Bezüglich G ist jedes $J(B)$ endlich erzeugt (sogar monogen). Mit der exakten Einbettung 17.5.5 $\mathscr{C} \to Mod_R$ entsteht die gewünschte Einbettung für $\mathscr{B}$.

19.6.10 Bemerkungen. Die Voraussetzung von 19.6.9, daß $\mathscr{B}$ klein sei, kann durch Wechsel des Universums erzwungen werden. 15.4.5 erweist sich als Korollar von 19.6.9. Die in 15.4 bereitgestellten Hilfs-

mittel wurden jedoch auch hier benutzt. 15.4.5 gestattet es, Exaktheitsaussagen für Diagramme in einer abelschen Kategorie auf solche in *Ab*
zurückzuführen, z. B. die Lemmata von 13.5. 19.6.9 gestattet eine
Zurückführung auf Modulkategorien nicht nur von Exaktheitsaussagen
für Diagramme, sondern auch von Aussagen über Existenz und Natürlichkeit zusätzlicher Morphismen. Der Verbindungshomomorphismus
für die Homologie bei kurzen exakten Folgen von Kettenkomplexen
ist ein Beispiel. Wechsel des Universums kann vermieden werden, indem man berücksichtigt, daß jede Menge von Objekten einer abelschen
Kategorie in einer kleinen vollen abelschen Unterkategorie enthalten
ist (man ergänze abzählbar oft durch endliche Produkte, Kerne und
Cokerne).

In der homologischen Algebra werden jedoch, etwa bei spektralen
Folgen, weitergehende Techniken erforderlich, die den unmittelbaren
Beweis von Diagrammsätzen gestatten, wobei auch unendliche Durch-
schnitte und Vereinigungen eingehen dürfen. Exakte Quadrate sind ein
Ausgangspunkt hierfür.

19.7 Charakterisierung der Grothendieck-Kategorien mit Generator

19.7.1 Definition. Es sei $\mathscr{C}$ eine abelsche Kategorie und $\mathfrak{N}$ eine Klasse
von Objekten aus $\mathscr{C}$. Ein Objekt K von $\mathscr{C}$ heißt *vernachlässigbar* bezüglich $\mathfrak{N}$, wenn gilt:

*) Ist $f\colon A \to K$ ein beliebiger Morphismus mit Ziel K, so ist $[\ker f, N]$
bijektiv für jedes $N \in \mathfrak{N}$.

19.7.2 Satz. *Es sei $\mathscr{C}$ eine abelsche Kategorie und $\mathfrak{N}$ eine Klasse von
Objekten aus $\mathscr{C}$.*

(a) *Die bezüglich $\mathfrak{N}$ vernachlässigbaren Objekte sind die Objekte einer
dicken Unterkategorie $\mathscr{K}$ von $\mathscr{C}$.*

(b) *Die Objekte von $\mathfrak{N}$ sind bezüglich $\Sigma(\mathscr{K})$ linksabgeschlossen. Wird $\mathfrak{N}$
durch die Klasse $\mathfrak{N}'$ aller bezüglich $\Sigma(\mathscr{K})$ linksabgeschlossenen Objekte
ersetzt, so sind die Objekte von $\mathscr{K}$ auch vernachlässigbar bezüglich $\mathfrak{N}'$.*

(c) *Ist $\mathscr{C}$ eine Grothendieck-Kategorie mit einer erzeugenden Menge $\mathfrak{G}$,
so ist $K \in |\mathscr{K}|$ schon dann, wenn (*) für jeden Morphismus gilt,
dessen Quelle ein endliches Coprodukt von Objekten aus $\mathfrak{G}$ ist.*

(d) *Ist $\mathscr{C}$ eine Grothendieck-Kategorie mit einer erzeugenden Menge $\mathfrak{G}$
von kleinen Objekten, so ist $\mathscr{K}$ lokalisierend.*

Beweis. Wir benutzen ständig, daß $H_N = [?, N]_{\mathscr{C}}$ Colimites in Limites
überführt und daß aus einer exakten Folge $A \to B \to C \to 0$ eine exakte
Folge $0 \to [C, N] \to [B, N] \to [A, N]$ entsteht.

(a) Wir beweisen vier Hilfsaussagen (i) bis (iv).

(i) Ist $K \in |\mathscr{K}|$, so ist $[K, N] = 0$ für jedes $N \in \mathfrak{N}$.
   Zum Nachweis setze man $f = 1_K$ in (*).

(ii) Ist $u\colon K' \rightarrowtail K$ monomorph und $K \in |\mathscr{K}|$, so ist auch $K' \in |\mathscr{K}|$.
   Das folgt daraus, daß $f'\colon A \to K'$ und uf' dieselben Kerne haben.

(iii) Ist $p\colon K \to K''$ epimorph und $K \in |\mathcal{K}|$, so ist auch $K'' \in |\mathcal{K}|$.

Für $f\colon A \to K''$ betrachten wir folgendes Diagramm:

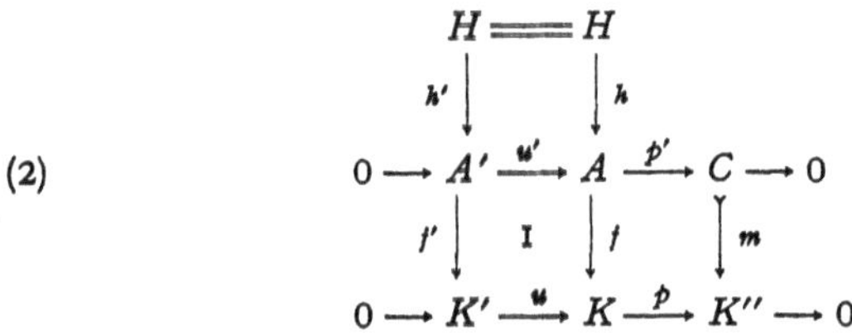

Hierbei ist I ein Pullback, u, u', h, h' sind Kerne von p bzw. p', f, f'. Die beiden Gleichheiten bestehen nach 13.4.8 (e) bei geeigneter Wahl der Kerne. Nach (ii) ist $K' \in |\mathcal{K}|$. Wegen (i) ist $[p', N]$ isomorph für alle $N \in \mathfrak{N}$. Weil auch $[h', N]$ isomorph ist, folgt (∗) für K''.

(iv) Ist $0 \longrightarrow K' \overset{u}{\longrightarrow} K \overset{p}{\longrightarrow} K'' \longrightarrow 0$ exakt und sind K', $K'' \in |\mathcal{K}|$, so ist $K \in |\mathcal{K}|$.

Für $f\colon A \to K$ betrachten wir

$$
\begin{array}{ccccccccc}
 & & H & = & H & & & & \\
 & & \downarrow{\scriptstyle h'} & & \downarrow{\scriptstyle h} & & & & \\
0 & \longrightarrow & A' & \overset{u'}{\longrightarrow} & A & \overset{p'}{\longrightarrow} & C & \longrightarrow & 0 \\
 & & \downarrow{\scriptstyle f'} & \mathrm{I} & \downarrow{\scriptstyle f} & & \downarrow{\scriptstyle m} & & \\
0 & \longrightarrow & K' & \overset{u}{\longrightarrow} & K & \overset{p}{\longrightarrow} & K'' & \longrightarrow & 0
\end{array}
$$

(2)

Hierbei ist I ein Pullback, h und h' sind Kerne von f und f', p' ist Cokern von u'. m existiert und ist monomorph nach 13.4.8 (d). Nach (ii) ist $C \in |\mathcal{K}|$. Für $N \in \mathfrak{N}$ ist daher $[u', N]$ isomorph. $[h', N]$ ist ebenfalls isomorph. Damit folgt (∗) für K. Nach (ii), (iii), (iv) ist $\mathcal{K}$ dick.

(b) Sei $0 \longrightarrow K \overset{h}{\longrightarrow} A \overset{f}{\longrightarrow} B \overset{c}{\longrightarrow} C \longrightarrow 0$ exakt, K und C seien aus $\mathcal{K}$ und $f = f''f'$ eine Zerlegung von f in Epi- und Monomorphismus. Für $N \in \mathfrak{N}$ ist $[f'', N]$ isomorph wegen $C \in |\mathcal{K}|$. Außerdem ist $[f', N]$ isomorph wegen $[K, N] = 0$. Also ist N linksabgeschlossen bezüglich $\Sigma(\mathcal{K})$. Umgekehrt sei dies jetzt der Fall. Für $K \in |\mathcal{K}|$ und $f\colon A \to K$ ist $\ker f \in \Sigma(\mathcal{K})$, womit die zweite Behauptung unter (b) folgt.

(c) Sei $G = \coprod G_e$ ein Coprodukt von Objekten aus $\mathfrak{G}$, G_D sei ein endliches Teilprodukt mit Injektion i_D. Sei $h'\colon H' \to G$ Kern von $g\colon G \to K$ und h'_D Kern von gi_D. Nun ist G filtrierender Colimes seiner endlichen Teilcoprodukte G_D und damit h' filtrierender Colimes der Kerne h'_D. Ist für $N \in \mathfrak{N}$ stets $[h'_D, N]$ isomorph, so ist $[h', N] = \mathrm{Lim}\, [h'_D, N]$ isomorph.

Liege jetzt $f\colon A \to K$ vor. Für ein geeignetes Coprodukt $G = \coprod G_e$ von Objekten aus $\mathfrak{G}$ gibt es einen Epimorphismus $p\colon G \twoheadrightarrow A$. Wir betrachten

$$
\begin{array}{ccc}
J & == & J \\
{\scriptstyle i'}\downarrow & & \downarrow{\scriptstyle i} \\
0 \longrightarrow H' \xrightarrow{\ h'\ } G \xrightarrow{\ fp\ } K \\
{\scriptstyle p'}\Downarrow \quad \mathrm{I} \quad \Downarrow{\scriptstyle p} \quad \| \\
0 \longrightarrow H \xrightarrow{\ h\ } A \xrightarrow{\ f\ } K
\end{array}
$$

(3)

Hierbei sind h, h', j, j' Kerne von f, fp, p, p'. I ist ein Pullback nach 12.3.4 (c). Daher ist auch p' epimorph (13.4.3 (c)). Ist $[h', N]$ isomorph, so folgt, daß $[h, N]$ isomorph ist. Nach dem zuvor Gesagten folgt (c).

(d) Aus 17.4.5 folgt, daß ein endliches Coprodukt von kleinen Objekten klein ist. $\mathscr{K}$ ist als dicke Unterkategorie jedenfalls abgeschlossen gegen endliche Coprodukte (Biprodukte). Ist $K = \coprod K_e$ Coprodukt von Objekten aus $\mathscr{K}$ und G endliches Coprodukt von Objekten aus $\mathfrak{G}$, so ist $[\ker f, N]$ isomorph für jeden Morphismus $f\colon G \to K$ und jedes $N \in \mathfrak{N}$, weil f über die (monomorphe) Injektion eines endlichen Teilcoproduktes von K faktorisiert. Wegen (c) ist $K \in |\mathscr{K}|$, und aus 19.6.5 folgt (d).

19.7.3 Satz. *Es sei $\mathscr{C}$ eine abelsche Kategorie, $\mathscr{K}$ eine lokalisierende Unterkategorie, T rechtsadjungiert zum kanonischen Funktor $P\colon \mathscr{C} \to \mathscr{C}/\mathscr{K}$ und $\mathfrak{N}$ die Klasse der Objekte $TP(A)$ für $A \in |\mathscr{C}|$. Die bezüglich $\mathfrak{N}$ vernachlässigbaren Objekte sind die Objekte von $\mathscr{K}$.*

Beweis. Die Objekte $TP(A)$ sind linksabgeschlossen bezüglich $\Sigma(\mathscr{K})$ nach 19.4.4. Wegen 19.7.2 (b) sind die Objekte von $\mathscr{K}$ vernachlässigbar bezüglich $\mathfrak{N}$. Sei umgekehrt K vernachlässigbar. Dann ist

$$
[P(K), P(K)] \cong [K, TP(K)] = 0.
$$

Also ist $P(K)$ Nullobjekt und damit $K \in |\mathscr{K}|$ nach 19.5.5 (b).

19.7.4 Definition. Es sei $\mathscr{C}$ eine beliebige Kategorie, $\Sigma \subset \mathrm{Mor}\,\mathscr{C}$ und $P\colon \mathscr{C} \to \mathscr{C}[\Sigma^{-1}]$ der kanonische Funktor. Ein $\mathscr{C}$-Morphismus $f\colon A \to B$ heißt *bedeckend* bezüglich Σ, wenn $P(f)$ epimorph ist.

19.7.5 Lemma. (a) *Sei $\mathscr{C}$ eine abelsche Kategorie und $\mathscr{K}$ eine dicke Unterkategorie. $f\colon A \to B$ ist genau dann bedeckend bezüglich $\Sigma(\mathscr{K})$, wenn das Ziel von $\operatorname{coker} f$ in $\mathscr{K}$ liegt.*

(b) *Es sei $\mathscr{C}$ eine Grothendieck-Kategorie mit einer erzeugenden Menge $\mathfrak{G}$ von projektiven Objekten. $\mathfrak{N}$ und $\mathscr{K}$ mögen die Bedeutung von 19.7.2 haben. Für $f\colon A \to B$ betrachte man*

$$
\begin{array}{ccccccc}
H & \xrightarrow{\ h'\ } & A' & \xrightarrow{\ f'\ } & G & \xrightarrow{\ c'\ } & C' \\
\| & & {\scriptstyle b'}\downarrow & \mathrm{I} & \downarrow{\scriptstyle b} & & \uparrow{\scriptstyle m} \\
H & \xrightarrow{\ h\ } & A & \xrightarrow{\ f\ } & B & \xrightarrow{\ c\ } & C
\end{array}
$$

(4)

Hierbei sei G ein endliches Coprodukt von Objekten aus $\mathfrak{G}$, b ein beliebiger Morphismus $G \to B$, I ein Pullback, und es entstehe (4) durch Hinzunahme von Kernen und Cokernen (vgl. 13.4.8).

f ist genau dann bedeckend, wenn für jede mögliche Wahl von G und b und für jedes $N \in \mathfrak{N}$ stets

$$(5) \qquad 0 \longrightarrow [G, N] \xrightarrow{[f', N]} [A', N] \xrightarrow{[h', N]} [H, N]$$

exakt ist (in Ab).

Beweis. (a) Folgt wegen 19.5.5 (b) unmittelbar daraus, daß P exakt ist. (b) Weil $[\operatorname{coim} f', N]$ Kern von $[h', N]$ ist, ist (5) gleichwertig damit, daß $[\operatorname{im} f', N]$ isomorph ist. Im f' ist Kern von $cb = mc'$. Ist f bedeckend, also $C \in |\mathcal{K}|$, so folgt (5). Weil G projektiv ist, ist jeder Morphismus $g\colon G \to T$ von der Form cb. Ist (5) stets exakt, so folgt $C \in |\mathcal{K}|$ nach 19.7.2 (c).

19.7.6 Theorem (GABRIEL-POPESCU). *Es sei $\mathcal{D}$ eine Grothendieck-Kategorie. $U \in |\mathcal{D}|$ und R der Ring $[U, U]$. U ist in natürlicher Weise Linksmodulobjekt über R, womit der Funktor $T\colon [_R U, ?] \to Mod_R$ entsteht (15.1.6). T besitzt den Linksadjungierten $S\colon Mod_R \to \mathcal{D}$ mit $S(?) = ? \otimes_{R\ R} U$ (17.7.4). Die folgenden Aussagen sind gleichwertig:*

(a) *U ist Generator.*

(b) *T ist treu.*

(c) *T ist völlig treu.*

(d) *T ist völlig treu und S ist exakt.*

(e) *Die von S annullierten Objekte sind die Objekte einer lokalisierenden Unterkategorie $\mathcal{K}$ von Mod_R, und S hat die Form $S = GP$, wobei $P\colon Mod_R \to Mod_R/\mathcal{K}$ der kanonische Funktor und G eine Äquivalenz ist.*

Bemerkung. Zusammen mit 19.6.5 folgt, daß eine Kategorie $\mathcal{D}$ genau dann eine Grothendieck-Kategorie mit Generator ist, wenn $\mathcal{D}$ äquivalent ist zu einer Kategorie, die aus einer Modulkategorie durch Lokalisieren entsteht.

Beweis. Aus (e) folgt (d), weil P exakt ist und sich T und der völlig treue Rechtsadjungierte von P nur um eine Äquivalenz unterscheiden. Es bleibt offenbar zu zeigen, daß (e) aus (a) folgt. Sei also U Generator von $\mathcal{D}$. Nach 15.3.7 Lemma 2 ist T völlig treu. Sei $\mathfrak{N}$ die Klasse der Moduln der Form $T(X)$ mit $X \in |\mathcal{D}|$ und $\mathcal{K}$ die volle Unterkategorie von Mod_R, deren Objekte die bezüglich $\mathfrak{N}$ vernachlässigbaren sind. Nach 19.7.2 (d) mit $\mathfrak{G} = \{R\}$ und 17.4.4 ist $\mathcal{K}$ lokalisierend. Sei $\mathcal{N}$ die volle Unterkategorie von Mod_R, deren Objekte die bezüglich $\Sigma(\mathcal{K})$ linksabgeschlossenen sind, und $I\colon \mathcal{N} \to Mod_R$ die Inklusion. Nach 16.3.8 und 19.7.2 (b) besitzt T eine Zerlegung $T = IT'$. Sei Q rechtsadjungiert zu $P\colon Mod_R \to Mod_R/\mathcal{K}$. Q besitzt eine Zerlegung $Q = IQ'$

nach 19.4.5 (c), wobei Q' eine Äquivalenz ist.

$$(6)\qquad
\begin{array}{ccccc}
 & & Mod_R & & \\
 & {}^{S}\nearrow & \uparrow I & \searrow {}^{P} & \\
\mathcal{D} & \xrightarrow{\ T'\ } & \mathcal{N} & \xleftarrow{\ Q'\ } & Mod_R/\mathcal{K}
\end{array}$$

Wir werden zeigen, daß T' eine Äquivalenz ist. Ist das der Fall, so ist außer $P' = Q'P$ auch $S' = T'S$ linksadjungiert zu I (vgl. Ende des Beweises von 19.4.5). Es folgt, daß S' isomorph zu P' ist (16.4.4) und daß S isomorph zu einem Funktor ist, der aus P durch Anfügen einer Äquivalenz entsteht. Nach 16.6.6 (mit P für T) hat S die Gestalt $S = GP$, wobei auch G eine Äquivalenz ist. Außerdem annullieren S und P dieselben Objekte von Mod_R. Nach 19.5.5 (b) sind das die Objekte von $\mathcal{K}$.

Es bleibt zu zeigen, daß T' eine Äquivalenz ist, was mit fünf Teilaussagen (i) bis (v) geschieht.

(i) $\mathcal{N}$ ist eine Grothendieck-Kategorie mit Generator R. In Mod_R ist $\mathcal{N}$ strikt voll und abgeschlossen gegen Limites. Ein $\mathcal{N}$-Morphismus $f\colon X \to Y$ ist genau dann epimorph in $\mathcal{N}$, wenn $I(f)$ in Mod_R bedeckend bezüglich $\Sigma(\mathcal{K})$ ist.

Wegen $R = T(U) \in |\mathcal{N}|$ folgt die erste Behauptung daraus, daß R Generator in Mod_R ist und daß Q' eine Äquivalenz ist (19.6.5, 16.2.4). $\mathcal{N}$ ist abgeschlossen gegen Limites, weil I Limites entdeckt und außerdem ebenso wie Q respektiert (7.7.6, 16.4.6). Die letzte Aussage folgt daraus, daß PI äquivalenz-invers zu Q' ist (19.4.5 (c)).

(ii) $T'\colon \mathcal{D} \to \mathcal{N}$ ist exakt.

Zunächst ist T' linksexakt, weil T Limites respektiert und I völlig treu ist. Wegen (i) muß noch gezeigt werden: Ist $f\colon A \to B$ in $\mathcal{D}$ epimorph, so ist $T(f)$ bedeckend. Nun ist in Mod_R jedes endliche Biprodukt mit Faktoren R isomorph zu einem Objekt $T(G)$, wobei G endliches Biprodukt von Faktoren U ist. Jeder Morphismus $T(G) \to T(B)$ hat die Form $T(b)$, weil T völlig treu ist. Wir können daher das Diagramm (4) in $\mathcal{D}$ bilden, wobei auch f' epimorph ist und $C = C' = 0$ ist (13.4.3). Weil T Limites respektiert, ist

$$(4\,a)\qquad
\begin{array}{ccccccc}
0 & \longrightarrow & T(H) & \xrightarrow{T(h')} & T(A') & \xrightarrow{T(f')} & T(G) \\
 & & \Big\| & & {\scriptstyle T(b')}\Big\downarrow & \ \ I & \Big\downarrow{\scriptstyle T(b)} \\
0 & \longrightarrow & T(H) & \xrightarrow{T(h)} & T(A) & \xrightarrow{T(f)} & T(B)
\end{array}$$

kommutativ mit exakten Zeilen, und es ist I ein Pullback. Für beliebiges $N \in |\mathcal{D}|$ ist (5) exakt. Weil T völlig treu ist, ist auch

$$(5\,a)\qquad
\begin{array}{l}
0 \longrightarrow [T(G), T(N)] \xrightarrow{[T(f'),\,T(N)]} [T(A'), T(N)] \\
\qquad\qquad \xrightarrow{[T(h'),\,T(N)]} [T(H), T(N)]
\end{array}$$

exakt. Weil R ein kleiner projektiver Generator von Mod_R ist, erhält man aus 19.7.5 (b) (mit anderen Bezeichnungen), daß $T(f)$ bedeckend ist, denn jedes in Mod_R benötigte Diagramm ist zu einem der Gestalt (4a) isomorph.

(iii) Ist $\{m_e\colon A_e \rightarrowtail B\}$ eine filtrierende Familie von Monomorphismen in $\mathscr{D}$ mit $\bigcup m_e = 1_B$, so ist $1_{T'(B)} = \bigcup T'(m_e)$.

Sei G wie der ein endliches Biprodukt von Faktoren U. Die Pullbacks

$$(7e) \qquad \begin{array}{ccc} A'_e & \overset{m'_e}{\rightarrowtail} & G \\ {\scriptstyle b'_e}\downarrow & \mathrm{I} & \downarrow{\scriptstyle b} \\ A_e & \underset{m_e}{\rightarrowtail} & B \end{array}$$

bilden eine filtrierende Familie. Weil in $\mathscr{D}$ filtrierende Colimites mit endlichen Limites vertauschbar sind, ist $1_G = \operatorname{Colim} m'_e$. Für beliebiges $N \in |\mathscr{D}|$ folgt

$$(8) \qquad \operatorname{Lim} [m'_e, N] = [\operatorname{Colim} m'_e, N] = [1_G, N]$$

in Ab. Weil T völlig treu ist, folgt hieraus

$$(9) \qquad [1_{T(G)}, T(N)] = [\operatorname{Colim} T(m'_e), T(N)].$$

Analog zu (4) besteht in Mod_R folgendes kommutative Diagramm

$$(10) \qquad \begin{array}{ccccccccc} 0 & \longrightarrow & \operatorname{Colim} T(A'_e) & \overset{\operatorname{Colim} T(m'_e)}{\longrightarrow} & T(G) & \overset{c'}{\longrightarrow} & C' & \longrightarrow & 0 \\ & & \downarrow & \mathrm{I} & \downarrow{\scriptstyle T(b)} & & \uparrow{\scriptstyle m} & & \\ 0 & \longrightarrow & \operatorname{Colim} T(A_e) & \underset{\operatorname{Colim} T(m_e)}{\longrightarrow} & T(B) & \overset{c}{\longrightarrow} & C & \longrightarrow & 0 \end{array}$$

Hierbei ist I ein Pullback, weil T Limites respektiert und Mod_R eine Grothendieck-Kategorie ist. Außerdem sind $\operatorname{Colim} T(m_e)$ und $\operatorname{Colim} T(m'_e)$ Monomorphismen. c und c' seien ihre Cokerne in Mod_R. Weil I völlig treu ist und daher Colimites entdeckt, ist $I(\operatorname{Colim} T'(m_e)) = \operatorname{Colim} T(m_e)$. Wcgen (8) folgt nun wie unter (ii), daß $\operatorname{Colim} T(m_e)$ bedeckend ist. Daher ist $\operatorname{Colim} T'(m_e)$ isomorph in $\mathscr{N}$, was die Behauptung (iii) ergibt.

(iv) T' respektiert Coprodukte.

Das folgt unmittelbar aus (iii), weil T' endliche Coprodukte respektiert (12.2.7, 14.5.4).

(v) T' ist eine Äquivalenz.

Sei $N \in |\mathscr{N}|$. Weil R Generator von $\mathscr{N}$ ist, besteht in $\mathscr{N}$ eine exakte Folge $X \overset{x}{\longrightarrow} Y \to N \to 0$, wobei X und Y geeignete Coprodukte von Exemplaren R sind. Wegen (iv) und $R = T(U)$ kann angenommen werden, daß $X = T'(A)$ und $Y = T'(B)$ ist. Dann hat x die Form $x = T'(f)$, weil T' ebenso wie T völlig treu ist. Wegen (ii) ist N isomorph zu einem Objekt $T'(C)$. Damit folgt die Behauptung aus 16.3.6, und der Beweis ist beendet.

19.7.7 Bemerkung. Für den Beweis von 19.7.6 und die dazu bereitgestellten Hilfsmittel wird 19.6.5 nur für den Spezialfall $\mathscr{C} = Mod_R$ benötigt. Die allgemeinen Aussagen von 19.6.5 und 15.3.7 sind dann Korollare von 19.7.6.

20. Grothendieck-Topologien

20.1 Siebe und Topologien

20.1.1 Vereinbarungen. Es sei $\mathscr{C}$ eine $\mathfrak{U}$-Kategorie und $F: \mathscr{C}^o \to Ens$ ein Funktor. Unter einem *Subfunktor* G von F verstehen wir einen Funktor $G: \mathscr{C}^o \to Ens$, derart daß $G(X) \subset F(X)$ ist für alle $X \in |\mathscr{C}|$ und daß diese Inklusionen eine natürliche Transformation $i: G \to F$ bilden.

Wir setzen $\hat{\mathscr{C}} = [\mathscr{C}^o, Ens]$. Vermöge der Yoneda-Einbettung $H_*:$ $\mathscr{C} \to \hat{\mathscr{C}}$ fassen wir $\mathscr{C}$ als volle Unterkategorie von $\hat{\mathscr{C}}$ auf und schreiben statt H_X, H_u einfach X, u, solange keine Mißverständnisse zu befürchten sind.

20.1.2 Definition. Sei $X \in |\mathscr{C}|$. Ein *Sieb* R für X ist ein Subfunktor von X (genauer von H_X).

20.1.3 Zugeordnete Morphismenklasse

(a) Sei R ein Sieb für $X \in |\mathscr{C}|$. Für jedes $Y \in |\mathscr{C}|$ ist $R(Y)$ eine Menge von $\mathscr{C}$-Morphismen $Y \to X$ wegen $R(Y) \subset [Y, X]$. Für $u: Y \to X$ mit $u \in R(Y)$ sagen wir, daß u zu R gehört, und wir schreiben $u \in R$. Die Klasse der zu R gehörigen $\mathscr{C}$-Morphismen hat folgende Eigenschaft:

(S) Gehört $u: Y \to X$ zu R und ist $v: Z \to Y$ ein beliebiger $\mathscr{C}$-Morphismus, so ist $uv \in R$.

Es ist nämlich $R(v)(u) = uv$. Liegt umgekehrt eine Klasse R von $\mathscr{C}$-Morphismen mit Ziel X vor, welche die Eigenschaft (S) besitzt, so erhält man ein Sieb vermöge $R(Y) = \{u \mid u: Y \to X \text{ und } u \in R\}$, wobei $R(v)$ die Abbildung $u \mapsto uv$ ist. Es besteht also eine Bijektion zwischen den Sieben für X und den Klassen von $\mathscr{C}$-Morphismen mit Ziel X und Eigenschaft (S).

(b) Vermöge des Yoneda-Lemmas beschreibt sich diese Zuordnung auch so: Sei R ein Sieb für X. Für $u: Y \to X$ in $\mathscr{C}$ ist $u \in R$ genau dann, wenn es einen $\hat{\mathscr{C}}$-Morphismus $f: H_Y \to R$ gibt mit

$$(1) \qquad i_R f = H_u; \qquad i_R: R \to H_X \quad \text{die Inklusion.}$$

Hierbei bestimmen sich f und u gegenseitig eindeutig.

(c) Die Morphismen $u \in R$ sind die Objekte einer vollen Unterkategorie $\bar{R}$ von $\mathscr{C}/X$. Vermöge (b) und 10.2.1 ist

$$(2) \qquad R = \operatorname*{Colim}_{? \in \bar{R}} \left(\Delta^o H_*(?) \right) \quad \text{in } \mathscr{C}.$$

Ferner liefert (b) eine Bijektion von vollen Unterkategorien $\bar{R}$ von $\mathscr{C}/X$ mit Eigenschaft (S) für Objekte und von vollen Unterkategorien von $\mathscr{C}/R$ in $\mathscr{C}$ mit einer (S) entsprechenden Eigenschaft.

20.1.4 Die Siebe für X sind durch Inklusion *geordnet*. Hierbei ist X maximal und das leere Sieb $\emptyset_\mathscr{C}$ minimal. Die Zuordnung 20.1.3 (a) von Sieben und Morphismenklassen in $\mathscr{C}$ ist ordnungstreu. Hieraus folgt, daß für beliebige Klassen von Sieben für X stets *Durchschnitt* und *Vereinigung* existiert. Bei Übergang zu den entsprechenden Morphismenklassen in $\mathscr{C}$ liegen Durchschnitt und Vereinigung im mengentheoretischen Sinn vor.

20.1.5 Urbild von Sieben, Basiswechsel. Es sei R ein Sieb für X mit Inklusion $i\colon R \to X$. Ist $v\colon Y \to X$ ein beliebiger $\mathscr{C}$-Morphismus, so kann in $\mathscr{C}$ $v^{-1}(i)$ so gebildet werden, daß $v^{-1}(i)$ die Inklusion eines Subfunktors $v^{-1}(i)\colon v^{-1}(R) \to Y$ von Y ist (10.1.6). Es besteht also in $\mathscr{C}$ das Pullback

$$(3) \qquad \begin{array}{ccc} v^{-1}(R) & \longrightarrow & R \\ {\scriptstyle v^{-1}(i)}\downarrow & & \downarrow {\scriptstyle i} \\ Y & \xrightarrow{\ v\ } & X \end{array}$$

Man sagt, daß $v^{-1}(R)$ aus R durch den *Basiswechsel* v entsteht. Statt $v^{-1}(R)$ schreiben wir auch $Y\sqcap_X R$, wobei unterstellt ist, daß über die Morphismen Klarheit besteht. Entsprechend verfahren wir später bei anderen Pullbacks (vgl. 9.4.7).

Wegen der punktweisen Konstruktion von (3) und 20.1.3 (a) beschreibt sich $v^{-1}(R)$ als $\mathscr{C}$-Morphismenklasse durch

$$(4) \qquad v^{-1}(R) = \{u \,|\, u \in \operatorname{Mor} \mathscr{C},\ Y = \operatorname{Ziel} u,\ vu \in R\}.$$

Hieraus und aus (S) in 20.1.3 folgt unmittelbar

$$(5) \qquad v^{-1}(R) = Y \quad \text{für} \quad v\colon Y \to X \quad \text{in } R.$$

20.1.6 Definition. Es sei $\mathscr{C}$ eine Kategorie. Eine *Topologie* $\mathfrak{T}$ auf $\mathscr{C}$ liegt vor, wenn für jedes $X \in |\mathscr{C}|$ eine Klasse $J(X)$ von Sieben für X so fixiert ist, daß gilt

(T 1) Ist $R \in J(X)$ und $v\colon Y \to X$ ein $\mathscr{C}$-Morphismus, so ist $v^{-1}(R) \in J(Y)$ (Stabilität gegen Basiswechsel).

(T 2) Sei $R \in J(X)$ und R' ein weiteres Sieb für X. Gilt für jedes $v:$ $Y \to X$ aus R, daß $v^{-1}(R') \in J(Y)$ ist, so ist $R' \in J(X)$ (lokaler Charakter).

(T 3) $X \in J(X)$.

Die Siebe aus $J(X)$ heißen die X *bedeckenden Siebe* oder *Verfeinerungen* von X (bezüglich der Topologie $\mathfrak{T}$). Eine mit einer Topologie $\mathfrak{T}$ versehene Kategorie $\mathscr{C}$ heißt *Situs*. Wir schreiben $\mathscr{C}_{\mathfrak{T}}$ oder einfach $\mathscr{C}$, solange $\mathfrak{T}$ fixiert bleibt.

20.1.7 Satz. *Es sei $\mathfrak{T}$ eine Topologie auf $\mathscr{C}$, $J(X)$ die Klasse der $X \in |\mathscr{C}|$ bedeckenden Siebe bezüglich $\mathfrak{T}$.*

(a) *Aus $R \subset R'$ und $R \in J(X)$ folgt $R' \in J(X)$.*

(b) *Aus $R, R' \in J(X)$ folgt $R \cap R' \in J(X)$.*

Beweis. (a) Aus $R \subset R'$ und (5) folgt $v^{-1}(R') = v^{-1}(R)$ für jedes $v \in R$. Die Behauptung folgt damit unmittelbar aus (T 2) und (T 3).

(b) Wir zeigen zunächst

$$(6) \qquad v^{-1}(R') = v^{-1}(R \cap R') \quad \text{für} \quad v \in R.$$

Für $f \in v^{-1}(R')$ ist $vf \in R'$ nach (4) und $vf \in R$ nach (S), also $f \in v^{-1}(R \cap R')$ wieder nach (4). Aus $f \in v^{-1}(R \cap R')$ folgt umgekehrt $vf \in R \cap R' \subset R'$ und damit $f \in v^{-1}(R')$.

Für $R, R' \in J(X)$ ist $v^{-1}(R \cap R')$ bedeckendes Sieb für alle $v \in R$ nach (6) und (T 1). Damit folgt die Behauptung aus (T 2).

20.1.8 Bemerkungen. (a) Wegen (6) ist (T 2) gleichwertig mit den beiden Forderungen

(T 2i) Es gilt (T 2) für $R' \subset R$,

(T 2ii) aus $R \in J(X)$ und $R \subset R'$ folgt $R' \in J(X)$.

(b) Wegen 20.1.3 (a) und wegen (4) läßt sich die Topologie $\mathfrak{T}$ für $\mathscr{C}$ allein durch $\mathscr{C}$ beschreiben, so daß $\hat{\mathscr{C}}$ nicht benutzt wird. $\hat{\mathscr{C}}$ hängt davon ab, wie das Universum $\mathfrak{U}$ gewählt ist (so daß $\mathscr{C}$ eine $\mathfrak{U}$-Kategorie ist), die Siebe als Morphismenklassen, die Operationen für sie (20.1.4, 20.1.5) und die möglichen Topologien für $\mathscr{C}$ jedoch nicht, was auch aus 10.1.8 folgt. Durch geeignete Wahl von $\mathfrak{U}$ kann stets erreicht werden, daß $\mathscr{C}$ eine kleine $\mathfrak{U}$-Kategorie ist.

(c) Auf die Beziehung zu topologischen Räumen gehen wir in 20.5 ein.

20.1.9 Satz. *Es sei $\mathscr{C}$ eine kleine $\mathfrak{U}$-Kategorie und $\mathscr{C}$ eine volle Unterkategorie von $\hat{\mathscr{C}} = [\mathscr{C}^{\circ}, \mathrm{Ens}]$. Die Inklusion $I: \mathscr{C} \to \hat{\mathscr{C}}$ besitze einen Linksadjungierten $A: \hat{\mathscr{C}} \to \mathscr{C}$, der endliche Limites respektiert. Für $X \in |\mathscr{C}|$ bestehe $J(X)$ aus denjenigen Sieben $i_R: R \subset X$, für die $A(i_R)$ isomorph ist. Die Klassen $J(X)$ bilden eine Topologie für $\mathscr{C}$.*

Beweis. (T 3) ist evident. (T 1) folgt unmittelbar daraus, daß A Pullbacks respektiert. Für $i_R: R \subset X$, $i_{R'}: R' \subset X$, $i: R \subset R'$ und

$R \in J(X)$ ist $A(i_R)$ isomorph und $A(i_{R'})$ wegen $i_R = i_{R'}i$ eine Retraktion. $A(i_{R'})$ ist auch monomorph, weil A Monomorphismen respektiert. Daher gilt (T 2 ii). Es bleibt (T 2 i) zu zeigen. Sei also $R' \subset R \subset X$ und $R \in J(X)$. Für beliebiges $\eta\colon Y \to R$ in $\hat{\mathscr{C}}$ mit $Y \in |\mathscr{C}|$ betrachten wir

$$(7) \qquad \begin{array}{ccc} Y \sqcap R' & \longrightarrow & R' = R' \\ {\scriptstyle \eta^{-1}(i)}\downarrow & & \downarrow{\scriptstyle i} \quad \cap \\ Y & \xrightarrow{\ \eta\ } & R \subset X \end{array}$$

Nach 10.2.1 erhält man R als Colimesobjekt für den Funktor $\Delta^0\colon \mathscr{C}/R \to \hat{\mathscr{C}}$. Nach 10.1.3 sind Colimites in $\hat{\mathscr{C}}$ universell. A respektiert Colimites und Pullbacks. Ist stets $A(\eta^{-1}(i))$ isomorph, so folgt durch Übergang zu den Colimites, daß $A(i)$ isomorph ist. Damit folgt (T 2 i).

Im folgenden soll die Umkehrung dieses Satzes bewiesen werden. Hierzu muß aus der Topologie $\mathfrak{T}$ die lokalisierende Klasse derjenigen Morphismen konstruiert werden, die bei A in Isomorphismen übergehen.

20.2 Bedeckende Morphismen und Garben

Es sei $\mathscr{C}$ ein $\mathfrak{U}$-Situs, also $\mathscr{C}$ eine $\mathfrak{U}$-Kategorie mit Topologie $\mathfrak{T}$. In $\hat{\mathscr{C}} = [\mathscr{C}^0, Ens]$ besitzt jeder Morphismus $c\colon H \to K$ eine kanonische Zerlegung in einen Epimorphismus und eine Inklusion (10.1.6), die wir mit im c bezeichnen.

20.2.1 Definition. Der $\hat{\mathscr{C}}$-Morphismus $c\colon H \to K$ heißt *bedeckend* (bezüglich $\mathfrak{T}$), wenn gilt:
Für jedes $X \in |\mathscr{C}|$ und jeden $\hat{\mathscr{C}}$-Morphismus $f\colon X \to K$ ist $f^{-1}(\mathrm{im}\, c)$ ein bedeckendes Sieb (wenn $f^{-1}(\mathrm{im}\, c)$ als Inklusion bestimmt wird).

c heißt *schlicht bedeckend*, wenn gilt:
c ist bedeckend, und der Differenzkern des Kernpaares von c ist bedeckend.

Wir benutzen hierbei folgende Bezeichnung:

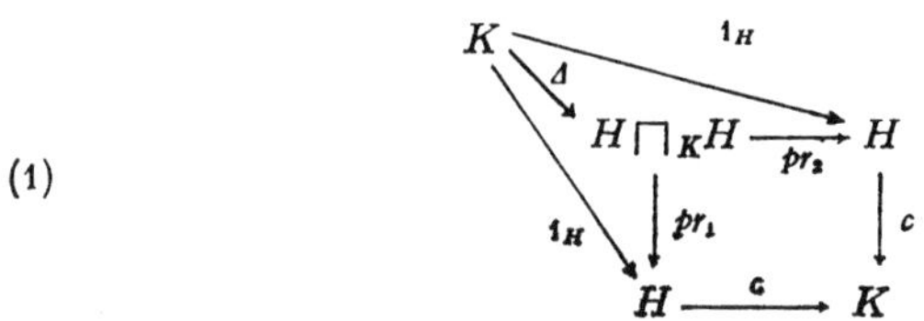

$$(1)$$

weil ein Produkt in $\hat{\mathscr{C}}/K$ mit Diagonalmorphismus Δ vorliegt.

20.2.2 Bemerkungen. (a) Nach 13.4.4 sind Epimorphismen in $\hat{\mathscr{C}}$ Pullback-abgeschlossen. Hieraus und aus 7.8.4 folgt

$$(2) \qquad f^{-1}(\mathrm{im}\, c) = \mathrm{im}\, f^{-1}(c)$$

mit evidenter Definition von $f^{-1}(c)$ durch ein Pullback, die wir auch im folgenden benutzen werden.

(b) Jeder bedeckende Monomorphismus ist schlicht bedeckend nach 7.8.9. Für $K \in |\mathscr{C}|$ ist jeder bedeckende Monomorphismus äquivalent zur Inklusion eines bedeckenden Siebes wegen (T2). Jeder Epimorphismus in $\mathscr{C}$ ist trivialerweise bedeckend, jeder Isomorphismus schlicht bedeckend.

(c) Sind m und n Monomorphismen mit Ziel K, ist $m \leqq n$ und m bedeckend, so ist n bedeckend wegen 20.2.1 und 20.1.7 (a).

20.2.3 Hilfssatz. (a) *Für $c\colon H \to K$ in $\mathscr{C}$ sind gleichwertig:*

(i') *c ist bedeckend.*

(ii') *Für beliebiges $f\colon X \to K$ mit $X \in |\mathscr{C}|$ existiert ein kommutatives Diagramm*

(3)
$$
\begin{array}{ccc}
F \twoheadrightarrow R & \subset & X \\
\downarrow & & \downarrow{\scriptstyle f} \\
H \xrightarrow{\;\;c\;\;} & & K
\end{array}
$$

wobei R bedeckendes Sieb für X und $F \twoheadrightarrow R$ epimorph ist.

(b) *Ebenso sind gleichwertig:*

(i) *c ist schlicht bedeckend.*

(ii) *c ist bedeckend und für*

$$
G \underset{v}{\overset{u}{\rightrightarrows}} H \xrightarrow{\;c\;} K \qquad mit \qquad cu = cv
$$

existiert stets ein bedeckender Monomorphismus $m\colon F \to G$ mit $um = vm$. Nach 20.2.2 (c) ist dann der Differenzkern von u und v bedeckend.

Beweis. (a) (i') $\Rightarrow$ (ii') nach Definition und (2). (ii') $\Rightarrow$ (i'). Sei $H' \twoheadrightarrow R' \subset X$ die kanonische Zerlegung von $f^{-1}(c)$. Aus (3) und der Definition von $f^{-1}(c)$ ergibt sich das kommutative Diagramm

$$
\begin{array}{ccccc}
F & \twoheadrightarrow & R & \subset & X \\
\downarrow & & \downarrow & & \parallel \\
H' & \twoheadrightarrow & R' & \subset & X \\
\downarrow & & \downarrow & & \downarrow{\scriptstyle f} \\
H & \twoheadrightarrow & L & \overset{\mathrm{im}\,c}{\rightarrowtail} & K
\end{array}
$$

Damit folgt (i') aus (ii') nach 20.1.7 (a).

(b) (i) $\Rightarrow$ (ii). Mit der Bezeichnung von (1) existiert $w\colon G \to H\sqcap_K H$ mit $pr_1 w = u$, $pr_2 w = v$. Wir betrachten das Pullback

$$
\begin{array}{ccc}
F & \xrightarrow{\;w'\;} & H \\
{\scriptstyle m=w^{-1}(\varDelta)}\downarrow & & \downarrow{\scriptstyle \varDelta} \\
G & \xrightarrow{\;w\;} & H\sqcap_K H
\end{array}
$$

Nun ist $um = pr_1 wm = pr_1 \varDelta w' = pr_2 \varDelta w' = pr_2 wm = vm$. Aus der Definition 20.2.1 folgt unmittelbar, daß mit $\varDelta$ auch m bedeckend ist.

(ii) $\Rightarrow$ (i). Man betrachte den Spezialfall $G = H\sqcap_K H$, $u = pr_1$, $v = pr_2$.

20.2.4 Hilfssatz. *Die Klasse der bedeckenden Morphismen hat folgende Eigenschaften:*

(a) *Sie ist Pullback-abgeschlossen und*

(b) *kompositions-abgeschlossen.*

Beweis. (a) folgt unmittelbar aus der Definition und (2).

(b) Es seien $b\colon G \to H$ und $c\colon H \to K$ bedeckend. Zum Nachweis, daß cb bedeckend ist, kann wegen der Definition 20.2.1 angenommen werden, daß b monomorph ist. Ferner genügt der Nachweis für $K \in |\mathscr{C}|$ wegen (a) und 20.2.1.

1. Fall. Es sei c epimorph. Für $K \in |\mathscr{C}|$ ist c eine Retraktion (10.1.7). Sei s zugehörige Coretraktion. Wir betrachten das Pullback

$$
\begin{array}{ccc}
R & \xrightarrow{\;i\;} & K \\
j\downarrow & & \downarrow{\scriptstyle s} \;\; \uparrow{\scriptstyle c} \\
G & \xrightarrow{\;b\;} & H
\end{array}
$$

Weil b ein bedeckender Monomorphismus ist, kann wegen $K \in |\mathscr{C}|$ angenommen werden, daß $i = s^{-1}(b)$ die Inklusion eines K bedeckenden Siebes R ist. Nun ist $cbj = csi = i$. Mit der kanonischen Zerlegung $G \twoheadrightarrow R' \subset K$ von cb folgt $R \subset R'$. Wegen 20.1.7 (a) ist cb bedeckend.

2. Fall. Es sei c eine Inklusion. Für $f\colon Y \to H$ mit $Y \in |\mathscr{C}|$ betrachten wir das doppelte Pullback

$$
\begin{array}{ccccc}
R & \longrightarrow & G & = & G \\
{\scriptstyle f^{-1}(b)}\downarrow & & \downarrow{\scriptstyle b} & & \downarrow{\scriptstyle cb} \\
Y & \xrightarrow{\;f\;} & H & \xrightarrow{\;c\;} & K
\end{array}
$$

Weil b bedeckend ist, ist $f^{-1}(b)$ bedeckend. $c\colon H \to K$ ist für $K \in |\mathscr{C}|$ die Inklusion eines bedeckenden Siebes. Wegen 20.1.3 (b) ist $cf \in H$. Wegen (T 2) ist cb bedeckend.

Der allgemeine Fall ergibt sich nun durch kanonische Zerlegung von c.

20.2.5 Hilfssatz. *Die Klasse der schlicht bedeckenden Morphismen hat folgende Eigenschaften*:

(a) *Sie ist Pullback-abgeschlossen und*

(b) *kompositions-abgeschlossen.*

(c) *Sie gestattet einen Kalkül von Rechtsbrüchen.*

(d) *Sind für* $b\colon G \to H$ *und* $c\colon H \to K$ *sowohl* c *als auch* cb *schlicht bedeckend, so ist* b *schlicht bedeckend.*

Beweis. (a) folgt unmittelbar aus 18.4.11 und 20.2.4 (a).

(b) Es seien $b\colon G \to H$ und $c\colon H \to K$ schlicht bedeckend. Wegen 20.2.4 (b) ist cb bedeckend. Wir weisen 20.2.3 (ii) nach. Seien $u, v\colon F \to G$ gegeben mit $cbu = cbv$. Der Differenzkern $k\colon E \to F$ von bu und bv ist bedeckend, weil c schlicht bedeckend ist. Der Differenzkern $k'\colon E' \to E$ von uk und vk ist bedeckend, weil b schlicht bedeckend ist. Nach 20.2.4 (b) ist kk' bedeckend, und man bestätigt leicht, daß kk' Differenzkern von u und v ist. Daher ist cb schlicht bedeckend.

(c) folgt aus (a), (b), 20.2.2 (b) und 20.2.3 (b).

(d) Wir beweisen 20.2.3 (ii) und benutzen 20.2.3 (ii'). Es liege $f\colon Y \to H$ mit $Y \in |\mathscr{C}|$ vor. Wir bilden zu cb und cf das Pullback mit Morphismen $j\colon S \to Y$, $g\colon S \to G$.

(4)
$$
\begin{array}{ccc}
S & \xrightarrow{\ j\ } & Y \\
{\scriptstyle g}\downarrow & {\scriptstyle f}\downarrow & \searrow {\scriptstyle cf} \\
G & \xrightarrow[\ b\ ]{} H \xrightarrow[\ c\ ]{} & K
\end{array}
$$

Wegen (a) ist j bedeckend. Es sei $k\colon F \to S$ Differenzkern von fj und bg. Weil c schlicht bedeckend ist, ist k bedeckend ((20.2.3(b)). Nach 20.2.4(b) ist jk bedeckend. Nach 20.2.1 für 1_Y ist $\mathrm{im}(jk)$ die Inklusion eines Y bedeckenden Siebes R. Wegen $bgk = fjk$ folgt aus 20.2.3(ii'), daß b bedeckend ist.

Liegen $u, v\colon F \to G$ mit $bu = bv$ vor, so ist $cbu = cbv$, und der Differenzkern von u und v ist bedeckend, weil cb schlicht bedeckend ist. Also ist b schlicht bedeckend nach 20.2.3 (b).

20.2.6 Definition. Es sei $\mathscr{C}$ ein $\mathfrak{U}$-Situs. Die Funktoren $F\colon \mathscr{C}^0 \to Ens$, also $F \in |\widehat{\mathscr{C}}|$, heißen (mengenwertige) *Prägarben*. F heißt (mengenwertige) *Garbe* bzw. *separierte Prägarbe*, wenn für die Inklusion $i_R\colon R \subset X$ eines jeden bedeckenden Siebes $R \in J(X)$ für alle $X \in |\mathscr{C}|$ gilt:

(5)
$$
i_R^* = [i_R, F]\colon [X, F]_{\widehat{\mathscr{C}}} \to [R, F]_{\widehat{\mathscr{C}}}
$$

ist bijektiv bzw. injektiv.

20.2.7 Satz. *Es sei* $\mathscr{C}$ *eine kleine Kategorie und* $F\colon \mathscr{C}^0 \to Ens$ *eine Prägarbe. Die beiden folgenden Aussagen sind gleichwertig:*

(i) *F ist eine Garbe (bzw. separierte Prägarbe)*.

(ii) *Ist $c\colon H \to K$ schlicht bedeckend (bzw. bedeckend), so ist*

$$[c, F]\colon [K, F]_{\mathscr{C}} \to [H, F]_{\mathscr{C}}$$

bijektiv (bzw. injektiv) (vgl. 19.4.3, 19.4.6 (b)).

Beweis. Vermöge der Definition 20.2.6 folgt (i) unmittelbar aus (ii) durch Spezialisierung. (i) $\Rightarrow$ (ii). Sei zunächst c monomorph. Für $f\colon X \to K$ mit $X \in |\mathscr{C}|$ betrachten wir das Pullback

$$
(6) \qquad
\begin{array}{ccc}
R \overset{f^{-1}(c)}{\subset} X \\
\downarrow \quad \downarrow f \\
H \underset{c}{\rightarrowtail} K
\end{array}
$$

Nach 10.2.1 ist K Colimes-Objekt von $\Delta^{\circ}\colon \mathscr{C}/K \to \mathscr{C}$, und nach 10.1.3 sind Colimites in $\mathscr{C}$ universell. Durch Anwendung von $[?, F]$ erhält man $[c, F]$ als Limes von Isomorphismen bzw. Monomorphismen und damit die Behauptung für den betrachteten Spezialfall.

Im allgemeinen Fall zerlege man c kanonisch in Epimorphismus und Inklusion. Der letzte Anteil ist schlicht bedeckend nach 20.2.1 und 20.2.2 (b). Weil $[?, F]$ Epimorphismen in Monomorphismen überführt, ist der allgemeine Fall für separierte Prägarben nach dem bereits Bewiesenen trivial. Sei nun c schlicht bedeckend und F eine Garbe. Nach 20.2.5 (d) und dem bereits Bewiesenen kann angenommen werden, daß c epimorph ist. Mit den Bezeichnungen von (1) betrachten wir

$$[K, F] \xrightarrow{[c, F]} [H, F] \underset{[pr_2, F]}{\overset{[pr_1, F]}{\rightrightarrows}} [H \sqcap_K H, F] \xrightarrow{[\Delta, F]} [H, F]$$

Weil c epimorph ist, ist c Differenzcokern von pr_1 und pr_2 (18.4.3 (c)) und daher $[c, F]$ Differenzkern von $[pr_1, F]$ und $[pr_2, F]$. Nun ist Δ ein (schlicht) bedeckender Monomorphismus und $pr_1\Delta = pr_2\Delta$. Nach dem zuvor Bewiesenen ist $[\Delta, F]$ isomorph und damit $[pr_1, F] = = [pr_2, F]$. Daher ist $[c, F]$ isomorph.

20.2.8 Bemerkung. Die Voraussetzung von 20.2.7, daß $\mathscr{C}$ klein sei, kann vermieden werden. $[\mathscr{C}, Ens]$ ist volle Unterkategorie von $[\mathscr{C}, \mathscr{ENS}]$. Weil die Inklusion Limites und Colimites entdeckt, ergibt sich durch Übergang zu den Colimites bezüglich $\mathscr{C}/K$ bei (6) wieder c als Colimes der Morphismen $f^{-1}(c)$ in $[\mathscr{C}, Ens]$, weil jedenfalls eine natürliche Transformation vorliegt und der Colimes in $[\mathscr{C}, \mathscr{ENS}]$ existiert.

20.3 Zu einer Prägarbe assoziierte Garbe

20.3.1 Der Funktor $L\colon \mathscr{\hat C} \to \mathscr{\hat C}$. Im folgenden sei $\mathscr{C}$ ein Situs, das bezüglich des Universums $\mathfrak{U}$ klein ist. $\mathscr{C}$ ist damit eine $\mathfrak{U}$-Kategorie.

Für $X \in |\mathscr{C}|$ sei $\mathscr{J}(X)$ die volle Unterkategorie von $\hat{\mathscr{C}}/X$, deren Objekte die Inklusionen der X bedeckenden Siebe sind. $\mathscr{J}(X)$ ist eine kleine $\mathfrak{U}$-Kategorie (10.6.4). Nach 20.1.7 ist $\mathscr{J}(X)$ eine nach unten gerichtete Menge (14.1.1) und damit cofiltrierend.

Für $v\colon Y \to X$ und $i_R\colon R \subset X$ mit $i_R \in |\mathscr{J}(X)|$ entsteht der Funktor $v^*\colon \mathscr{J}(X) \to \mathscr{J}(Y)$ vermöge $i_R \mapsto v^{-1}(i_R)$, und vermöge $i_R \mapsto [i_R^{-1}(v), F]$ für $F \in |\hat{\mathscr{C}}|$ entsteht die natürliche Transformation $[\varDelta^0(?), F]_{(? \in \mathscr{J}(X))} \to [\varDelta^0(?), F]_{(? \in \mathscr{J}(Y))}$. Man bestätigt leicht (vgl. 20.1.5 (3) und 17.1.1), daß damit ein Funktor $\mathscr{C}^0 \to Dg\,(Ens)$ vorliegt und sogar ein Bifunktor $\mathscr{C}^0 \times \hat{\mathscr{C}} \to Dg\,(Ens)$ (2.6.8). Auswahl von Colimites liefert den Bifunktor $L\colon \mathscr{C}^0 \times \hat{\mathscr{C}} \to Ens$, der an der Stelle (X, F) beschrieben wird durch

$$(1) \qquad LF(X) = \operatorname*{Colim}_{? \in \mathscr{J}(X)} [\varDelta^0(?),\, F]$$

mit filtrierendem Colimes. Für festes F liegt der Partialfunktor $LF\colon \mathscr{C}^0 \to Ens$ vor und damit $L\colon \hat{\mathscr{C}} \to \hat{\mathscr{C}}$ (3.4.4).

Wegen $1_X \in |\mathscr{J}(X)|$ liefert (1) den zum Colimes gehörigen Morphismus

$$(2) \qquad l'(F, X)\colon\ [X, F] \to LF(X).$$

Wegen $v^*(1_X) = 1_Y$ und $(1_X)^{-1}(v) = v$ ist (2) eine natürliche Transformation von Bifunktoren. Vermöge der Yoneda-Abbildung $[X, F] \mapsto F(X)$, deren Inverses wir hier mit $J_{F,X}$ bezeichnen, entsteht die natürliche Transformation $l\colon 1_{\hat{\mathscr{C}}} \to L$ mit

$$(3) \qquad l(F)_X = l'(F, X)\, J_{F,X}\colon\ F(X) \to LF(X).$$

Im folgenden sei F festgehalten. Zu $i_R\colon R \to X$ in $\mathscr{J}(X)$ gehört nach (1) ein Morphismus $j'_R\colon [R, F] \to LF(X)$ mit

$$(4) \qquad j'_R[i_R, F] = l'(F, X)\colon\ [X, F] \to LF(X).$$

Wir setzen

$$(5) \qquad j_R = J_{LF,X}\, j'_R\colon\ [R, F] \to [X, LF].$$

Man beachte: Für $R = X$ ist

$$(6) \qquad j'_X = l'(F, X).$$

Die Konstruktion von L und das Pullback zu $i_R\colon R \to X$ und $v\colon Y \to X$ liefern das kommutative Diagramm

$$(7) \qquad
\begin{array}{ccc}
[R, F] & \xrightarrow{\ j_R\ } & [X, LF] \\
{\scriptstyle [i_R^{-1}(v), F]}\big\downarrow & & \big\downarrow{\scriptstyle [v, LF]} \\
[v^{-1}(R),\, F] & \xrightarrow{\ j_{v^{-1}(R)}\ } & [Y, LF]
\end{array}$$

20.3.2 Hilfssatz. (a) *Für i_R: $R \to X$ in $\mathscr{J}(X)$ und g: $R \to F$ in $\mathscr{C}$ ist das folgende Diagramm kommutativ:*

$$(8) \qquad \begin{array}{ccc} R & \xrightarrow{\,i_R\,} & X \\ {\scriptstyle g}\big\downarrow & & \big\downarrow{\scriptstyle j_R(g)} \\ F & \xrightarrow{\,l(F)\,} & LF \end{array}$$

(b) *Zu jedem u: $X \to LF$ gibt es ein i_R: $R \to X$ in $\mathscr{J}(X)$ und g: $R \to F$ mit $j_R(g) = u$.*

(c) *Für g, h: $X \to F$ mit $X \in |\mathscr{C}|$ sei $l(F)g = l(F)h$. Dann ist der Differenzkern von g und h Objekt von $\mathscr{J}(X)$.*

(d) *R und R' seien bedeckende Siebe für X. Für g: $R \to F$ und g': $R' \to F$ gilt $j_R(g) = j_{R'}(g')$ genau dann, wenn g und g' auf einer gemeinsamen (X bedeckenden) Verfeinerung R'' von R und R' übereinstimmen. (Genauer: Es gibt R'' mit Inklusionen i_0: $R'' \to R$, i_0': $R'' \to R'$ mit $g i_0 = g' i_0'$).*

Beweis. (a) Es genügt der Nachweis an beliebiger Stelle $Y \in |\mathscr{C}|$. Wir betrachten in $\mathscr{C}$

$$(8') \qquad \begin{array}{ccc} [Y, R] & \xrightarrow{\,[Y, i_R]\,} & [Y, X] \\ {\scriptstyle [Y, g]}\big\downarrow & & \big\downarrow{\scriptstyle [Y, j_R(g)]} \\ [Y, F] & \xrightarrow{\,[Y, l(F)]\,} & [Y, LF] \end{array}$$

Vermöge der Yoneda-Abbildung ergibt sich für die untere Zeile wegen (3), (6) und (5)

$$(9) \quad [Y, l(F)] = J_{LF, Y}\, l(F)_Y J_{F, Y}^{-1} = J_{LF, Y}\, l'(F, Y) = J_{LF, Y}\, j_Y' = j_Y .$$

Für $u \in [Y, R]$ sei nun $v = i_R u$: $Y \to X$. Dann ist $v^{-1}(R) = Y$ nach 20.1.5 (5), $v^{-1}(i_R) = 1_Y$ und $i_R^{-1}(v) = u$. Für diesen Fall besagt (7)

$$(10) \qquad\qquad j_Y(gu) = j_R(g)v = j_R(g)i_R u .$$

Wegen (9) und (10) ist (8') kommutativ. Mit der Yoneda-Abbildung ergibt sich die Kommutativität von (8).

(b) folgt unmittelbar aus (1) und (5).

(c) Nach (8), (5) und (6) ist $l'(F, X)(g) = l'(F, X)(h)$. Weil (1) ein filtrierender Colimes ist, gibt es nach 9.3.5 i_R: $R \to X$ in $\mathscr{J}(X)$ und $f \in [R, F]$ mit $f = g i_R = h i_R$, woraus die Behauptung folgt.

(d) folgt unmittelbar aus (1) und 9.3.2.

20.3.3 Satz. *Mit den bisherigen Voraussetzungen und Bezeichnungen gilt:*

(a) *Für $F \in |\mathscr{C}|$ ist $l(F)$: $F \to LF$ schlicht bedeckend.*

(b) *L: $\mathscr{C} \to \mathscr{C}$ respektiert endliche Limites.*

(c) *LF ist eine separierte Prägarbe.*

(d) *F ist genau dann eine separierte Prägarbe, wenn $l(F)$ monomorph ist. Ist das der Fall, so ist LF eine Garbe.*

(e) *F ist genau dann eine Garbe, wenn $l(F)$ isomorph ist.*

Beweis. (a) Nach 20.2.3 (a) und 20.3.2 (a) ist $l(F)$ bedeckend. Für u, v: $G \to F$ sei $l(F)u = l(F)v$ und w: $H \to G$ Differenzkern von u und v. Für f: $X \to G$ mit $X \in |\mathscr{C}|$ sei i_R: $R \to X$ Differenzkern von uf und vf. Nach 20.3.2 (c) ist R bedeckend. Wir betrachten

$$
\begin{array}{ccccc}
R & \xrightarrow{\ i_R\ } & X & \underset{vf}{\overset{uf}{\rightrightarrows}} & F \\
\downarrow & {\scriptstyle I} & {\scriptstyle f}\downarrow & & \Vert \\
H & \xrightarrow{\ w\ } & G & \underset{v}{\overset{u}{\rightrightarrows}} & F
\end{array}
$$

Hierbei ist I ein Pullback nach 12.3.5. Es folgt, daß w bedeckend ist (20.2.1). Nach 20.2.3 (b) ist $l(F)$ schlicht bedeckend.

(b) $[R, ?]_{\mathscr{C}}^{\wedge}$ respektiert Limites. Der Colimes (1) ist filtrierend und daher mit endlichen Limites bezüglich des Arguments F vertauschbar. Die punktweise Konstruktion von Limites in $\mathscr{C}$ ergibt die Behauptung.

(c) Sei i_R: $R \to X$ die Inklusion eines bedeckenden Siebes. Es muß gezeigt werden, daß $[i_R, LF]$: $[X, LF] \to [R, LF]$ injektiv ist. Für u, v: $X \to LF$ sei $ui_R = vi_R$. Wegen 20.3.2 (b) und 20.1.7 (b) gibt es ein X bedeckendes Sieb R' und Morphismen f, g: $R' \to F$ mit $j_{R'}(f) = u$, $j_{R'}(g) = v$ und $l(F)f = l(F)g$. Wegen (a) und 20.2.3 (b) ist der Differenzkern i': $R'' \to R'$ von f und g bedeckend. Wegen 20.2.2 (b) und 20.2.5 (b) ist R'' bedeckendes Sieb für X. Wegen 20.3.2 (d) ist $j_{R'}(f) = j_{R'}(g)$, also $u = v$ und daher LF eine separierte Prägarbe.

(d) Sei zunächst F eine separierte Prägarbe. Dann ist $[i_R, F]$: $[X, F] \to [R, F]$ monomorph. Wegen (1) und (4) ist $l'(F, X)$ filtrierender Colimes von Monomorphismen, also monomorph. Wegen (3) ist $l(F)$ monomorph.

Sei nun $l(F)$ monomorph. Wir zeigen zunächst, daß LF eine Garbe ist. Wegen (c) bleibt nachzuweisen, daß $[i_R, LF]$ surjektiv ist, wenn i_R: $R \subset X$ bedeckend ist. Liege h: $R \to LF$ vor. Wir betrachten

(11)
$$
\begin{array}{ccccc}
R' & \xrightarrow{\ i'\ } & R & \xrightarrow{\ i_R\ } & X \\
{\scriptstyle g}\downarrow & {\scriptstyle I} & \downarrow{\scriptstyle h} & \swarrow_{j_{R'}(g)} & \\
F & \xrightarrow{\ l(F)\ } & LF & &
\end{array}
$$

wobei I ein Pullback ist. Nach (a), 20.2.5 (a) und Annahme ist i' schlicht bedeckend. Nach 20.2.5 (b) ist $i_R i'$ (isomorph zur) Inklusion eines bedeckenden Siebes. Nach 20.3.2 (a) ist $hi' = l(F)g = j_{R'}(g)i_R i'$. Wegen (c) und 20.2.7 ist $[i', LF]$ injektiv und daher $h = j_{R'}(g)i_R$. Also ist LF eine Garbe.

Vermöge des Monomorphismus $l(F)$ folgt weiter, daß F der definierenden Bedingung für separierte Prägarben genügt.

(e) Ist $l(F)$ isomorph, so ist F eine Garbe wegen (d). Die Umkehrung folgt entsprechend dem Beginn des Beweises von (d).

20.3.4 Theorem. *Es sei $\mathscr{C}$ ein (bezüglich $\mathfrak{U}$) kleines Situs, $\tilde{\mathscr{C}}$ die zugehörige Kategorie der Garben.*

(a) *Die Inklusion $I: \tilde{\mathscr{C}} \to \hat{\mathscr{C}}$ besitzt einen Linksadjungierten $A: \hat{\mathscr{C}} \to \tilde{\mathscr{C}}$, der endliche Limites respektiert. A kann so gewählt werden, daß $IA = LL$ und $(l * L)l$ zugehörige Adjunktionstransformation ist, oder auch so, daß $A_I = 1_{\tilde{\mathscr{C}}}$ ist.*

(b) *Ist $u: F \to G$ ein $\hat{\mathscr{C}}$-Morphismus, so sind gleichwertig:*

 (i) *u ist schlicht bedeckend (im Sinne von 20.2.1).*

(ii) *Für jede Garbe H ist $[u, H]: [G, H] \to [F, H]$ bijektiv.*

(iii) *$A(u)$ ist isomorph.*

Beweis. (a) Sei $R = LL: \hat{\mathscr{C}} \to \hat{\mathscr{C}}$ und $\Psi = (l * L)l: 1_{\hat{\mathscr{C}}} \to R$. Nach 20.3.3 (c), (d) ist $R(F)$ eine Garbe für jedes $F \in |\hat{\mathscr{C}}|$. Ist Ψ_H isomorph, so ist $l_{L(H)}$ eine monomorphe Retraktion nach 20.3.3 (c), (d) und damit H eine Garbe nach 20.3.3 (e). Hiermit folgt die Existenz von A nach 19.4.2 (c).

A respektiert endliche Limites nach 20.3.3 (b), weil I Limites entdeckt.

(b) Aus (i) folgt (ii) nach 20.2.7. (ii) und (iii) sind gleichwertig wie der Adjunktions-Isomorphismus $[u, I(?)] \cong [A(u), ?]$ zeigt (4.2.2). Ferner ist $\Psi_G u = IA(u)\Psi_F$. Mit $\Psi = (l * L)l$, 20.3.3 (a) und 20.2.5 folgt (i) aus (iii).

20.3.5 Definition. Ist $A: \hat{\mathscr{C}} \to \tilde{\mathscr{C}}$ in 20.3.4 fixiert, so heißt $A(F)$ die *zu F assoziierte Garbe* (bezüglich des Situs $\mathscr{C}$).

Eine $\mathfrak{U}$-Kategorie heißt *Topos*, wenn sie äquivalent ist zur Garbenkategorie eines kleinen Situs.

20.3.6 Bemerkungen. (a) Die separierten Prägarben sind die Objekte einer strikt vollen epireflektiven Unterkategorie $\mathscr{M}$ von $\hat{\mathscr{C}}$ ($\mathscr{C}$ klein) nach 20.2.6 und 16.6.3 (c). l ist aber nicht zugehörige Adjunktions-Transformation. Nach 20.3.3 (d) liegt der Sachverhalt von 19.4.7 vor. Die Einschränkung von A auf $\mathscr{M}$ ist treu.

(b) Für $G \in |\hat{\mathscr{C}}|$ sei $\mathscr{J}'(G)$ bzw. $\mathscr{J}''(G)$ die volle Unterkategorie von $\hat{\mathscr{C}}/G$, deren Objekte die bedeckenden Monomorphismen bzw. die schlicht bedeckenden Morphismen sind. $\mathscr{J}'(G)$ und $\mathscr{J}''(G)$ sind cofiltrierend wegen 20.2.5, 20.2.2 (b) und 19.2.3 dual. Für $X \in |\mathscr{C}|$ ist $\mathscr{J}(X)$ äquivalent zu $\mathscr{J}'(X)$ nach 20.2.2 (b). Vermöge $\Psi: 1_{\hat{\mathscr{C}}} \to IA$ erhält man in $\mathscr{ENS}$

$$(12) \qquad \underset{? \in \mathscr{J}''(X)}{\mathrm{Colim}} [\Delta^0(?), F] \to \underset{? \in \mathscr{J}''(X)}{\mathrm{Colim}} [\Delta^0(?), IA(F)]$$

als natürliche Transformation von kontra-ko-varianten Funktoren.

Nach 20.3.4 (b) ist

(13) $$\operatorname*{Colim}_{? \in \mathscr{G}''(X)} [\Delta^0(?), IA(F)] \cong [X, IA(F)].$$

Zusammen mit dem Yoneda-Isomorphismus entsteht die natürliche Transformation

(14) $$p: \operatorname*{Colim}_{? \in \mathscr{G}''(X)} [\Delta^0(?), F] \to IA(F)(X).$$

Wir zeigen, daß p isomorph ist. Hieraus folgt dann, daß der Colimes bereits in *Ens* existiert, und es ergibt sich eine weitere Beschreibung von A. Es genügt zu zeigen, daß (12) ein Isomorphismus ist.

(i) (12) ist surjektiv. $\Psi_F\colon F \to IA(F)$ ist schlicht bedeckend nach 20.3.3 (a) und 20.3.4 (a). Für $u\colon X \to IA(F)$ bilden wir das Pullback

(15)
$$\begin{array}{ccc} G & \xrightarrow{h} & X \\ {\scriptstyle g}\downarrow & & \downarrow{\scriptstyle u} \\ F & \xrightarrow{\Psi_F} & IA(F) \end{array}$$

Nach 20.2.5 (a) ist h schlicht bedeckend, womit die Behauptung aus der Konstruktion filtrierender Colimites in $\mathscr{ENS}$ und aus (13) folgt.

(ii). (12) ist injektiv. Seien $g_i\colon G_i \to F$ für $i = 1,2$ $\hat{\mathscr{C}}$-Morphismen, so daß bei (12) das gleiche Bild mit Repräsentanten $u\colon X \to IA(F)$ gemäß (13) entsteht. Dann existiert ein kommutatives Diagramm

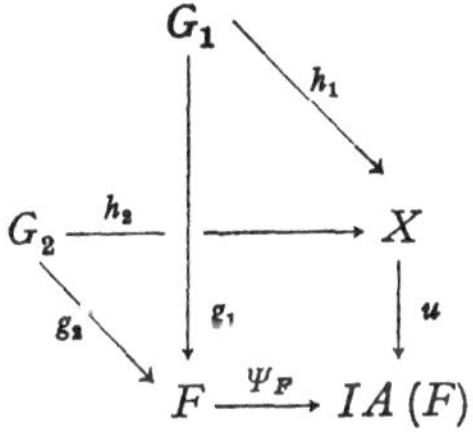

wobei h_1, h_2 schlicht bedeckend sind. Bildet man das Pullback zu h_1, h_2, so erhält man schlicht bedeckende Morphismen $h'_i\colon G_1 \sqcap_X G_2 \to G_i$ mit $h_1 h'_1 = h_2 h'_2$ und $\Psi_F g_1 h'_1 = \Psi_F g_2 h'_2$. Sei $h'_3\colon G_3 \to G_1 \sqcap_X G_2$ Differenzkern von $g_1 h'_1$ und $g_2 h'_2$. Nach 20.2.3 (b) ist h'_3 schlicht bedeckend, also auch $h'_1 h'_3$ und $h'_2 h'_3$. Nun zeigt $g = g_i h'_i h'_3$, daß g_1, g_2, g_3 dasselbe Bild im Colimes links in (12) haben.

20.3.7 Satz. *Es sei $\mathscr{C}$ eine kleine Kategorie, Top die Klasse der Topologien auf $\mathscr{C}$ und Cad die Klasse der strikt vollen Unterkategorien von $\hat{\mathscr{C}}$, für welche die Inklusion einen Linksadjungierten besitzt, der endliche Limites respektiert. Die Zuordnung $\varphi\colon Top \to Cad$, die jeder Topologie die zugehörige Garbenkategorie zuordnet, ist eine Bijektion.*

Beweis. 20.1.9 liefert eine Abbildung $\psi\colon Cad \to Top$. Zusammen mit 20.3.4 (b) und 20.2.2 (b) erhält man $\psi\varphi$ als identische Abbildung.

Liege nun $\tilde{\mathscr{C}}$ aus Cad vor. Mit den Bezeichnungen von 20.1.9 sei Σ die Klasse derjenigen $\tilde{\mathscr{C}}$-Morphismen, die bei A in Isomorphismen übergehen. Weil Σ saturiert ist und einen Kalkül von Rechtsbrüchen gestattet, zeigen 20.1.9 und der Beweis von 20.2.7 zunächst, daß die Monomorphismen in Σ diejenigen sind, die bezüglich der Topologie $\psi(\tilde{\mathscr{C}})$ (schlicht) bedeckend sind.

Ist c ein Epimorphismus, so ist das Quadrat in 20.2.1 (1) bicartesisch (18.4.3). Weil A endliche Limites und Colimites respektiert, sind die bezüglich $\psi(\tilde{\mathscr{C}})$ schlicht bedeckenden Epimorphismen gerade die Epimorphismen aus Σ. Die Objekte von $\tilde{\mathscr{C}}$ sind die bezüglich Σ linksabgeschlossenen. Nach 20.2.7 ist $\varphi\psi$ die identische Abbildung von Cad.

20.3.8 Satz. *Jede Garbenkategorie $\tilde{\mathscr{C}}$ zu einem kleinen Situs $\mathscr{C}$ besitzt folgende Eigenschaften:*

(a) *$\tilde{\mathscr{C}}$ ist vollständig und covollständig. Limites werden wie in $\mathscr{C}$ gebildet, also „punktweise".*

(b) *Jeder Monomorphismus ist Differenzkern (seines Cokernpaares). Monomorphismen sind Pushout-abgeschlossen.*

(c) *Jeder Epimorphismus ist Differenzcokern (seines Kernpaares). Epimorphismen sind Pullback-abgeschlossen.*

(d) *Die Morphismen besitzen bis auf Isomorphie eindeutige natürliche Zerlegung in Epi- und Monomorphismus.*

(e) *$\tilde{\mathscr{C}}$ besitzt eine erzeugende Menge, nämlich $\{A(X)\mid X \in |\mathscr{C}|\}$.*

(f) *Filtrierende Colimites sind mit endlichen Limites vertauschbar.*

(g) *Coprodukte sind mit Pullbacks und mit Differenzkernen vertauschbar. Endliche Produkte von Epimorphismen sind epimorph.*

(h) *Colimites sind universell.*

(i) *Jeder Morphismus, dessen Ziel ein initiales Objekt ist, ist isomorph.*

(j) *Das folgende Quadrat ist bicartesisch in $\tilde{\mathscr{C}}$:*

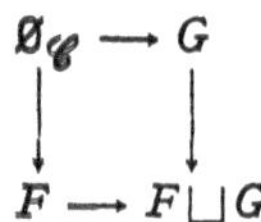

Beweis. Es kann, was wir ständig benutzen werden, angenommen werden, daß $AI = 1_{\tilde{\mathscr{C}}}$ ist. (a) folgt unmittelbar aus 16.6.1 und der Tatsache, daß I Limites entdeckt.

(b) gilt in Ens und damit in $\tilde{\mathscr{C}}$ (wegen punktweiser Konstruktion, vgl. 13.4.4, 18.4.3 und 18.4.4). I respektiert Monomorphismen, und A respek-

tiert endliche Limites und Colimites. Damit folgen die Behauptungen
für $\mathscr{C}$.

(c) **Aus** der ersten Aussage von (b) folgt, daß Bimorphismen isomorph
sind (7.2.2). Damit folgt aus 20.3.4 (b), daß ein $\hat{\mathscr{C}}$-Morphismus u genau
dann bedeckend ist (im Sinne von 20.2.1), wenn $A(u)$ epimorph ist
(also u bedeckend im Sinne von 19.7.4). Die zweite Aussage folgt damit
aus 20.2.4 und (a), die erste folgt entsprechend (b) aus 19.5.2.

(d) Die Aussage gilt in $\hat{\mathscr{C}}$. Die Existenz der Morphismenzerlegung in $\tilde{\mathscr{C}}$
ergibt sich durch Zerlegung in $\hat{\mathscr{C}}$ und Anwendung von A. Die Eindeutig-
keit folgt aus 20.2.1 und dem Beweis von (c), die Natürlichkeit folgt
aus 12.4.10.

(e) folgt aus 10.5.2 entsprechend dem Dualen von 15.3.4 (a).

(f), (g) und (h). Die Aussagen gelten für $\hat{\mathscr{C}}$. Für $\tilde{\mathscr{C}}$ folgen sie aus (a)
und der Tatsache, daß A Colimites und endliche Limites respektiert
(vgl. 16.6.2). Man beachte 19.5.2 (a).

(i), (j) sind ebenfalls leicht zu zeigen.

20.3.9 Bemerkungen. (a) Die vorangehenden Aussagen besitzen nahe-
liegende Verallgemeinerungen auf adjungierte Situationen $(\psi, S, T, \mathscr{B}, \mathscr{C})$,
wenn S endliche Limites respektiert, T völlig treu ist und $\mathscr{C}$ entsprechende Eigenschaften besitzt.

(b) Durch einen Teil der Aussagen, sogar mit gewissen Abschwächungen,
lassen sich die Topos charakterisieren. Wir verweisen auf [5].

20.3.10 Der additive Fall. Es sei jetzt $\mathscr{C}$ eine additive $\mathfrak{U}$-Kategorie
und $\hat{\mathscr{C}} = Add(\mathscr{C}^o, Ab)$. 20.1.1 bis 20.1.8 übertragen sich ohne weiteres,
wobei jetzt die Bedingung (S) von 20.1.3 dadurch zu ergänzen ist, daß
die zu einem Sieb R gehörigen Morphismen $Y \to X$ eine Untergruppe
von $[Y, X]$ bilden. Es gelten die Analoga von 20.1.9, 20.3.4 und 20.3.7.
Zum Nachweis genügt es zu zeigen:

Satz. *Ist $\mathscr{C}$ eine kleine additive Kategorie, so besteht eine Bijektion zwischen
der Klasse Top der Topologien auf $\mathscr{C}$ und der Klasse Loc der lokalisierenden Unterkategorien von $Add(\mathscr{C}^o, Ab) = \hat{\mathscr{C}}$.*

Beweis. (a) Sei $\mathscr{K}$ lokalisierende Unterkategorie von $\hat{\mathscr{C}}$. Ein Sieb R
für $X \in |\mathscr{C}|$ heiße bedeckend (bezüglich $\mathscr{K}$), wenn für die Inklusion
$i_R \colon R \subset X$ das Ziel des Cokerns in $\mathscr{K}$ liegt. Hierbei gilt (T 3) von 20.1.6
trivialerweise, (T 1) folgt aus 13.4.8 (d). Ebenso folgt (T 2ii) von 20.1.8.
Wir weisen (T 2i) nach.

Seien $i \colon R' \to R$, $i_R \colon R \to X$ Inklusionen für Siebe, wobei R be-
deckend für $X \in |\mathscr{C}|$ ist. Für jedes $f \colon Y \to R$, für das $i_R f$ zu R gehört
(20.1.3 (1)), sei $j_f = f^{-1}(i) \colon S_Y \to Y_f$ mit $Y_f = Y$ die Inklusion eines
bedeckenden Siebes, $c_f \colon Y_f \to K_f$ Cokern von j_f, $c' \colon R \to K'$ Cokern
von i und $c \colon X \to K$ Cokern von $i_R i$. Dann besteht folgendes kommu-

tative Diagramm:

$$
\begin{array}{ccccccccc}
0 & \longrightarrow & \coprod S_f & \xrightarrow{\ \coprod j_f\ } & \coprod Y_f & \xrightarrow{\ \coprod c_f\ } & \coprod K_f & \longrightarrow & 0 \\
 & & \downarrow{\scriptstyle u} & & \downarrow{\scriptstyle v} & & \downarrow{\scriptstyle w} & & \\
0 & \longrightarrow & R' & \xrightarrow{\ i\ } & R & \xrightarrow{\ c'\ } & K' & \longrightarrow & 0 \\
 & & \| \quad \text{I} & & \downarrow{\scriptstyle i_R} & & \downarrow{\scriptstyle j} & & \\
0 & \longrightarrow & R' & \xrightarrow{\ i_R i\ } & X & \xrightarrow{\ c\ } & K & \longrightarrow & 0
\end{array}
$$
(16)

Die Zeilen sind exakt, die obere, weil $\hat{\mathscr{C}}$ Grothendieck-Kategorie ist. u, v bestehen in evidenter Weise, w und j nach Definition Cokern. v ist epimorph, weil die Objekte von $\mathscr{C}$ eine erzeugende Menge für $\hat{\mathscr{C}}$ bilden. Damit ist w epimorph. Nach 19.6.5 ist $\coprod K_f \in |\mathscr{K}|$ und damit $K' \in |\mathscr{K}|$. j ist monomorph, weil I ein Pullback ist. Das Ziel des Cokernes von i_R ist ein Objekt K'' von $\mathscr{K}$. Vermöge des 3×3-Lemmas 13.5.6 folgt $K \in |\mathscr{K}|$. Also gilt (T2i), und auf die angegebene Weise entsteht $\psi \colon Loc \to Top$.

(b) Sei nun eine Topologie $\mathfrak{T}$ auf $\mathscr{C}$ gegeben. $\mathscr{K}$ sei die volle Unterkategorie von $\hat{\mathscr{C}}$, deren Objekte K folgende Eigenschaft besitzen:

Ist $X \xrightarrow{f} K$ ein beliebiger Morphismus mit $X \in |\mathscr{C}|$, so besitzt f die Inklusion eines (bezüglich $\mathfrak{T}$) bedeckenden Siebes als Kern.

$\mathscr{K}$ ist offenbar strikt voll in $\hat{\mathscr{C}}$, enthält alle Nullobjekte wegen (T3) und ist abgeschlossen gegen Unterobjekte, weil f und mf für monomorphes m dieselben Kerne besitzen. Wir betrachten nun

$$
\begin{array}{ccccc}
S & \longrightarrow & R & \longrightarrow & R'' \\
{\scriptstyle i'}\downarrow & \text{I} & {\scriptstyle i}\downarrow & & \downarrow{\scriptstyle i''} \\
Y & \xrightarrow{\ u\ } & X & =\!\!= & X \\
{\scriptstyle v}\downarrow & & \downarrow{\scriptstyle f} & & \downarrow{\scriptstyle cf} \\
0 & \longrightarrow & K' & \xrightarrow{\ m\ } K \xrightarrow{\ c\ }\!\!\!\gg & K'' & \longrightarrow & 0
\end{array}
$$
(17)

Hierbei sei die untere Zeile exakt mit $K', K'' \in |\mathscr{K}|$. $f \colon X \to K$ sei gegeben mit $X \in |\mathscr{C}|$, i, i'' sind Kerne und Inklusionen von Sieben. Nach Annahme ist i'' bedeckend. Ferner sei u aus R'', also von der Form $u = i''g$ (20.1.3). Damit existiert v nach Definition Kern. I sei Pullback, so daß S ein Sieb für Y ist. Nach 12.3.4 (c) ist i' Kern von v. Wegen (T2i) und $K' \in |\mathscr{K}|$ folgt $K \in |\mathscr{K}|$. Ist umgekehrt $K \in |\mathscr{K}|$, so folgt $\mathscr{K}'' \in |\mathscr{K}|$ nach (T2ii), weil die Objekte von $\mathscr{C}$ in $\hat{\mathscr{C}}$ projektiv sind. Also ist $\mathscr{K}$ dick und damit abgeschlossen gegen endliche Biprodukte. Weil die Objekte von $\mathscr{C}$ in $\hat{\mathscr{C}}$ klein sind, ist $\mathscr{K}$ abgeschlossen gegen Coprodukte und nach 19.6.5 lokalisierend. Damit liegt $\varphi \colon Top \to Loc$ vor.

(c) Sei jetzt $\mathfrak{T}$ eine Topologie auf $\mathscr{C}$ und $\mathfrak{T}' = \psi\varphi(\mathfrak{T})$. Aus (a) und (b) folgt unmittelbar, daß die für $\mathfrak{T}'$ bedeckenden Siebe auch bedeckend bei $\mathfrak{T}$ sind. Wir betrachten

$$(18) \qquad \begin{array}{ccccccccc}
0 & \longrightarrow & S & \overset{i}{\rightarrowtail} & Y & \overset{cu}{\longrightarrow} & K & \longrightarrow & 0 \\
& & \downarrow{\scriptstyle I} & & \downarrow{\scriptstyle u} & & \| & & \\
0 & \longrightarrow & R & \overset{i}{\rightarrowtail} & X & \overset{c}{\twoheadrightarrow} & K & \longrightarrow & 0
\end{array}$$

wobei R ein X bedeckendes Sieb bei $\mathfrak{T}$ und u beliebig in $\mathscr{C}$ sei. I ist ein Pullback wieder nach 12.3.4 (c). Weil Y projektiv in $\hat{\mathscr{C}}$ ist, folgt $K \in |\mathscr{K}|$ gemäß (b) aus (T 1). Nach (a) ist R auch bei $\mathfrak{T}'$ bedeckend für X.

(d) Sei jetzt $\mathscr{K}$ eine lokalisierende Unterkategorie von $\hat{\mathscr{C}}$ und $\mathscr{L} = \varphi\psi(\mathscr{K})$. Der Schluß bei (18) gibt $\mathscr{K} \subset \mathscr{L}$. Sei nun $L \in |\mathscr{L}|$. Wir betrachten alle exakten Folgen $0 \longrightarrow R_f \overset{i_f}{\longrightarrow} X_f \overset{f}{\longrightarrow} L$, wobei i_f die Inklusion eines bedeckenden Siebes bezüglich $\psi(\mathscr{K})$ ist. Wir erhalten damit

$$\coprod R_f \overset{\coprod i_f}{\longrightarrow} \coprod X_f \overset{\bar{f}}{\twoheadrightarrow} L \qquad \text{mit} \qquad \bar{f} \coprod i_f = 0.$$

Bei Lokalisation nach $\mathscr{K}$ geht $\coprod i_f$ in einen Isomorphismus über, ker $\bar{f}$ in eine monomorphe Retraktion und $\bar{f}$ in den Cokern von ker $\bar{f}$. Damit folgt $\mathscr{L} \subset \mathscr{K}$.

20.3.11 Bemerkung. Ist im Vorangehenden $\mathscr{C}$ ein Ring R, also $Add(\mathscr{C}^{\circ}, Ab) = Mod_R$, so sind für eine Topologie auf $\mathscr{C}$ die bedeckenden Siebe (als Morphismenklassen) Rechtsideale. (T 1), (T 2i), (T 2ii), (T 3) lassen sich hierfür vermöge 20.1.5 einfach formulieren.

20.4 Erzeugung von Topologien

Wir betrachten wieder beliebige Kategorien und *Ens*-wertige Funktoren.

20.4.1 Die Topologien auf der Kategorie $\mathscr{C}$ sind als Klassen von Sieben durch Inklusion geordnet. Sind $\mathfrak{T}_1$, $\mathfrak{T}_2$ Topologien auf $\mathscr{C}$, so heißt $\mathfrak{T}_1$ *feiner* als $\mathfrak{T}_2$ und $\mathfrak{T}_2$ *gröber* als $\mathfrak{T}_1$, wenn $\mathfrak{T}_2$ von $\mathfrak{T}_1$ umfaßt wird. Bei der gröbsten Topologie ist für $X \in |\mathscr{C}|$ nur X selbst bedeckend. Bei der feinsten oder diskreten Topologie sind alle Siebe bedeckend. Ist $\mathfrak{T}_1$ feiner als $\mathfrak{T}_2$, so sind alle Garben für $\mathfrak{T}_1$ auch solche für $\mathfrak{T}_2$. Entsprechendes gilt für separierte Prägarben.

Aus (T 1), (T 2), (T 3) in 20.1.6 folgt unmittelbar, daß für jede Klasse von Topologien auf $\mathscr{C}$ der mengentheoretische Durchschnitt wieder eine Topologie ist. Jede Klasse von Topologien besitzt also eine *untere Grenze*. Hieraus folgt, daß auch die *obere Grenze* existiert (als Durchschnitt aller umfassenden), und schärfer, daß es zu jeder gegebenen Klasse $\mathfrak{R}$ von Sieben auf $\mathscr{C}$ eine gröbste Topologie gibt, in der die gegebenen Siebe bedeckend sind. Diese *Topologie* heißt die von $\mathfrak{R}$ *erzeugte*.

20.4.2 Satz. *Sei $\mathscr{C}$ eine $\mathfrak{U}$-Kategorie und $F\colon \mathscr{C}^0 \to Ens$ eine Prägarbe. Für jedes $X \in |\mathscr{C}|$ sei $J(X)$ die Klasse derjenigen Siebe für X, so daß für die Inklusion $i_R\colon R \to X$ gilt:*

$(*)$ *Ist $v\colon Y \to X$ ein beliebiger $\mathscr{C}$-Morphismus mit Ziel X, so ist*

$$[v^{-1}(i_R), F]\colon \; [Y, F] \to [v^{-1}(R), F]$$

bijektiv (bzw. injektiv).

Diese Klassen $J(X)$ bilden eine Topologie auf $\mathscr{C}$. Sie ist die feinste, für die F Garbe (bzw. separierte Prägarbe) ist.

Beweis. Die Bedingungen (T 1) und (T 3) sind evident. Es bleiben (T 2i) und (T 2ii) nachzuweisen. Die letzte Behauptung ist dann ebenfalls evident. Seien also $i\colon R' \to R$, $i_R\colon R \to X$ Inklusionen von Sieben, so daß

(a) $R \in J(X)$ und $v^{-1}(R') \in J(Y)$ für jedes $v\colon Y \to X$ aus R gilt,

(b) $R' \in J(X)$ ist.

Für $\eta\colon Y \to R$ in $\hat{\mathscr{C}}$ mit $Y \in |\mathscr{C}|$ ist in beiden Fällen $\eta^{-1}(i)\colon \eta^{-1}(R') \to Y$ in $J(Y)$ wegen 20.1.3 (b) und $i_R^{-1}(R') = R'$. Aus 20.1.3 (c) und $(*)$ folgt entsprechend 20.1.9 (7) (vgl. auch 20.2.7 (6)), daß $[i, F]\colon [R, F] \to [R', F]$ bijektiv (bzw. injektiv) ist. Damit folgt nun in beiden Fällen, daß $[i_R\, i, F]\colon [X, F] \to [R', F]$ bijektiv (injektiv) ist. Da die Voraussetzungen unter (a) und (b) bei Basiswechsel für beliebiges $v\colon Y \to X$ in $\mathscr{C}$ invariant sind (im Fall (a) nach 20.1.5, im Fall (b), weil (T 1) gilt), folgt $(*)$ für $i_R\, i\colon R' \to X$.

20.4.3 Korollar. *Für jede Klasse $\mathfrak{N}$ von Prägarben existiert eine feinste Topologie auf $\mathscr{C}$, für welche alle Prägarben aus $\mathfrak{N}$ Garben (bzw. separierte Prägarben) sind, nämlich der Durchschnitt derjenigen Topologien, die den einzelnen Prägarben aus $\mathfrak{N}$ gemäß 20.4.2 zugeordnet sind.*

20.4.4 Korollar. *Für jedes $X \in |\mathscr{C}|$ sei eine Klasse $K(X)$ von Sieben gegeben, so daß (T 1) für diese Klassen erfüllt ist. Eine Prägarbe F ist für die von Klassen $K(X)$ erzeugte Topologie $\mathfrak{T}$ genau dann eine Garbe (bzw. separierte Prägarbe), wenn für jede zu $K(X)$ gehörige Inklusion $i_R\colon R \to X$ (X beliebig) stets $[i_R, F]\colon [X, F] \to [R, F]$ eine Bijektion (bzw. Injektion) ist.*

Die Bedingung besagt nämlich, daß $\mathfrak{T}$ gröber ist als die F durch 20.4.2 zugeordnete Topologie.

20.4.5 Definition. Die feinste Topologie auf der Kategorie $\mathscr{C}$, für die alle $X \in |\mathscr{C}|$ (genauer alle H_X) Garben sind, heißt die *kanonische Topologie* auf $\mathscr{C}$.

Der Deutlichkeit halber unterscheiden wir jetzt zwischen $X \in |\mathscr{C}|$ und $H_X \in |\hat{\mathscr{C}}|$, zwischen einem Sieb R als Subfunktor von H_X und der zugehörigen Morphismenklasse, deren Morphismen die Objekte einer vollen Unterkategorie $\bar{R}$ von $\mathscr{C}/X$ sind. Für $v\colon Y \to X$ in $\mathscr{C}$ sei $v^{-1}(\bar{R})$ die zu $v^{-1}(R)$ gehörige Unterkategorie von $\mathscr{C}/Y$ (20.1.3, 20.1.5).

20.4.6 Satz. *Sei $\mathscr{C}$ eine $\mathfrak{U}$-Kategorie und $i_R\colon R \to H_X$ die Inklusion eines Siebes in $\hat{\mathscr{C}}$. Bezüglich der kanonischen Topologie auf $\mathscr{C}$ ist R genau dann bedeckend für H_X, wenn gilt: Für jeden $\mathscr{C}$-Morphismus $v\colon Y \to X$ ist*

$$Y = \operatorname*{Colim}_{?\,\in\,v^{-1}(\bar{R})} \Delta^0(?) \quad \text{in } \mathscr{C}.$$

Beweis. Nach 20.4.3, 20.4.2 ist R genau dann bedeckend für H_X, wenn für jedes $Z \in |\mathscr{C}|$ und jedes $v\colon Y \to X$ in $\mathscr{C}$

$$[H_v^{-1}(i_R), H_Z]\colon \quad [H_Y, H_Z] \to [H_v^{-1}(R), H_Z]$$

isomorph ist. Nach 20.1.3 (c) und dem Yoneda-Lemma gilt in $\mathscr{E}\mathcal{N}\mathcal{S}$

$$[H_v^{-1}(R), H_Z] = \operatorname*{Lim}_{?\,\in\,v^{-1}(\bar{R})}[\Delta^0 H_*(?), H_Z]_{\hat{\mathscr{C}}} \cong \operatorname*{Lim}_{?\,\in\,v^{-1}(\bar{R})}[\Delta^0(?), Z]_{\mathscr{C}},$$

wobei der zweite Limes bereits in *Ens* existiert. Damit folgt aus 8.7.3 die Behauptung.

20.4.7 Bemerkungen. 20.4.6 zeigt, daß die kanonische Topologie auf $\mathscr{C}$ unabhängig von der Wahl des Universums $\mathfrak{U}$ ist (so daß $\mathscr{C}$ eine $\mathfrak{U}$-Kategorie ist). Die Topos lassen sich dadurch charakterisieren (GIRAUD), daß die Garben bezüglich der kanonischen Topologie genau die darstellbaren Funktoren sind und daß eine erzeugende Menge existiert (siehe [5]).

20.5 Prätopologien

Wir fassen wieder $\mathscr{C}$ als Unterkategorie von $\hat{\mathscr{C}}$ auf.

20.5.1 Es sei $\{f_\alpha\colon F_\alpha \to F\}$ eine Familie von $\hat{\mathscr{C}}$-Morphismen mit gleichem Ziel, wobei die Indices, ebenso im folgenden, eine $\mathfrak{B}$-Menge bilden dürfen. im f_α kann als Inklusion eines Subfunktors von F aufgefaßt werden. $\bigcup$ im f_α existiert als Inklusion eines Subfunktors von F, das *Bild* der Familie $\{f_\alpha\}$. Ist speziell $\{u_\alpha\colon X_\alpha \to X\}$ eine Familie von $\mathscr{C}$-Morphismen, so erhält man in $\hat{\mathscr{C}}$ als Bild die Inklusion $i_R\colon R \to X$ eines Siebes R. Es heißt das von $\{u_\alpha\}$ *erzeugte Sieb.* Als Klasse von $\mathscr{C}$-Morphismen wird R gemäß 20.1.3 (a), (b) beschrieben durch

(1) $R = \{v \mid v \text{ in } \mathscr{C}, \text{ Ziel } v = X \text{ und } v \text{ faktorisiert über ein } u_\alpha\}.$

20.5.2 Eine *Prätopologie* $\mathfrak{E}$ auf $\mathscr{C}$ liegt vor, wenn für jedes $X \in |\mathscr{C}|$ eine Klasse Cov (X) von Familien $\{u_\alpha\colon X_\alpha \to X\}$ gegeben ist, so daß gilt

(PT 1) Ist $\{u_\alpha\colon X_\alpha \to X\} \in$ Cov (X) und $v\colon Y \to X$ ein beliebiger $\mathscr{C}$-Morphismus, so existiert das Pullback zu v und u_α für jedes α, und es ist

$$\{v^{-1}(u_\alpha): \ Y \sqcap_X X_\alpha \to Y\} \in \mathrm{Cov}\,(Y).$$

(PT 2) Ist $\{u_\alpha: \ X_\alpha \to X\} \in \mathrm{Cov}\,(X)$ und $\{v_{\alpha\beta}: \ X_{\alpha\beta} \to X_\alpha\} \in \mathrm{Cov}\,(X_\alpha)$ für jedes α, so ist $\{u_\alpha v_{\alpha\beta}: \ X_{\alpha\beta} \to X\} \in \mathrm{Cov}\,(X)$.

(PT 3) $\{1_X: \ X \to X\} \in \mathrm{Cov}\,(X)$.

20.5.3 Satz. *Sei $\mathfrak{E}$ eine Prätopologie auf $\mathscr{C}$.*

(a) *Für jedes $X \in |\mathscr{C}|$ sei $J_\mathfrak{E}(X)$ die Klasse der Siebe, die von den Elementen von $\mathrm{Cov}\,(X)$ erzeugt werden, und $J(X)$ die Klasse der Siebe für X, die ein Sieb von $J_\mathfrak{E}(X)$ umfassen. Die Klassen $J(X)$ definieren eine Topologie $\mathfrak{T}$, die von $\mathfrak{E}$ erzeugte. $\mathfrak{T}$ ist die gröbste Topologie, für welche alle $J_\mathfrak{E}(X)$ aus bedeckenden Sieben bestehen.*

(b) *$F: \mathscr{C} \to Ens$ ist genau dann Garbe (bzw. separierte Prägarbe) für $\mathfrak{T}$, wenn gilt: Ist $\{u_\alpha: \ X_\alpha \to X\}_{\alpha \in A} \in \mathrm{Cov}\,(X)$, so ist in*

$$(2) \qquad F(X) \xrightarrow{\ f\ } \prod_{\alpha \in A} F(X_\alpha) \underset{h}{\overset{g}{\rightrightarrows}} \prod_{(\alpha,\,\beta) \in A \times A} F(X_\alpha \sqcap_X X_\beta)$$

f Differenzkern von g und h (bzw. f monomorph). Hierbei ist $pr_\alpha f = F(u_\alpha)$, $pr_{\alpha,\beta} g = F(v_{\alpha,\beta})pr_\alpha$, $pr_{\alpha,\beta} h = F(w_{\alpha,\beta})pr_\beta$ und

$$(3) \qquad
\begin{array}{ccc}
X_\alpha \sqcap_X X_\beta & \xrightarrow{\ w_{\alpha,\beta}\ } & X_\beta \\[2pt]
{\scriptstyle v_{\alpha,\beta}}\big\downarrow & & \big\downarrow{\scriptstyle u_\beta} \\[2pt]
X_\alpha & \xrightarrow{\ \ u_\alpha\ \ } & X
\end{array}$$

ein Pullback für jedes $(\alpha, \beta) \in A \times A$. Falls $\mathscr{C}$ nicht klein ist, sind die Produkte in (2) in $\mathscr{E}\mathscr{N}\mathscr{S}$ zu bilden.

Beweis. (a) Wir weisen (T 1), (T 2), (T 3) nach.

(T 1): Ist R das von $\{u_\alpha\}$ erzeugte Sieb, so ist $w \in v^{-1}(R)$ genau dann (20.1.5), wenn $vw \in R$, d. h. wenn vw über ein u_α faktorisiert. Das ist gleichwertig damit, daß w über ein $v^{-1}(u_\alpha)$ faktorisiert. Also folgt (T 1) aus (PT 1).

(T 2): Es genügt offenbar der Nachweis für den Fall $R' \subset R \in J_\mathfrak{E}(X)$, wobei R' die Voraussetzung von (T 2) erfüllt. R werde etwa von $\{u_\alpha\}$ erzeugt. Nach Voraussetzung umfaßt $u_\alpha^{-1}(R')$ eine Familie aus $\mathrm{Cov}\,(X_\alpha)$, etwa $\{v_{\alpha\beta}: \ X_{\alpha\beta} \to X_\alpha\}$. Es folgt, daß die Morphismen der Familie $\{u_\alpha v_{\alpha\beta}: \ X_{\alpha\beta} \to X\}$ zu R' gehören, womit (T 2) aus (PT 2) folgt.

(T 3) und die letzte Behauptung unter (a) sind evident.

(b) Die Pullbacks (3) existieren nach (PT 1), und es ist $gf = hf$. Sei R das von $\{u_\alpha\}$ erzeugte Sieb, $\bar{R}$ die entsprechende volle Unterkategorie von $\mathscr{C}/X$. Die volle Unterkategorie mit den Objekten u_α erfüllt die Voraussetzungen von 9.1.4 (bezüglich $\mathfrak{B}$, wenn $\mathscr{C}$ nicht klein ist). Nach 10.2.2 ist $[R, F] = \underset{i \in R}{\mathrm{Lim}}\, F\Delta^0 H_*$. Aus 9.1.4, dem Yoneda-Lemma und

20.1.3 (b) folgt, daß $[i_R, F]$ für $i_R\colon R \subset X$ genau dann isomorph (bzw. monomorph) ist, wenn f Differenzkern von g und h (bzw. monomorph) ist. Die angegebene Bedingung ist daher notwendig. Aus (a), 20.4.3 und dem Beweis von 20.4.2 folgt, daß sie auch hinreichend ist.

20.5.4 Klassisches Beispiel. Es sei $\mathscr{C}$ die durch Inklusion geordnete Menge der offenen Mengen eines topologischen Raumes. Für $X \in |\mathscr{C}|$ sei $\{u_\alpha\colon X_\alpha \to X\} \in \mathrm{Cov}\,(X)$ genau dann, wenn $\bigcup X_\alpha = X$ ist. Man zeigt leicht, daß damit eine Prätopologie vorliegt. Die von ihr erzeugte Topologie ist die kanonische nach 20.5.3 (a) und 20.4.6. Aus 20.5.3 (b) ergibt sich die ursprüngliche Definition von Mengengarben über einem topologischen Raum (siehe [13]), wenn man beachtet, daß Differenzkerne in *Ens* Koinzidenzmengen sind.

20.5.5 Bemerkungen. 20.5.2 ist eine ältere Definition für Grothendieck-Topologien. Für die weitere Theorie verweisen wir auf [49]. Wir haben uns von 20.1.1 an eng an [49] angelehnt.

Literatur[1]

A. Sammelwerke

[1] Proceedings of the Conference on Categorical Algebra, La Jolla 1965. Berlin/Heidelberg/New York: Springer 1966.
[2] Reports of the Midwest Category Seminar I, II. Lecture Notes in Math. **47, 61.** Berlin/Heidelberg/New York: Springer 1967, 1968.
[3] Seminar on Triples and Categorical Homotopy Theory. Lecture Notes in Math. **80.** Berlin/Heidelberg/New York: Springer 1969.
[4] Category Theory, Homology Theory and their Applications I. Lecture Notes in Math. **86.** Berlin/Heidelberg/New York: Springer 1969.

B. Bücher und Lecture Notes

[5] ARTIN, M., et A. GROTHENDIECK: Cohomologie étale des schémas. Seminaire de Géometrie algébrique **4,** 1963/64. Amsterdam: North Holland, Paris: Masson 1969.
[6] BRINKMANN, H. B., u. D. PUPPE: Kategorien und Funktoren. Lecture Notes in Math. **18.** Berlin/Heidelberg/New York: Springer 1966.
[7] BUCUR, I., and A. DELEANU: Categories and Functors. London/New York/Sydney/Toronto: Wiley 1968.
[8] CARTAN, H., and S. EILENBERG: Homological Algebra. Princeton, N.J.: Princeton Univ. Press 1956.
[9] DOLD, A.: Halbexakte Homotopiefunktoren. Lecture Notes in Math. **12.** Berlin/Heidelberg/New York: Springer 1966.
[10] EHRESMAN, CH.: Catégories et structures. Paris: Dunod 1965.
[11] FREYD, P.: Abelian Categories. Evanston-London: Harper and Row 1964.

---

[1] Wir beschränken uns auf die benutzte Literatur und eine Auswahl aus der weiterführenden Literatur.

[12] GABRIEL, P., and M. ZISMAN: Calculus of Fractions and Homotopy Theory. Berlin/Heidelberg/New York: Springer 1967.

[13] GODEMENT, R.: Théorie des faisceaux. Paris: Hermann 1958.

[14] HARTSHORNE, R.: Residues and Duality. Lecture Notes in Math. 20. Berlin/Heidelberg/New York: Springer 1966.

[15] HASSE, M., u. L. MICHLER: Theorie der Kategorien. Berlin: VEB Verlag der Wissenschaften 1966.

[16] HERRLICH, H.: Topologische Reflexionen und Coreflexionen. Lecture Notes in Math. 78. Berlin/Heidelberg/New York: Springer 1968.

[17] LAMBEK, J.: Completion of Categories. Lecture Notes in Math. 24. Berlin/Heidelberg/New York: Springer 1966.

[18] MacLANE, S.: Homology, 2. Aufl. Berlin/Heidelberg/New York: Springer 1967.

[19] MITCHELL, B.: Theory of Categories. New York/London: Academic Press 1965.

C. Abhandlungen

[20] BÉNABOU, J.: Catégories avec multiplication. C.R. Acad. Sci. Paris **256**, 1887—1890 (1963).

[21] BUCHSBAUM, D. A.: Exact categories and duality. Trans. Am. Math. Soc. **80**, 1—34 (1955).

[22] DUSKE, J.: Analogie zwischen k-Räumen und bornologischen Räumen. Diss. Kiel 1967.

[23] ECKMANN, B., and P. J. HILTON: Group-like structures in general categories I, II, III. Math. Ann. **145**, 227—255 (1961); **151**, 150—186 (1963); **150**, 165—187 (1963).

[24] —, —: Commuting limits with colimits. J. of Alg. **11**, 116—144 (1969).

[25] EILENBERG, S., and G. M. KELLEY: Closed categories. In [1].

[26] EILENBERG, S., and S. MacLANE: Group extensions and homology. Ann. Math. **43**, 757—831 (1942).

[27] —, —: General theory of natural equivalences. Trans. Am. Math. Soc. **58**, 231—294 (1945).

[28] EILENBERG, S., and J. MOORE: Adjoint functors and triples. Ill. J. Math. **9**, 381—398 (1965).

[29] FISHER, J. L.: The tensor product of functors, satellites, and derived functors. J. of Alg. **8**, 277—294 (1968).

[30] GABRIEL, P.: Des catégories abéliennes. Bull. Soc. Math. France **90**, 323—448 (1962).

[31] GABRIEL, P., et N. POPESCU: Caractérisation des catégories abéliennes avec générateurs et limites inductives exactes. C.R. Acad. Sc. Paris **258**, 4188—4190 (1964).

[32] GROTHENDIECK, A.: Sur quelques points d'algèbre homologique. Tôhoku Math. J. 2, **9**, 119—221 (1957).

[33] HILTON, P. J.: Correspondences and exact squares. In [1].

[34] ISBELL, J.: Subobjects, adequacy, completenes and categories of algebras. Rozprawy Mat. 36, 1—32 (1964).

[35] KAN, D. M.: Adjoint functors. Trans. Am. Math. Soc. **87**, 294—329 (1958).

[36] LAWVERE, F. W.: The category of categories as a foundation for mathematics. In [1].

[37] — : Functorial semantics of algebraic theories. Proc. Nat. Ac. Sci. **50**, 869—872 (1963).

[38] — : Some algebraic problems in the context of functorial semantics of algebraic theories. In [2], II.

[39] LINTON, F. E. J.: Autonomous categories and duality of functors. J. of Alg. **2**, 315—341 (1965).

[40] — : Some aspects of equational categories. In [1].

[41] — : An outline of functorial semantics. In [3].

[42] MACLANE, S.: Natural associativity and commutativity. Rice Univ. Studies **49**, 28—46 (1963).

[43] — : Categorical algebra. Bull. Am. Math. Soc. **71**, 40—106 (1965).

[44] PUPPE, D.: Über die Axiome für abelsche Kategorien. Archiv d. Math. **XVIII**, 217—222 (1967).

[45] ROOS, J.-E.: Locally distributive spectral categories and strongly regular rings. In [2], I.

[46] THODE, TH.: Bruchrechnung in Kategorien. Diplomarbeit Kiel 1969.

[47] ULMER, F.: Properties of dense and relative adjoint functors. J. of Alg. **8**, 77—95 (1968).

[48] — : Representable functors with values in arbitrary categories. J. of Alg. **8**, 96—129 (1968).

[49] VERDIER, J. L.: Exposés I, II, III in [5].

[50] VOLGER, H.: Kategorien von Algebren über algebraischen Theorien. Diplomarbeit Freiburg/Brsg. 1967.

[51] YONEDA, N.: On the homology theory of modules. J. Fac. Sci. Univ. Tokyo Sect. I, **7**, 193—227 (1954).

Sachverzeichnis

Die römischen Ziffern vor den Seitenzahlen beziehen sich
auf den betreffenden Teilband.